Konrad Lorenz
Denkwege

SERIE PIPER

Band 1660

Zu diesem Buch

Der Naturforscher Konrad Lorenz hat die Wissenschaft vom Leben in entscheidender Weise beeinflußt. Seine Bedeutung wird mit der von Charles Darwin verglichen. Lorenz hat die vergleichende Verhaltensforschung als biologische Disziplin entwickelt und die evolutionären Grundlagen des Verhaltens von Tier und Mensch erhellt. Seine Evolutionäre Erkenntnistheorie hat weitreichende philosophische Konsequenzen.

Dieses Lesebuch bietet über wichtige Texte aus seinem Werk eine Einführung in Forschen und Denken von Konrad Lorenz.

Konrad Lorenz, geboren am 7. 11. 1903 in Wien, gestorben am 27. 2. 1989 in Wien, Professor Dr. med. phil., Studium der Medizin und Zoologie, 1940 o. Professor für vergleichende Psychologie in Königsberg. 1950 bis 1973 Direktor am Max-Planck-Institut für Verhaltensphysiologie in Buldern und später in Seewiesen. Danach Leiter des »Konrad-Lorenz-Instituts« der Österreichischen Akademie der Wissenschaften. 1973 Nobelpreis für Medizin und Physiologie. Zahlreiche internationale Auszeichnungen. Veröffentlichungen im Piper Verlag u. a.: Über tierisches und menschliches Verhalten (2 Bde.); Das Wirkungsgefüge der Natur und das Schicksal des Menschen; Die acht Todsünden der zivilisierten Menschheit; Die Rückseite des Spiegels; Das Jahr der Graugans; Leben ist Lernen (mit Franz Kreuzer); Der Abbau des Menschlichen; Die Zukunft ist offen (mit Karl R. Popper); Das sogenannte Böse; Er redete mit dem Vieh, den Vögeln und den Fischen; So kam der Mensch auf den Hund; Wozu aber hat das Vieh diesen Schnabel? (mit Oskar Heinroth); Hier bin ich – wo bist du?

Beatrice Lorenz, geboren 1924 in Neustadt/Weinstraße. Studium der Biologie in Freiburg und Kiel. Promotion 1957. Seit 1952, zunächst in Buldern, später in Seewiesen, Mitarbeiterin von Konrad Lorenz. Später Mitarbeiterin an der Forschungsstelle für Humanethologie in der Max-Planck-Gesellschaft (Leiter: Prof. Dr. Irenäus Eibl-Eibesfeldt). Seit 1957 Schwiegertochter von Konrad Lorenz.

Konrad Lorenz

Denkwege

Ein Lesebuch

Herausgegeben von
Beatrice Lorenz

Piper
München Zürich

Von Konrad Lorenz liegen
in der Serie Piper außerdem vor:
Die acht Todsünden der zivilisierten Menschheit (50)
Leben und Lernen (mit Franz Kreuzer) (223)
Das Wirkungsgefüge der Natur und das Schicksal des Menschen (309)
Die Zukunft ist offen (mit Karl R. Popper) (340)
Über tierisches und menschliches Verhalten I (360)
Über tierisches und menschliches Verhalten II (361)
Der Abbau des Menschlichen (489)
Wozu aber hat das Vieh diesen Schnabel? (mit Oskar Heinroth) (975)
Hier bin ich – wo bist du? (1358)

ISBN 3-492-11660-4
Originalausgabe
Mai 1992
© R. Piper GmbH & Co. KG, München 1992
Umschlag: Federico Luci,
unter Verwendung des Gemäldes »La boule blanche« von
Jean Pougny (1915) (Musée national d'art moderne, Paris)
Gesamtherstellung: Clausen & Bosse, Leck
Printed in Germany

Inhalt

Vorwort

Für dieses Buch habe ich aus den Arbeiten von Konrad Lorenz kürzere und längere Abschnitte zusammengestellt, die einen Überblick über seine Arbeitsweise und die Vielfalt seines Denkens geben sollen. Die Auswahl zeigt die erstaunliche Kontinuität von seinen frühen Arbeiten bis zu seinen letzten – er starb 1989. Noch bemerkenswerter vielleicht ist die Aktualität vieler Fragen, die schon ganz früh von ihm formuliert wurden. Das sollen zwei Abschnitte aus dem »Russischen Manuskript« zeigen, das erst jetzt wiedergefunden wurde, und von Agnes Lorenz von Cranach aus dem Nachlaß herausgegeben wird. Es handelt sich um Überlegungen aus der Zeit, als Konrad Lorenz in Königsberg den Lehrstuhl von Immanuel Kant innehatte. Später, in sowjetischer Kriegsgefangenschaft, hat er diese grundlegenden Gedanken zur Verhaltensforschung und zur Evolutionären Erkenntnistheorie seinen Mitgefangenen vortragen und auch niederschreiben können.

In einigen Arbeiten aus den vierziger Jahren hat Konrad Lorenz manchmal mit dem Jargon scheinbar auch die Ideen der damaligen Zeit übernommen. Obwohl ihn Politik nicht interessierte, hat er sich damit, ohne es zu wollen und die möglichen Folgen abzusehen, auf die herrschende Ideologie eingelassen. Deswegen wurde er später oft und heftig angegriffen. Vielleicht haben ihn seine Erinnerungen und Reflexionen über die Vergangenheit bewogen, sich trotz seiner anhaltenden Abneigung gegen politisches Handeln noch im Alter öffentlich und ganz entschieden gegen zwei Projekte der österreichischen Regierung zu stellen. Er protestierte vor allem gegen Atomkraftwerke, deren Bau und Betrieb er für unverantwortlich und gefährlich hielt, längst vor der Katastrophe von Tschernobyl. Im Oktober 1979, wenige Tage vor der Volksabstimmung über eine geplante Kernkraftanlage, hielt er eine Rede in der Nähe von Zwentendorf. Sein Protest und sein entschiedenes Eintreten für das Leben haben nach allgemeiner Überzeugung das Abstimmungsergebnis wesentlich beeinflußt. Zwentendorf wurde nicht gebaut.

Seine letzten Lebensjahre galten vor allem dieser Sorge um die Umwelt, der Umwelt für Mensch und Tier. Er stellte sich aus voller Überzeugung auf die Seite der jungen Leute, die durch Landbesetzungen und Sitzstreiks versuchten, die Zerstörung der Donau-Auen bei Hainburg zu verhindern. Der Gewaltlosigkeit ihrer Proteste galt seine höchste Bewunderung.

Konrad Lorenz lebte im Alter wieder in seiner österreichischen Heimat. Nach seiner Rückkehr aus der Kriegsgefangenschaft hatte die Max-Planck-Gesellschaft es ihm ermöglicht, zuerst in Westfalen, dann in einem großzügig angelegten Institut in Oberbayern seine Forschungen über »Vieh, Vögel und Fische« weiterzuführen. In vielen Vorträgen, in Vorlesungen und in einer Reihe von Büchern schilderte er seine Beobachtungen und erklärte seine Theorien, die natürlich nicht nur von Tieren handelten, sondern auch – vielleicht sogar hauptsächlich – vom Menschen.

Ich hatte das große Glück, viele Jahre Schülerin und Mitarbeiterin von Konrad Lorenz zu sein. Mein Freiburger Zoologielehrer Otto Koehler schickte mich 1952 nach Buldern/Westfalen; dort wollte ich bei Konrad Lorenz Fische beobachten und meine Dissertation schreiben. Das Institut war im Wasserschloß des »Tollen Bomberg« untergebracht. Für die damals in Zoologenkreisen schon recht bekannten Graugänse waren die vielen Teiche und Wassergräben ein idealer Lebensraum, die Menschen dort lebten dagegen recht spartanisch. Konrad Lorenz wohnte mit seiner Familie in der alten Mühle über dem Mühlbach; für die Assistenten mußten Nebengebäude, Speicher, ja selbst die ehemalige Kegelbahn als Wohn- und Arbeitsplatz dienen. Mir wurde eine Kammer auf dem Kornspeicher zugewiesen, wo es zwar kein Korn gab, aber viele Ratten. Ebenso exotisch wie die äußeren Umstände war für mich, die von einer deutschen Universität kam, der »Betrieb« in diesem Institut. Den Herrn Professor durfte man einfach Konrad nennen und jederzeit um Rat fragen. Mit größter Geduld versuchte er, uns drei neuen Doktorandinnen das Beobachten der Versuchstiere beizubringen. Zuerst schienen mir meine Versuchstiere, Buntbarsche, ziellos in ihren Aquarien umherzuschwimmen, nicht anders als Forellen im Becken vor einem Landgasthaus. Konrad Lorenz saß viele Stunden geduldig mit mir vor den Aquarien, bis ich erkennen konnte, was da alles passierte. Wir lernten richtig zu sehen, um schließlich das Verhalten zu verstehen und voraussagen zu können. Lorenz erzog uns aber nicht nur zu guten Beobachtern, immer wieder sprach er mit uns auch über die verschiedensten Theorien und Ideen. Die Ethologie war damals ein neues und aufregendes Fach. Viele Wissenschaftler aus anderen Gebieten, aus Medizin, Soziologie, Philosophie und aus allen Richtungen der Psychologie, kamen zu Besuch, um über die eigenen wie über die Lorenz'schen Experimente und Theorien zu disputieren. Wir Schüler wurden zu diesen Treffen selbstverständlich hinzugezogen.

Diese Erfahrungen und die Erinnerung an einen bedeutenden, mir nahen Menschen haben mich bei der Auswahl der »Denkwege« geleitet.

Diessen, im Januar 1992   Beatrice Lorenz

Hinweis für die Leser:
   Die am Ende jeden Beitrags angegebenen Kürzel verweisen auf den Quellennachweis am Ende des Buches.

I. Von der Verhaltensforschung

1. Was wir wollen

Dieses Buch ist der erste Versuch, eine zusammenhängende Darstellung von einem recht eigenartigen jungen Zweig biologischer Forschung zu geben, dessen Gegenstand das Lebendigste von allem Lebendigen ist: das Verhalten der Lebewesen. Die Eigenart dieser Forschungsrichtung liegt nicht nur in ihrem Gegenstand, mit dem sich Human- wie Tierpsychologen, Behavioristen wie Reflexologen ebenfalls beschäftigen, sondern in ihrer Methode. Die Denk- und Arbeitsmethode der vergleichenden Verhaltensforschung ist grundlegend durch die Erkenntnis bestimmt, daß alle Lebewesen, einschließlich des Menschen, nicht nur die Merkmale ihres äußeren Körperbaus, sondern auch den gesamten Aufbau ihres seelischen und körperlichen Verhaltens einem Entwicklungsvorgang verdanken, der sich in historischer Einmaligkeit im Laufe von Jahrmillionen abgespielt hat und in dessen Verlauf komplizierteres »Höheres« aus Einfacherem, »Niedrigerem« entstanden ist. Der Aufbau des Höheren ist daher grundsätzlich und immer nur auf Grund der Kenntnis jener einfacheren Vorstufen verständlich, welche die Voraussetzung für ihr Zustandekommen waren. Diese sehr elementare und selbstverständliche Folgerung aus der unbestrittenen Tatsache des stammesgeschichtlichen Werdens höherer Lebewesen haben alle anderen biologischen Wissenschaften längst gezogen. Nur die Erforschung des Verhaltens der Organismen, mochte sie nun von der seelischen oder der körperlichen Seite her erfolgen, hat sich bis in die jüngste Zeit nicht zu der Erkenntnis durchgerungen, daß der einzige gangbare Weg zum Verständnisse sehr vieler und sehr wichtiger Leistungen der höheren Tiere, sowie vor allem des Menschen selbst, über die Erforschung ihres stammesgeschichtlichen Gewordenseins führt. Das methodisch exakte

Beschreiten dieses Weges macht das Wesen der hier in Rede stehenden Forschungsrichtung, der vergleichenden Verhaltensforschung, aus.

Der Gegenstand dieses Buches ist also nicht Tierseelenkunde, wenngleich es zum allergrößten Teil von Tieren handelt, sondern im Grunde genommen der Mensch selbst! In der Struktur menschlichen Fühlens, Denkens und Handelns sind so viele historische Reste aus der Zeit vormenschlicher tierischer Ahnen enthalten und diese sind für das Verständnis wichtigster psychologischer und vor allem auch soziologischer Erscheinungen unentbehrlich. Unser Interesse an diesen Erscheinungen ist durchaus nicht nur von theoretisch-methodologischen Erwägungen diktiert. Das, was als Erbe tierischer Ahnen im körperlich-seelischen Aufbau des heutigen Menschen noch drinnensteckt, muß nicht nur deshalb untersucht und bekanntgemacht werden, weil sein Verständnis die Voraussetzung für die Analyse höherer Leistungen bedeutet! Ganz bestimmte uralte arteigene Reaktionsweisen des Menschen – »Instinkte«, wie man früher zu sagen pflegte – haben im Laufe der überstürzten Veränderung des menschlichen Gesellschaftslebens ihren ursprünglichen Wert für die Erhaltung der Art völlig verloren, sie sind zu echten Rudimenten im Sinne der Phylogenetik geworden. Diese sinnlos gewordenen Reaktionsweisen fahren nun fort, mit der zähen Unausrottbarkeit der tierischen Unbelehrbarkeit aller »Instinkte«, das Verhalten des Menschen zu beeinflussen, und zwar in einer so offensichtlich lebens- und gesellschaftsschädlichen, alle progressive Entwicklung hemmenden Weise, daß der naiv Religiöse in seinen eigenen »Instinktrudimenten« die Einflüsterungen eines bösen Feindes zu vernehmen meint und die Psychoanalyse zur Annahme besonderer, regressiv wirkender Todestriebe gelangt ist, die ihrer Meinung [nach] dem schöpferischen Prinzip des platonischen Eros entgegenstehen. Wie wir noch sehr genau begründen werden, gehören bestimmte, sinnlos gewordene arteigene Reaktionsweisen aus der Zeit vormenschlicher Ahnen zu den größten und am schwersten zu überwindenden Hindernissen für den Aufbau einer vernunftgemäßen und den heutigen Lebensbedingungen entsprechenden Gesellschaftsordnung der Mensch heit! Mehr noch: Sie stellen zweifellos eine durchaus ernst zu nehmende Gefahr dar, nicht nur für die progressive schöpferische Weiterentwicklung, sondern schlechthin für den Weiterbestand der Menschheit, die, wie wir später erörtern werden, gerade in ihrem gegenwärtigen gesellschaftlichen Entwicklungsstadium sowieso in einer kritischen Phase sich befindet. Der einzige Weg, diese Hindernisse und Gefahren bekämpfbar zu machen, führt über ihre kausalanalytische Erforschung, die somit ein höchst dringendes Anliegen eines jeden sein muß, der überhaupt in Existenz und Höherentwicklung der Menschheit anzustrebende Werte sieht! Das »Tier im Menschen« ist nicht nur theoretisch, nicht nur entwicklungsgeschichtlich und psycho-physiologisch interessant, es ist eines der aktuellsten und drängendsten Gegenwartsprobleme.

Auf der anderen Seite ist die Kenntnis der alten, vormenschlichen Strukturen des menschlichen Verhaltens so unentbehrlich für das Verständnis aller auf ihnen sich aufbauenden höheren psychischen Leistungen, so grundlegend im allertiefsten Sinne des Wortes, daß derjenige ein erstes Stockwerk ohne Erdgeschoß baut, der ohne Kenntnis vormenschlicher Lebewesen ein Verständnis des Menschen anstrebt. Der Weg zum Verständnis des Menschen führt genau ebenso über das Verständnis des Tieres, wie ohne allen Zweifel der Weg der Entstehung des Menschen über das Tier geführt hat! Unsere Methode ist daher, völlig analog dem bewährten Verfahren der vergleichenden Morphologie, ein Erschließen historischer, stammesgeschichtlicher Zusammenhänge aus Ähnlichkeit und Unähnlichkeit der Merkmale heutiger Lebewesen. Wie sehr sich bei stammesgeschichtlichen Vergleichen die Merkmale des Baues und des Verhaltens der Lebewesen ergänzen, werden wir noch sehen.

Der Forschungsweg vom Tier zum Menschen bedeutet ebensowenig eine »Herabsetzung der Menschenwürde«, wie die Anerkennung der Deszendenzlehre eine solche bedeutet. Es liegt im Wesen des organischen Schöpfungsvorganges, daß er völlig Neues und Höheres schafft, welches in der Vorstufe, aus der er es schuf, durchaus nicht enthalten war! Am allerwenigsten aber bedeutet unser Forschungsweg, den uns die Tatsache der Abstammung vorschreibt, eine Unterschätzung der Unterschiede, die den Menschen von den höchsten Tieren trennen. Wir behaupten ganz im Gegenteil, gerade durch die vergleichende Forschung jene Besonderheiten des Menschen zu erfassen, die für ihn stammesgeschichtlich neu sind, in der Reihe der tierischen Ahnen sicher noch nie da waren und die ihn auch von den höchsten lebenden Tieren sehr scharf unterscheiden. Wir behaupten, gerade das Wesentlich-Menschliche besonders scharf umrissen zu sehen, indem wir es von jenem Hintergrund alter, historischer Eigenschaften sich abheben lassen, die dem Menschen auch heute noch mit den höheren Tieren gemein sind. (RM)

2. Die Instinktbewegung

Man glaubte früher allgemein und tut es zum Teil heute noch, daß das Element allen tierischen Verhaltens der sogenannte Reflex sei, d. h. die motorische oder sekretorische Antwort auf einen von außen kommenden Reiz. Die beklagenswerte Folge der Reflexlehre war, daß sie ausschließlich zu Experimenten Anlaß gab, die von vornherein darauf abzielten, die Theorie zu bestätigen. Mit anderen Worten, das Zentralnervensystem wurde experimentell immer neuen Reizen ausgesetzt und fast nie lange genug in Ruhe gelassen, um zu zeigen, daß es auch ohne Außenreiz spontan etwas tat. Das Element aller nervlichen Leistungen der Tiere ist niemals reine Reaktion, sondern Aktion und Reaktion zur gleichen Zeit.

Ein altbekanntes Beispiel dafür sind die reizerzeugenden Zellen des Herzens: Sich selbst überlassen, »feuert« der sogenannte Atrioventrikularknoten in regelmäßigen rhythmischen Abständen und würde das Herz auch allein rhythmisch schlagen lassen, nur erheblich langsamer als beim normalen Herzschlag. Daß dieser etwas rascher erfolgt, ist auf den »Vorgesetzten« des Atrioventrikularknotens zurückzuführen, den Sinusknoten, der einen um Bruchteile schnelleren Rhythmus hat und daher bei jedem Herzschlag dem Atrioventrikularknoten, kurz ehe dieser selbst »gefeuert« hätte, einen Anstoß erteilt. Unterbindet man den Reizaustausch zwischen Sinusknoten und Atrioventrikularknoten, so macht der letztere eine kleine sogenannte präautomatische Pause, um dann in seinem eigenen, etwas gemächlicheren Rhythmus weiterzuarbeiten.

Analoges gilt für fast alle elementaren Verhaltensweise. Es ist kaum eine bekannt, die sich nicht nach längerer Ruhepause spontan zu Worte melden würde, und es gibt keine spontan aktive Verhaltensweise, die nicht gleichzeitig reaktiv durch zusätzliche Reize beeinflußt werden könnte. Auch die primären Reizerzeugungszentren des Herzens stehen bekanntlich unter dem Einfluß des Nervus accelerans cordis.

Nicht immer, aber meistens gibt es für eine Instinktbewegung eine sie spezifisch auslösende Situation, einen sogenannten *angeborenen Auslösemechanismus* (AAM). Tritt diese Auslösesituation jedoch längere Zeit nicht ein, so »meldet sich die Instinktbewegung selbst zu Worte«. Dies geschieht zunächst durch ein Absinken der Reizschwelle und kann so weit führen, daß die Bewegungsweise ohne nachweisbaren Auslösereiz von selbst oder, wie wir zu sagen pflegen, »in vacuo« losgeht.

Nach längerer Stauung der Instinktbewegung wird außerdem der Organismus als Ganzes in Unruhe versetzt. Das bedeutet im einfachsten Falle ein ungerichtetes Suchen, in vielen Fällen aber ein zielgerichtetes Streben nach der auslösenden Reizsituation, das sogenannte *Appetenzverhalten*. Spontaner, d. h., innerer Antrieb und auslösender Außenreiz *summieren* sich: Eine Bewegungsweise kann in völlig gleicher Intensität sowohl unter dem Einfluß von geringer innerer Bereitschaft und starker äußerer Reizung zustandekommen als auch umgekehrt bei hoher innerer Bereitschaft und schwachem Anreiz von außen.

Durch ihre essentielle *Spontaneität* wird jede Instinktbewegung zur Motivation tierischen Verhaltens. Es gibt sehr hoch spezialisierte, in langen Ketten aneinanderhängende Instinktbewegungen und sehr einfache kleine »reflexähnliche«. Wie ich anderen Ortes bereits gesagt habe, hat aber im großen »Parlament der Instinkte« jede Instinktbewegung, auch die kleinste durch *Ritualisierung* entstandene, Sitz und Stimme.

Dies gilt besonders für die sogenannten Mehrzweckbewegungen, die wir früher als »Werkzeugreaktionen« bezeichnet haben. Es sind dies einfache, wenig spezialisierte Bewegungsfolgen, die, wie Gehen, Laufen, Fliegen, Nagen, Beißen, fast immer im Dienste anderer spezieller Appetenzen gebraucht werden. Es wäre aber ein Irrtum, zu glauben, daß diese häufig gebrauchten »kleinen« Aktivitäten keine eigene aktionsspezifische Appetenz verursachen. Auch wenn genug zu fressen da ist, nagt eine gefangene Maus fast ununterbrochen; ein Wolf muß auch im engsten Raum in bemitleidenswerter Weise seinen Laufdrang entladen, usw. Die hohe Spontaneität der Mehrzweckbewegungen führt häufig zu Leerlaufhandlungen und manchmal zu pathologischen Erscheinungen.

Da der Ethologe bestrebt ist, die jeweils ein Tier beherrschende Motivation zu ergründen, muß er das Ethogramm der betreffenden Art als System kennen. Die Kenntnis der einzelnen Motivationen, der vielfältigen Bewegungsweisen und ihrer Konkurrenz sind Voraussetzung erfolgreicher ethologischer Analysen.

Die Gesamtheit der einem Tier zur Verfügung stehenden Verhaltensmöglichkeiten bildet ein System, mittels dessen es mit den Bedingungen der umgebenden Außenwelt verzahnt ist. Ethologie und Ökologie lassen sich im Grunde genommen nicht unabhängig voneinander betreiben. H. S. Jennings hat in seinem klassischen Buche »The Behavior of Lower Animals« auf den *Systemcharakter* der jeder Tierart angeborenen Verhaltensweisen hingewiesen. Bei niedersten Organismen, etwa Wimpertierchen, Amöben oder Flagellaten, die die wichtigsten Untersuchungsobjekte dieses Autors waren, wird dem Beobachter deutlich, daß ein Tier nur über eine begrenzte Anzahl von Bewegungsweisen verfügt. Jede davon ist ohne weiteres als die Funktion eines besonderen Mechanismus erkennbar, der immer wieder dieselbe Bewegungsweise bewirkt, höchstens mit erkennbaren Intensitätsunterschieden. Auch die arterhaltende Leistung jedes dieser Mechanismen ist verhältnismäßig leicht und sicher erkennbar. Andererseits ist ihre Zahl zu gering, um Hinweise auf ihr phylogenetisches Werden zuzulassen.

C. O. Whitman und O. Heinroth gelten mit Recht als die Pioniere der vergleichenden Ethologie: Sie waren es, die erkannten, daß Bewegungsweisen ebenso feste Merkmale von größeren und kleineren systematischen Einheiten sein können wie Zahnformeln oder Gefiedermerkmale...

Ich selbst habe im Jahre 1932 eine Arbeit »Betrachtungen über das Erkennen von arteigenen Tierhandlungen bei Vögeln« geschrieben. Obwohl ich damals von den Ergebnissen Erich von Holsts, von endogener Reizerzeugung und zentraler Koordination nichts wußte und die »arteigenen Tierhandlungen« für Auswirkungen von Kettenreflexen hielt, hatte ich erfaßt, daß die Instinktbewegungen eine eigenartige Spontaneität besitzen und außerdem in sehr verschiedenen Intensitätsstufen in Erscheinung treten können. Auch die schon erwähnte »Leerlauf-Aktivität«, nämlich das Hervortreten einer Instinktbewegung ohne Wirkung der adäquaten auslösenden Außenreize, beschrieb ich richtig. Ich erfaßte die Bedeutung der Beobachtung, als ich erlebte, wie ein jungaufgezogener Star in einem großen leeren Zimmer die gesamte Aktionsfolge des Jagens, Fangens, Totschlagens und Fressens von fliegenden Insekten durchführte, ohne daß solche vorhanden waren.

Die vom Zentralnervensystem spontan generierten und koordinierten Reize bilden Ordnungen, die Erich von Holst treffend als »Impulsmelodien« bezeichnet. Das Wiedererkennen einer Impulsmelodie ist keineswegs davon abhängig, daß sie mit voller Intensität, gewissermaßen laut, abgespielt wird. Es gibt alle nur denkbaren Übergänge, die von einer geringen Intensität, bei der die einzelnen Töne eben hörbar anklingen, zum voll intensiven Ablauf der Bewegungsweisen reichen. Wir erkennen jedoch die charakteristische Konfiguration wieder, wie wir eine Melodie erkennen. Selbst wenn uns nur unvollständige Bruchstücke hörbar sind, »weiß« unsere *Gestaltwahrnehmung* sofort, aus welcher Melodie diese Tonfolge stammt.

Unsere Gestaltwahrnehmung ist der dem Menschen angeborene physiologische Apparat, der ihn befähigt, eine Kette oder ein regelmäßiges Miteinander von Reizdaten wiederzuerkennen. Es ist eine Urleistung all unserer Erkenntnis der realen Außenwelt, wenn uns in plötzlichem Aufblitzen bewußt wird:

»Das kann kein Zufall sein!« In der Tat ist das Wiedererkennen einer ganz bestimmten Kombination von Außenreizen, die in *ganz derselben Konfiguration* mehrmals auftritt, mit an Sicherheit grenzender Wahrscheinlichkeit in einer Gesetzmäßigkeit der realen Außenwelt verankert und in diesem Sinne kein Zufall. So ist auch Jakob von Uexkülls einfache Definition des Gegenstands zu verstehen: »Ein Gegenstand ist das, was sich zusammen bewegt.« Das bekannte Problem von David Hume, das die Induktion als Erkenntnisquelle scheinbar ausschließt, beruht auf der irrtümlichen Annahme, daß die Außenwelt *nicht strukturiert* sei. Wenn wir in einer Anzahl von Außenreizen immer wieder eine ganz komplizierte festliegende Aufeinanderfolge feststellen, so können wir gar nicht umhin, als Quelle dieser Reize einen körperlichen Mechanismus anzunehmen, dessen innere konstant bleibende Struktur für die genaue Aufeinanderfolge der von uns empfangenen Informationen verantwortlich ist.

Eine Melodie kann kein Zufall sein, es muß stets etwas oder jemand da sein, von dem sie gespielt wird. Die Melodie ist, wie die klassischen Gestaltpsychologen Christian von Ehrenfels und Max Wertheimer richtig gesehen haben, »transponierbar«; d. h., das Wiedererkennen ist weder von der Tonhöhe noch von der Tonqualität oder Lautstärke abhängig und wird selbst durch eine weitgehende Unvollständigkeit der Darbietung nicht verhindert. Für den Physiologen sind diese Tatsachen deswegen von Bedeutung, weil die Impulsfolge einer Instinktbewegung auch unter diesen erschwerenden Umständen erkennbar bleibt. Über die Sicherheit solchen Wiedererkennens mögen dem Fernstehenden Zweifel auftauchen, besonders, wenn er sieht, mit welcher Bestimmtheit wir eine Instinktbewegung benamsen ...

Dies besagt jedoch nicht, daß wir schlechterdings alle Instinktbewegungen, die einer Graugans zur Verfügung stehen, zu kennen glauben. Wir haben schon mehrmals erlebt, daß eine gesetzmäßige Bewegungsfolge uns plötzlich »in die Augen sprang«, die sich Tausende Male vor unseren Augen abgespielt hatte, ohne daß wir sie bemerkten. Immerhin wären wir über die Entdeckung einer neuen hochdifferenzierten Instinktbewegung der Graugans ebenso erstaunt, wie es etwa ein Entomologe wäre, der in Mitteleuropa eine gänzlich unbekannte Schmetterlingsart fände. (HBI)

3. Die Prägung

Unter Prägung versteht man einen Erwerbungsvorgang, durch den das Verhalten an ein bestimmtes Objekt gebunden wird. Es ist üblich, aber irreführend, von der Prägung eines Individuums zu sprechen, etwa von der Prägung einer Gans auf den Menschen. Es ist immer nur ein ganz genau umschriebenes Verhaltenssystem, das auf eine bestimmte Art von Objekt fixiert wird. Prägung unterscheidet sich in mehreren Punkten von anderen Erwerbungsvorgängen. Erstens bedarf es keiner Belohnung (reinforcement), vielmehr genügt die bloße passive Exposition des Organismus einer bestimmten Reizsituation gegenüber, um die Bindung an diese zu fixieren. Ein zweites Kennzeichen der Prägung ist ihre Unwiderruflichkeit, oder doch die außerordentlich große Schwierigkeit, das Erworbene rückgängig zu machen. Ein drittes Charakteristikum des Prägungsvorganges ist seine Beschränkung auf ganz bestimmte Entwicklungsphasen, die oft nur wenige Stunden hindurch andauern können.

Eine sehr merkwürdige und schwer erklärbare Eigenschaft der Prägung ist, daß sie sich stets auf die Spezies und nicht auf das Individuum bezieht, von dem die prägenden Reize ausgehen. Friedrich Schutz hat Stockerpel auf Brandenten und andere Arten geprägt, indem er sie einige Wochen hindurch in Gesellschaft eines Individuums jener Art heranwachsen ließ. Danach wurden die Versuchstiere unter Hunderten von Anatiden verschiedenster Art auf dem Ess-See freigelassen. Im nächsten Frühjahr wählten die Erpel stets ein Tier der Art, auf die sie geprägt waren, aber *niemals* das Individuum, mit dem sie aufgezogen worden waren.

Das bizarrste Beispiel der Abstraktion der Prägungsart durch das geprägte Individuum bot meine erste von mir selbst aufgezogene Dohle. Als sie nach zwei Jahren geschlechtsreif wurde, verliebte sie sich in ein zartes kleines dunkelhaariges Mädchen, das im nächsten Nachbarorte wohnte. Es ist völlig rätselhaft, wie die Dohle in zwei so verschiedenen Menschen die Art *Homo sapiens* diagnostizieren konnte.

Die Zweiheit der Erwerbungsvorgänge, die früh vollzogene und unwiderrufliche Beziehung auf die Spezies der Pflegeperson und das durchaus reversible Erlernen dieser Person als Individuum, ist für unsere Praxis der Gänse-Erziehung sehr wichtig. Eine Gans, deren Nachlaufreaktion einmal auf einen Menschen fixiert ist, kann ohne weiteres von einem anderen Menschen übernommen werden, besonders wenn die Reaktionen »geshiftet« werden, d. h., wenn die Ersatzperson ein paar Tage lang zusammen mit dem ursprünglichen Pfleger führt. Aber ein Gössel, das auch nur minutenlang einer artgleichen Mutter nachgelaufen ist, kann kaum dazu gebracht werden, dem Menschen zu folgen. Wenn man mit der großen Macht, die Lernen und Gewohnheit sonst ausüben, vertraut ist, staunt man immer wieder über die Endgültigkeit und Unwiderruflichkeit der Prägung.

Das ontogenetische Alter, in dem die Phase der Prägbarkeit eines Verhaltenssystems liegt, scheint keine Beziehung zu jenem zu haben, in dem die betreffende Verhaltensweise zum ersten Male auftritt. Die Prägung kann Monate oder sogar Jahre vor der Auslösbarkeit der Handlung stattfinden, ebensogut auch nur Minuten vorher. So liegt z. B. die Phase, in der die Prägung geschlechtlicher Reaktionen der Dohle stattfindet, lange vor derjenigen, in der sich die Nachfolgereaktionen auf das Elterntier oder den menschlichen Pfleger fixieren.

Die Reize, die ein Objekt aussenden muß, um die Prägung auf sich zu ziehen, sind offenbar bei verschiedenen Tieren und verschiedenen Verhaltenssystemen sehr unterschiedlich. Bei der Stockente muß das Objekt, wie Eckhard Hess experimentell gezeigt hat, ungefähr von Stockentengröße sein und sich von dem Entchen, das sich im psycho-physischen Zustande des Pfeifens des Verlassenseins befindet, mit einer bestimmten Geschwindigkeit fortbewegen. Peter Klopfer hat an der Brautente (*Aix sponsa*) festgestellt, daß die Prägung bereits stattfindet, ehe die kleinen Entchen die Bruthöhle verlassen, und zwar durch den wiederholten Wechsel von »Pfeifen des Verlassenseins« und Stimmfühlungslaut der führenden Mutter. Ein solcher Dialog spielt sehr wahrscheinlich auch bei der Graugans eine Rolle.

Als ich das Institut in Seewiesen neu einrichtete, konstruierte ich einen Apparat, der ohne menschliche Steuerung die Prägung kleiner Graugänse in idealer Weise auf ein Ersatzobjekt lenken sollte. Eine mit Lautsprecheranlage und Kunstglucke ausgestattete Attrappe bewegte sich in einem geräumigen Gehege an einem langen Hebelarm im Kreise. Die dieser Mutterattrappe zugegebenen Graugänschen lernten zwar, die Kunstglucke als Wärmequelle zu benutzen, zeigten aber keinerlei Nachfolgereaktion, während in den Experimenten von E. Hess die Entenküken ähnlichen im Kreis bewegten Attrappen gut nachfolgten. Die Beobachtung meines eigenen Verhaltens gegen die jungen Gänse erbrachte ein Ergebnis, das nicht vorausgesehen zu haben ich mich später schäme. Man antwortet ganz unwillkürlich auf das Weinen des Kükens, und eine der wesentlichen prägenden Eigenschaften ist, daß die Stimme des Prägungsobjektes in *Antwort* auf das Pfeifen des Verlassenseins ertönen muß.

Verhindert man jeglichen Prägungsvorgang nach Möglichkeit durch isolierte Aufzucht des Versuchstieres (sog. Kaspar-Hauser-Versuch), so erhält man Graugänse, die sich vor ihresgleichen scheuen und nichts miteinander zu tun haben wollen. Setzt man zwei solcherart gestörte Graugänse in ein Gehege zusammen, gewöhnen sie sich häufig daran, so weit wie möglich voneinander entfernt in zwei gegenüberliegenden Ecken zu sitzen. Ihre Reaktionen auf Artgenossen sind merkwürdig gesetzlos. Im Erscheinungsbild ähnelt diese Störung derjenigen, die man bei Menschen als »Autismus« bezeichnet. Fritz Riemann, ein Münchner Psychiater, fragte uns einmal nach kurzem Austausch von Erfahrungen: »Sind ihre ›Kaspar Hauser‹ eigentlich *taktlos*?« Helga Mamblona-Fischer und ich sahen uns auf diese Frage hin verblüfft an, denn genau das sind Versuchstiere dieser Art. Sie mißverstehen Ausdrucksbewegungen und machen z. B. Balzversuche auf starke Ganter, die bereits mit intensiven Angriffsgesten auf sie losstürzen. Das mangelnde Verständnis für Ausdrucksbewegungen der Artgenossen wurde anfangs dahin gedeutet, daß der Gans zwar alle Bewegungen des Ethogramms völlig angeboren seien, ihre Bedeutung jedoch erlernt werden müsse. Dies war indessen, wie spätere Erfahrung lehrte, ein Irrtum. Graugänse verstehen Ausdrucksbewegungen und -laute ihrer Artgenossen angeborenermaßen ebenso wie sie sie selbst äußern können, sind also auf keinerlei diesbezügliche Erwerbungsvorgänge angewiesen. Das Sich-Verschließen der Kaspar Hauser gegen alle vom Artgenossen ausgehenden Reize beruht jedoch auf einer tiefgreifenden Störung.

Unsere ursprüngliche Annahme konnte ich durch folgendes einfache, wenn auch mühevolle Experiment widerlegen. Drei bebrütete Grauganseier wurden unmittelbar vor dem Schlüpfen der Gössel drei extrem tierfreundlichen Menschen zur Aufzucht überlassen mit der Auflage, den sozialen Kontakt mit den Küken sehr gewissenhaft zu pflegen, sie aber streng von anderen Gänsen zu isolieren. Die drei Gänse wurden im Alter von etwas über einem Jahr in Seewiesen freigelassen. Sie zeigten nichts von der Taktlosigkeit der Kaspar Hauser und fanden sofort Anschluß an andere Gänse. (HBI)

4. Die Ritualisierung

Bei vielen Wirbeltieren – Knochenfischen, Vögeln und Säugetieren – spielt ein phylogenetischer Vorgang eine Rolle, der Instinktbewegungen in ihrer Funktion ändert und sogar neue erzeugt. Julian Huxley hat ihn schon 1914 entdeckt und in seiner Bedeutung erkannt. In den meisten Fällen wechselt die Instinktbewegung ihre Funktion, indem aus einer Bewegungsweise, die ursprünglich der Auseinandersetzung mit der Außenwelt dient, ein *Signal* wird. Der unvoreingenommene Beobachter bezeichnet die zur Ausdrucksbewegung gewordene Instinktbewegung häufig als Zeremonie. Die Funktion ist der anthropomorphen Betrachtungsweise leicht erkennbar. Wenn ein Haubentaucher aus der Tiefe des Sees ein Bündel Nistmaterial heraufholt und seinem Ehegenossen hinhält, so versteht auch der naive Mensch die Botschaft: »Komm, wir wollen miteinander ein Nest bauen.«

Zu einem kommunikativen System gehören Sender und Empfänger. Dem ausgesandten Signal muß ein gleicherweise stammesgeschichtlich programmiertes rezeptorisches Korrelat gegenüberstehen, von dem es selektiv aufgenommen und in arterhaltend sinnvoller Weise beantwortet wird. Die Entstehung eines solchen Systems beginnt meist auf der rezeptorischen Seite, nämlich damit, daß eine bestimmte Bewegungsweise »ansteckend« wirkt, was in der vergleichenden Psychologie häufig als »social induction« bezeichnet wird – ein leerer Ausdruck, der allzu leicht vorgibt, eine Erklärung zu sein. Für den vergleichenden Physiologen bedeutet der Vorgang, daß für den Außenreiz ein bestimmtes rezeptorisches Korrelat phylogenetisch vorprogrammiert ist. Wolfgang Wickler bezeichnet diesen Vorgang als Semantisierung (von griech. »sema« – das Zeichen). Begreiflicherweise hat die Semantisierung zur Folge, daß auf alle Bestandteile der betreffenden Verhaltensweisen ein Selektionsdruck ausgeübt wird, der auf ihre Verstärkung, aber auch auf die Eindeutigkeit des Signals hinzielt. Die Folge dieses Selektionsdruckes wiederum ist die sogenannte *»mimische Übertreibung«* sehr vieler Bewegungsweisen. Das klassische Beispiel eines solchen Vorganges der Ritualisierung ist das jedermann bekannte Futterlocken des Haushahnes. Wie bei vielen Vögeln wirkt beim Huhn das Fressen ansteckend, und zwar wird diese Wirkung schon durch das akustische Klopfen des Schnabels auf die Unterlage bewirkt, wie jede Bäuerin weiß. J. Effertz hielt kleine Haushuhnküken auf einer Unterlage, die einen starken Widerhall ihres Pickens von sich gab. Dadurch erzeugte er eine signifikante Zunahme ihrer Freßlust. Die führende Haushenne und ebenso der Hahn verstärken das Pick-Geräusch stimmlich – »tack tack tack, da kommen sie«, sagt Wilhelm Busch. (HBI)

Bei manchen Arten der sogenannten Tanzfliegen, die den Raub- und Mordfliegen nahestehen, hat sich der ebenso hübsche wie zweckmäßige Ritus entwickelt, daß der Mann unmittelbar vor der Paarung der Dame seiner Wahl ein erbeutetes

Insekt von geeigneter Größe überreicht. Während sie mit dem Verspeisen dieser Gabe beschäftigt ist, kann er sie begatten, ohne in die Gefahr zu geraten, selbst von ihr aufgefressen zu werden, eine Gefahr, die offenbar bei fliegenfressenden Fliegen droht, bei denen das Männchen noch dazu kleiner als das Weibchen ist. Ohne allen Zweifel übte sie den Selektionsdruck aus, der dieses merkwürdige Verhalten herausgezüchtet hat. Doch hat sich diese Zeremonie auch bei einer Art erhalten, nämlich bei der nordischen Tanzfliege, bei der das Weibchen, abgesehen von eben diesem Hochzeitsmahl, keine Fliegen frißt. Bei einer nordamerikanischen Art spinnt das Männchen einen schönen weißen Ballon, der auf optischem Wege die Aufmerksamkeit des Weibchens erregt und einige kleine Insekten enthält, die von diesem während der Paarung gefressen werden. Ähnlich liegen die Dinge bei der maurischen Tanzfliege, deren Männchen wehende kleine Schleierchen spinnen, in denen manchmal, aber nicht immer, Eßbares eingewoben ist. Bei der im Alpengebiet vorkommenden heiteren Schneiderfliege aber, die mehr als alle Verwandten den Namen »Tanzfliege« verdient, fangen die Männchen überhaupt keine Insekten mehr, spinnen aber einen wunderhübschen kleinen Schleier, den sie im Fluge zwischen Mittel- und Hinterbeinen ausgespannt tragen und auf dessen Anblick die Weibchen reagieren. »Wenn Hunderte solcher kleiner Schleierträger im wirbelnden Reigen in der Luft spielen, so gewähren ihre kleinen, etwa 2 mm großen, in der Sonne wie Opal glänzenden Schleierchen einen wunderbaren Anblick«, so schildert Heymons im neuen Brehm die kollektive Balz dieser Fliegen.

Bei der Besprechung des Hetzens der weiblichen Entenvögel habe ich zu zeigen versucht, wie das Entstehen einer neuen Erbkoordination einen sehr wesentlichen Anteil an der Bildung des neuen Ritus nimmt, wie auf diesem Wege eine autonome und weitgehend formstarre Bewegungsfolge, eben eine neue Instinktbewegung, entsteht. Das Beispiel der Tanzfliegen, deren Tanzbewegungen vorläufig noch der näheren Analyse harren, ist vielleicht geeignet, uns die andere, ebenso wichtige Seite der Ritualisierung vor Augen zu führen, nämlich die neuentstehende Reaktion, mit welcher der Artgenosse, an den die symbolische Mitteilung adressiert ist, diese beantwortet. Die Weibchen jener Tanzfliegenarten, die nur mehr einen rein symbolischen Schleier oder Ballon überreicht bekommen, der des eßbaren Inhalts ermangelt, reagieren offensichtlich auf dieses Idol genausogut oder noch besser, als es ihre Ahnfrauen auf die durchaus materielle Gabe einer eßbaren Beute taten. Es entsteht also nicht nur eine vorher nicht dagewesene Instinktbewegung mit bestimmter Mitteilungsfunktion bei dem einen Artgenossen, dem »Aktor«, sondern auch ein angeborenes Verständnis für sie bei dem anderen, dem »Reaktor«. Was uns bei oberflächlicher Beobachtung als »eine Zeremonie« erscheint, besteht häufig aus einer ganzen Anzahl einander gegenseitig auslösender Verhaltenselemente.

Die neuentstandene Motorik der ritualisierten Verhaltensweise trägt durchaus den Charakter einer selbständigen Instinktbewegung, auch die auslösende Situation, die in solchen Fällen weitgehend durch das Antwortverhalten des Artgenossen bestimmt wird, nimmt alle Eigenschaften der trieb-stillenden Endsituation an, die um ihrer selbst willen angestrebt wird. Mit anderen Worten, die ursprünglich anderen objektiven und subjektiven Zwecken dienende Handlungskette *wird zum Selbstzweck, sowie sie zum autonomen Ritus geworden ist.*

Es wäre geradezu irreführend, wollte man etwa die ritualisierte Bewegungsweise des Hetzens bei einer Stockente oder gar bei einer Tauchente als den »Ausdruck« der Liebe oder der Zugehörigkeit des Weibchens zu seinem angepaarten Gatten bezeichnen. Die verselbständigte Instinktbewegung ist *kein Nebenprodukt*, kein »Epiphänomen« des Bandes, das die beiden Tiere zusammenhält, sondern sie *ist* selbst dieses Band. Die ständige Wiederholung derartiger, das Paar zusammenhaltender Zeremonien gibt ein gutes Maß für die Stärke des autonomen Triebes, der sie in Gang setzt. Verliert ein Vogel seinen Gatten, so verliert er damit auch das Objekt, an dem allein er diesen Trieb abreagieren kann, und die Art und Weise, in der er den verlorenen Partner *sucht*, trägt alle Kennzeichen des sogenannten *Appetenzverhaltens*, d. h. des urgewaltigen Strebens, jene erlösende Umweltsituation herbeizuführen, in der sich ein gestauter Instinkt entladen kann.

Was es hier zu zeigen galt, ist die unabschätzbar wichtige Tatsache, daß durch den Vorgang der stammesgeschichtlichen Ritualisierung jeweils *ein neuer und völlig autonomer Instinkt entsteht*, der grundsätzlich ebenso selbständig ist wie nur irgendeiner der sogenannten »großen« Triebe, wie der zur Ernährung, Begattung, Flucht oder Aggression. So gut wie irgendeiner der genannten hat der neu entstandene Antrieb Sitz und Stimme im großen Parlament der Instinkte. Dies wiederum ist für unser Thema deshalb wichtig, weil gerade den durch Ritualisation entstandenen Trieben sehr häufig die Rolle zukommt, in jenem Parlament *gegen die Aggression zu opponieren*, sie in unschädliche Kanäle abzuleiten und ihre arterhaltungsschädlichen Wirkungen zu bremsen. In dem Kapitel über die persönliche Bindung werden wir hören, wie besonders die aus neu-orientierten Angriffsbewegungen entstandenen Riten diese hochwichtige Leistung vollbringen.

Jene anderen Riten nun, die im Laufe der Geschichte menschlicher Kulturen entstehen, sind nicht in der Erbmasse verankert, sondern werden durch Tradition weitergegeben und müssen von dem Individuum erneut erlernt werden. Trotz dieser Verschiedenheiten gehen die Parallelen so weit, daß man berechtigt ist, alle Anführungszeichen wegzulassen, so wie Huxley es tat. Gleichzeitig aber zeigen gerade diese funktionellen Analogien, mit welchen völlig verschiedenen ursächlichen Mechanismen die großen Konstrukteure beinahe gleiche Leistungen vollbringen.

Durch Tradition von Generation auf Generation weitergegebene Symbole gibt es bei Tieren nicht. Wenn man »das Tier« vom Menschen überhaupt definitionsmäßig abgrenzen will, ist gerade darin die Grenze zu sehen. Zwar kommt es auch bei Tieren vor, daß individuell erworbene Erfahrung von älteren an jüngere Individuen durch Lehren und Lernen weitergegeben wird. Solche echte Tradition gibt es nur bei solchen Tierformen, die hohe Lernfähigkeit mit hoher Entwicklung ihres Gesellschaftslebens verbinden. Nachgewiesen sind Vorgänge dieser Art, z. B. bei Dohlen, Graugänsen und Ratten. Die so weitergegebenen Kenntnisse beschränken sich aber auf recht einfache Dinge, wie Wegdressuren, Kenntnis bestimmter Arten von Nahrung oder gefährlicher Feinde und, bei Ratten, das Wissen um die Gefährlichkeit von Giften.

Das unentbehrliche gemeinsame Element, das diese einfachen tierischen Traditionen mit den höchsten kulturellen Überlieferungen des Menschen gemein haben, ist die *Gewohnheit*. Sie spielt mit ihrem zähen Festhalten des bereits Erworbenen eine ähnliche Rolle, wie sie der Erbmasse bei der stammesgeschichtlichen Entstehung von Riten zukommen. (SB)

5. Stammesgeschichtliche und kulturgeschichtliche Ritenbildung

Ritualisierte Bewegungsweisen sind besonders gute Objekte vergleichend-stammesgeschichtlicher Forschung... Es waren in erster Linie Ausdrucksbewegungen, ritualisierte Mittel der Verständigung, deren gesetzmäßig abgestufte Ähnlichkeiten und Unähnlichkeiten bei Arten, Gattungen, Familien und Ordnungen, die Whitman und Heinroth auf den Gedanken brachten, daß Bewegungsmuster ebenso verläßliche Merkmale von Verwandtschaftsgruppen seien wie nur irgendwelche körperlichen Charaktere. Diese Erkenntnis rief die Ethologie ins Leben.

Unser Wissenszweig entstand also als eine Hilfsdisziplin der allgemeinen Stammesgeschichtsforschung, der sie wertvolle taxonomisch verwertbare Daten lieferte. Umgekehrt empfing sie wesentliche Belehrungen betreffs des stammesgeschichtlichen Werdens, von erbkoordinierten Bewegungsweisen und, weil Ausdrucksbewegungen aus vielen Gründen besonders günstige Objekte vergleichender Forschung sind, einen wertvollen Wissenszuwachs betreffs der Entstehung von *symbolähnlich* wirkenden Bewegungsweisen. Wir kennen heute bei einer erheblichen Anzahl von Tiergruppen Differenzierungsreihen homologer Bewegungsformen, die den Gang ihrer Entwicklung erkennen lassen. Diese Reihen reichen von dem »unritualisierten Vorbild«, d. h. der noch nicht im Dienste der Kommunikation veränderten Instinktbewegung, über viele Übergänge zu hochritualisierten Bewegungen, die von dem

Selektionsdruck ihrer Signalfunktion bis zur Unkenntlichkeit verändert worden sind. Man würde ihre Herkunft nicht ahnen, wenn man nicht die ganze Reihe der Zwischenstufen vor Augen hätte, durch die, zum Glück des Forschers, das unritualisierte Vorbild mit der »Symbolhandlung« verbunden ist.

Die stammesgeschichtlich und die kulturgeschichtlich entstandenen Riten haben vier wesentliche Leistungen gemeinsam, und diese sind es, die den Erzeugnissen der Ritualisation so unverkennbar den Stempel der formalen Analogie aufdrücken.

Die *erste* und älteste dieser Leistungen ist die der Kommunikation.

Die *zweite* Leistung, die bei der phylogenetischen Ritualisierung wahrscheinlich aus der Kommunikation entstanden ist, besteht darin, daß manche Verhaltensweisen durch ihre Ritualisierung in bestimmte Bahnen festgelegt werden. Sie werden »eingedämmt«, in dem Sinne, in dem ein Fluß zwischen zwei Dämmen in eine bestimmte erwünschte Richtung geleitet wird. Bei der phylogenetischen Ritualisierung ist es vor allem das aggressive Verhalten, das in dieser Weise gelenkt wird, beim analogen kulturgeschichtlichen Vorgang ist es nahezu das gesamte soziale Verhalten.

Die *dritte* sehr wesentliche Leistung beider Arten von Ritualisierung besteht darin, daß sie neue Motivationen schaffen, die aktiv in das Wirkungsgefüge sozialer Verhaltensweisen eingreifen.

Die *vierte* Funktion ist die des Verhinderns einer Vermischung von zwei Spezies oder von zwei »Quasi-Spezies«, d. h. von Kulturen und Sub-Kulturen.

Eine weitere Leistung kommt allein der kulturgeschichtlichen Ritualisierung zu: Es ist die Schaffung freier Symbole, die für die kulturelle Sozietät gesetzt und wie diese verteidigt werden. Zunächst sollen die vier genannten Leistungen, die beiden Formen der Ritualisation zukommen, miteinander verglichen werden.

Wir wenden uns der kommunikativen Leistung phylogenetischer Ritualisierung zu. Jedes Kommunikationssystem besteht aus zwei komplementären Teilen, dem Sender und dem Empfänger. Es muß dem ausgesandten Signal, dem Schlüsselreiz, ein rezeptorisches Korrelat gegenüberstehen, das selektiv auf ihn anspricht. Bei der phylogenetischen Ritenbildung hat die Entwicklung offenbar am rezeptorischen Ende der Nachrichtenvermittlung begonnen; das heißt, es haben sich arterhaltend sinnvolle Reaktionen entwickelt, die durch Bewegungen ausgelöst wurden, die der Artgenosse *sowieso* ausführt. Diese Erscheinung, die lange bekannt ist, wurde als »Resonanz«, als »soziale Induktion« usw. bezeichnet, ohne daß dabei das Problem aufgeworfen wurde, welche physiologischen Mechanismen es verursachen, daß ein Pferd in Panik gerät, wenn es ein anderes in wilder Flucht davonstürmen sieht, oder daß ein nahezu sattes Huhn aufs neue zu fressen beginnt, wenn es ein anderes, hungriges, fressen sieht.

Es ist die Entstehung eines Empfangsapparates, die dieses »Verständnis« für das Verhalten eines Artgenossen bewirkt; durch sie wird eine Verhaltensweise zum *Signal*. Ein Verhalten, das, wie die Flucht des Pferdes oder das Picken des Huhnes, bis dahin nur einer anderen arterhaltenden Leistung gedient hatte, erhält dadurch eine neue, kommunikative Funktion, daß es vom Artgenossen *verstanden wird*. Dieses »Zum Signal-Werden« ändert zunächst nichts an der Bewegung selbst! Diesen Vorgang hat W. Wickler »empfangsseitige Semantisierung« genannt. Wahrscheinlich bedeutet er, wo immer es zur Entstehung ritualisierter Bewegungsweisen kommt, den ersten Schritt dieser Entwicklung.

Die neue kommunikative Funktion oder, genauer gesagt, der Empfangsapparat, der das Verständnis einer Verhaltensweise ermöglicht, übt begreiflicherweise einen Selektionsdruck auf ihre weitere Entwicklung aus. Alle Eigenschaften, die den betreffenden Bewegungsablauf als Signal eindeutiger und wirkungsvoller werden lassen, werden bevorzugt und im Laufe weiterer Entwicklung überbetont. Dazu kommen häufig noch körperliche Strukturen, die den Signalwert der Bewegung erhöhen. Dem Selektionsdruck, der von der neuen Signalfunktion der Bewegungsweise ausgeübt wird, steht begreiflicherweise der ihrer ursprünglichen arterhaltenden Leistung entgegen, die durch jede Veränderung gefährdet wird. Nur bei

Bewegungen, die als funktionslose Epiphänomene des Verhaltens auftreten, fällt dieses Hemmnis der Signalentwicklung fort, wie z. B. bei Übersprungsbewegungen, Intentionsbewegungen oder vegetativen Erscheinungen. Aus diesen sind die allermeisten Ausdrucksbewegungen entstanden.

Wir gelangen zu der zweiten Funktion ritualisierter Verhaltensweisen, die darin besteht, arteigene Verhaltensweisen in bestimmte Bahnen zu lenken und vor allem arterhaltungs-schädigende Wirkungen der innerartlichen Aggression zu verhindern oder wenigstens zu mildern. Wir haben weiter oben gehört, daß die Veränderungen, die eine Handlung im Dienste der Kommunikation erfährt, ihre ursprüngliche Wirksamkeit abschwächen können und daß dies in den meisten Fällen im Interesse der Arterhaltung unerwünscht sei. Im Falle des innerartlichen Kampfverhaltens liegt insofern eine Ausnahme vor, als es durchaus wünschenswert ist, die ursprünglichen Auswirkungen, nämlich die körperliche Beschädigung des Artgenossen, nach Möglichkeit abzuschwächen. Die Bewegungsweisen des intraspezifischen Kampfes sind bei den allermeisten Tieren von solchen des Fressens abgeleitet. Die Mehrzahl aller Fische, Reptilien, Vögel und Säugetiere benutzen ihre Freßwerkzeuge zu Kämpfen zwischen Artgenossen. Nur verhältnismäßig wenige schlagen mit den Vorderfüßen und noch weniger kämpfen mit dem Schwanz, wie z. B. manche Reptilien. Noch seltener aber kommt es vor, daß Bewegungen und Organe der intraspezifischen Aggression dienen, die im Dienste der Verteidigung gegen Raubfeinde entstanden sind. Ich wüßte als Beispiel hierfür nur die Schmetterlingsfische (Tetrodontidae) zu nennen, die im Rivalenkampf mit den Stacheln der Rückenflosse nacheinander stechen, und manche Horntiere. Die einzigen Tiere, bei denen die Waffen des Rivalenkampfes nur zu diesem Zwecke entstanden sind, sind meines Wissens die Hirsche.

Da nun der arterhaltende Sinn des intraspezifischen Kämpfens nicht in der Vernichtung des Gegners liegt, sondern entweder in seiner rangordnungsmäßigen Unterwerfung oder in seiner Vertreibung aus dem Revier, sind die Waffen und die Bewegungsweisen, die zum Erlegen der Beute oder zur Abwehr des Freßfeindes geschaffen sind, für den Rivalenkampf viel zu scharf und wirkungsvoll. Deshalb liegt ein hoher Arterhaltungswert in der Entschärfung und Kanalisierung dieser Organe und Bewegungen. Dies wird bei sehr vielen Tieren dadurch erreicht, daß dem eigentlichen Kampf Bewegungsweisen des Drohens vorangehen, die von Intentionsbewegungen und ambivalenten, aus Triebkonflikten entstehenden Verhaltensmustern abgeleitet sind. Diese unterliegen oft einer hochgradigen Ritualisierung. Häufig entstehen im Dienste des Drohens und der Kampfvermeidung Verhaltensweisen, die ganz buchstäblich ein *Messen* der beiden Gegner bewirken. Beim Breitseitsdrohen messen rivalisierende Fische ihre Körpergröße, beim Maulkämpfen ihre Kräfte. Ein echtes Messen der Kräfte findet auch beim Rivalenkampf der Hirsche statt.

Ich habe schon gesagt, daß die höhere Differenzierung einer ritualisierten signalsendenden Bewegungsweise ihre *Abspaltung* von ihrem unverändert bleibenden unritualisierten Vorbild bedeutet. Deshalb geht jede höhere Ritualisierung mit der Entstehung einer *neuen Erbkoordination* einher. Diese verursacht, in gleicher Autonomie wie alle anderen Instinktbewegungen, ein spezifisch auf sie gerichtetes Appetenzverhalten, mit anderen Worten, der Ablauf der neuen Zeremonie wird zu einem *Bedürfnis* des betreffenden Lebewesens. So ist z. B. bei der Graugans das Bedürfnis, die Zeremonie des sogenannten Triumphgeschreis durchzuführen, eine starke Motivation, die ganz wesentlich die Sozietätsstruktur dieser Vögel bestimmt. Sie bildet ein starkes Band, das die Gatten eines Paares und die Mitglieder einer Familie zusammenhält. Sie ist nicht etwa nur »Ausdruck« dieser Bindungen, sie bewirkt diese Bindungen.

Ausgedehnte Untersuchungen Wolfgang Wicklers und seiner Mitarbeiter haben gezeigt, daß die Bindung, die bei sehr verschiedenen Tieren, Säugern, Vögeln, Fischen und selbst bei Krebsen zwei Individuen in einer monogamen Dauerehe vereinigt, in den meisten Fällen in dem Bedürfnis nach dem Ausführen einer bestimmten Zeremonie gelegen ist, die jeder der Gatten selektiv nur mit dem anderen ausführen kann. Nur bei der monogamen Garnele Hymenocera ist dies anders. Bei ihr wird das Paar durch eine Appetenz nach Ruhezuständen im Sinne Meyer-Holzapfels zusammengehalten. Das Männchen findet, wenn es sein Weibchen verloren hat, keine Ruhe und eilt suchend umher, bis er es wiedergefunden hat, worauf beide in tiefe Ruhe versinken.

Eins der merkwürdigsten Beispiele einer bindungsbildenden Zeremonie ist der Duettgesang, der an Gibbons, Bartvögeln, Würgern und Drongos untersucht wurde. Bei den genannten Vögeln singen die Gatten eines Paares in raschem Wechsel kurze Strophen, die lückenlos aneinandergereiht werden, so daß eine einzige längere Tonfolge entsteht, bei deren Anhören niemand auf den Gedanken käme, daß sie von zwei Individuen hervorgebracht werde. Die einzelnen Kurzstrophen und deren Aneinanderfügung sind von Paar zu Paar recht verschieden, und es ist wahrscheinlich, daß die Partner sich durch individuelles Lernen aufeinander abstimmen müssen, sie müssen »proben«, um das einheitliche Tongebilde hervorzubringen. Wenn dies der Fall ist, was erst näher untersucht werden soll, so könnte jeder Vogel nur mit einem einzigen Individuum seiner Art Duett singen, und die Appetenz nach der Zeremonie würde dementsprechend ein mächtiges Band zwischen den Partnern herstellen.

Durch den Vorgang der phylogenetischen Ritualisierung entsteht also eine neue autonome Motivation sozialen Verhaltens. Die ritualisierte Bewegungsweise erhält, um ein altes Gleichnis von mir zu gebrauchen, Sitz und Stimme im großen »Parlament der Instinkte« der betreffenden Tierart. Bei sehr vielen sozialen Tieren ist die Struktur der Sozietät zum großen Teil durch ritualisierte Verhaltensweisen bestimmt. Das Triumphgeschrei der Graugans beherrscht das gesamte Gesellschaftsleben dieser Art; beim Baßtölpel, einem koloniebrütenden Meeresvogel, ist die Form der Brutkolonie, z. B. der genaue Abstand der Nester, durch Zeremonien bestimmt, deren hoher Grad der Ritualisierung es schwierig macht, ihre phylogenetische Herkunft zu ermitteln. Für die Dohle und sehr viele andere soziale Lebewesen gilt Entsprechendes.

In ihrer Doppelfunktion der Kommunikation und der Motivation sozialer Verhaltensweisen bilden bei höheren sozialen

Lebewesen ritualisierte Verhaltensweisen ein ganzheitliches System, das bei aller Plastizität und Regulationsfähigkeit ein festgefügtes Gerüst darstellt, das die gesamte Sozietätsstruktur der betreffenden Art trägt. Sehr häufig beruhen sowohl die Festigkeit wie die Regulationsfähigkeit eines solchen Systems auf der Spannung zwischen antagonistisch wirkenden Zeremonien, z. B. zwischen solchen der Drohung und der Befriedung. Man braucht den Pavianen des Affenfelsens des nächsten Zoologischen Gartens nur ein Stündchen zuzusehen, um das Gleichgewicht zwischen diesen beiden Funktionen verstehen zu lernen. Auch bei einem Wolfsrudel oder einer Schimpansenhorde stellen Drohung und Befriedung den größten Teil aller Ausdrucksbewegungen dar, die zwischen den Sozietätsmitgliedern ausgetauscht werden. Auch ist es sicher kein Zufall, daß gerade bei solchen recht aggressiven Arten die Anwendung roher Gewalt unter natürlichen Umständen so selten zu beobachten ist.

Auch die kulturgeschichtliche Ritualisation kann im wesentlichen als die Entstehung eines Kommunikationssystems verstanden werden, und auch in dieser ist die Ausbildung von Symbolen ein wichtiger Schritt. Ich habe in den vorangehenden Ausführungen über phylogenetische Ritualisation den Ausdruck Symbol entweder unter Anführungszeichen gesetzt oder den Begriff umschrieben, und zwar deshalb, weil die stammesgeschichtlich entstandenen »Auslöser« Signale, aber keine Symbole im Sinne des von der menschlichen Sprachforschung geprägten Begriffs sind. Sie sind weder frei verfügbar, noch wird ihre Bedeutung gelernt, der ganze Apparat der Verständigung ist vielmehr bis in alle Einzelheiten stammesgeschichtlich entstanden und erblich festgelegt. Gerade im Wirkungsgefüge tierischer Sozietäten spielt Erlerntes nur eine recht bescheidene Rolle, vor allem beeinflußt es überhaupt nicht die *Form* des Sende- und Empfangsapparates.

Trotz der erwähnten wesentlichen Unterschiede haben das phylogenetisch entstandene Signal und das in der Kulturgeschichte herausgebildete echte Symbol doch in ihrer Genese eines gemeinsam: Die Entstehung beider beginnt damit, daß ein Artgenosse *Verständnis* für jene Bewegungsweisen ausbildet, die das alsbald folgende Verhalten des Artgenossen *voraussagen lassen*. Typische Beispiele für solche Bewegungsweisen sind die sogenannten Intentionsbewegungen, d. h. unvollständige Abläufe, die das allmähliche Aufkommen einer bestimmten Handlungsbereitschaft anzeigen. Während im Fall der phylogenetischen Ritualisierung das »Verstehen« der Bewegungen eines Argenossen auf ererbten Leistungen des Signalempfängers beruht – wie ja auch die so »verstandenen« Bewegungen Erbkoordinationen sind –, entwickeln sich in der kulturellen Ritualisation das Senden wie das Empfangen von Signalen auf der Grundlage des Lernens und der kulturellen Vererbung erworbener Eigenschaften.

Was den Sender betrifft, so gestattet die bei Anthropoiden angedeutete und nur beim Menschen höher ausgebildete Fähigkeit zum *Nachahmen der eigenen Bewegung*, daß der Sender eine Kopie jener Verhaltensweise zur Schau stellen kann, die er dem Empfänger mitteilen möchte. Dieses Nachahmen aller möglichen Bewegungsweisen hat natürlich frei verfügbare *Willkürbewegungen* zur Voraussetzung. Vom Schimpansen sind Fälle bekannt, in denen ein Affe den anderen durch frei nachgeahmte Bewegungsintentionen zum Mittun aufforderte. Im Yerkes Laboratory wurde zwei Schimpansen eine Problemsituation geboten, in der beide gleichzeitig an beiden Enden einer Schnur ziehen mußten, um einen Korb heranzuholen, durch dessen Henkel sie lose gezogen war. Als ein Affe das Problem durchschaut hatte, führte er den anderen an das eine Ende der Schnur, ergriff seine Hand und legte sie auf die Schnur. Dann lief er selbst schnell zum anderen Ende, erfaßte dieses und mimte »Ziehen an der Schnur«. Dies ist meines Wissens die nächste Annäherung an echte Symbole, die ein Tier spontan, d. h. ohne gerichtete Vordressur, geleistet hat.

In der Entwicklung kultureller Kommunikationssysteme sind es in erster Linie die Erfordernisse des Empfängers, die durch Selektion die Eigenschaften des Senders bestimmen. Dementsprechend finden wir in kulturellen Riten so ziemlich alle Eigenschaften, die wir von phylogenetisch entstandenen Signalen her kennen und die der Sicherung von Eindeutigkeit dienen. Die Eindeutigkeit des Signals hängt selbstverständlich auch von der Selektivität des Empfangsapparates ab, und diese ist bei angeborenen Auslösemechanismen sehr viel geringer als bei erlernten Reaktionen. Die Fähigkeit, komplexe Reizkombinationen voneinander zu unterscheiden, selbst wenn sie nur in der Konfiguration und nicht in den enthaltenen Reizelementen voneinander verschieden sind, beruht auf Wahrnehmungsleistungen, die sich auf einer sehr viel höheren Ebene des Zentralnervensystems abspielen als die der angeborenen Auslösemechanismen. Auch spielen Lernvorgänge dabei eine wichtige Rolle.

Obwohl es nun die erlernte Gestaltwahrnehmung ist, die in jedem kulturell entstandenen Kommunikationssystem den Empfänger repräsentiert, bleiben doch Leistungen der Wahrnehmung mit im Spiele, die sich auf niedrigerer Ebene abspielen; sie sind ja die Grundlagen und die Bausteine jeder höher integrierten Gestaltwahrnehmung. Physiologen und Psychologen, die sich mit diesen Leistungen beschäftigt haben, wissen sehr genau, welche Anforderungen unsere Wahrnehmung an die Kombination von Sinnesreizen stellt, wenn es gilt, diese als unverwechselbare Gestalten wiederzuerkennen. Immer kommt es dabei auf die sogenannte Prägnanz an, die darin besteht, daß möglichste Einfachheit mit möglichst großer allgemeiner Unwahrscheinlichkeit gepaart ist. Auf einer niedrigeren Ebene der Komplikation stellen die angeborenen Auslösemechanismen an die von ihnen zu beantwortenden Signale die Forderung der Eindeutigkeit in prinzipiell gleicher Weise, wie sie auf der höheren Ebene von unserer Gestaltwahrnehmung gestellt wird.

Wie schon gesagt, finden wir die vier im vorigen Absatz besprochenen Leistungen stammesgeschichtlicher Ritenbildung, nämlich die der Kommunikation, der »Kanalisierung« verschiedener, vor allem aggressiver Verhaltensweisen, die Bildung neuer und starker Motive sozialen Verhaltens und schließlich auch die der Verhinderung von Vermischungen, bei den kulturell entstandenen Riten in analoger Weise wieder.

Über die kommunikative Funktion der Ritualisierung brauche ich nur wenig zu sagen. Ziemlich sämtliche sprachlichen Verständigungsmittel beruhen auf Ritualisierung, und selbst die menschlichen Ausdrucksbewegungen, die einen so erheblichen Anteil an angeborenen Bewegungsweisen enthalten, sind bei den verschiedenen Kulturen durch traditionelle Ritualisierung überlagert. Wie bei den stammesgeschichtlich entstandenen Bewegungsweisen, so ist sehr wahrscheinlich auch bei allen kulturellen Riten die ursprüngliche Leistung die der Kommunikation gewesen. Von ihr lassen sich die anderen ableiten.

Während die zweite Leistung, die der Eindämmung und Lenkung potentiell gefährlicher Verhaltensweisen, sich bei der phylogenetischen Ritualisierung im wesentlichen auf die Entschärfung von Kampfbewegungen beschränkt, gewinnt eine analoge Funktion der kulturellen Ritualisierung Einfluß auf den größten Teil aller sozialen Verhaltensweisen des Menschen: So ziemlich alles, was wir in Gegenwart anderer tun, ist von kultureller Ritualisation beeinflußt. Wirklich unritualisiertes Verhalten des Menschen, vor allem die meisten unritualisierten Instinktbewegungen, sind sozial verpönt. Sich-Kratzen, Sich-Räkeln, Nasenbohren und ähnliches »Komfortverhalten« ist ebenso verpönt wie Exkretion oder Kopulation. Die *Scham* ist eine unmittelbare Folge der allumfassenden kulturellen Ritualisierung.

Der kultur- und damit auch arterhaltende Sinn der rituellen Zwangsjacke, in die unser kreatürliches Verhalten gezwängt ist, beruht auf der Notwendigkeit, wenn nicht alle, so doch die meisten instinktiven Antriebe des Menschen unter die Kontrolle der von der Kultur geforderten Verhaltensnormen zu zwingen. (RS)

II. Aufgabenstellung und Methode

1. Analyse und Darstellung von Systemen

Ein System ist eine Einheit, die aus verschiedenen miteinander in Wechselwirkung stehenden Teilen zusammengesetzt ist, von denen keiner fehlen darf, wenn der Charakter des Systems nicht zerstört werden soll. In Lehre und Forschung stehen dem Verständnis jedes Systems die gleichen Schwierigkeiten entgegen, die ich an einem allgemeinen Beispiel illustrieren will. Wenn man einem Ahnungslosen die Wirkungsweise des gewöhnlichen Benzinmotors erklären soll, kann man anfangen, wo man will. Man kann z. B. sagen: »Der niedergehende Kolben saugt aus dem Vergaser explosives Gemisch«, obwohl man sich darüber im klaren ist, daß der Empfänger dieser Erklärung sich unter den Worten nichts vorstellen kann. Man hofft, daß er sich für jedes von ihnen einen leeren Raum freihält, der durch einen später zu bildenden Begriff ausgefüllt werden soll. Dasselbe Prinzip wird im Entwerfen eines sogenannten Fließdiagramms angewendet, das in jedem seiner leeren Kästchen Platz für Funktionen läßt, die vorläufig ungeklärt bleiben. Diese vorläufige Skizzierung des *ganzen* Systems ist deshalb nötig, weil der Lernende, wie auch der Forscher, sich gewissermaßen Raum für Funktionen freihalten muß, deren jede selbst wieder ein System, ein »Unterganzes« ist, das man erst verstehen wird, wenn man alle übrigen begriffen hat. Woher der Kolben die Energie hat, die ihn befähigt, eine Saugwirkung zu entfalten, kann ja der Lernende erst begreifen, wenn er alle Teilfunktionen erfaßt hat, die dem Schwungrad die nötige Energie mitteilen. Man kann die Funktion eines Systems, wenn auch etwas unscharf, danach definieren, daß seine Unterganzen nur gleichzeitig miteinander oder gar nicht verstanden werden können. Diese Definition ist keineswegs exakt, denn wir können die Unterganzen auch eines so einfachen Systems wie des Ben-

37

zinmotors nie vollständig erfassen, und dennoch wäre es unsinnig, auf die Systemanalyse des Ganzen in der hier angedeuteten Weise zu verzichten.

Wenn wir eine Gestalt wahrnehmen, deren Wesen ebenfalls von einer Wechselwirkung mehrerer Untersysteme bestimmt wird, stehen wir vor derselben Schwierigkeit. Im zweiten Teil des »Faust« läßt Goethe die Helena sagen: »Doch red' ich in die Lüfte; denn das Wort bemüht sich nur umsonst, Gestalten schöpferisch aufzubaun.« Die lineare Aufeinanderfolge von Worten ist grundsätzlich unfähig, ein System befriedigend wiederzugeben. Unter einem System verstehen wir eine Vielheit von Strukturen und Funktionen, die fast alle miteinander in Wechselwirkung stehen, als Ganzes aber gegen Vorgänge der Umgebung genügend abgegrenzt sind, um eine gemeinsame Funktion erkennen zu lassen. Nur so ist Paul Weiss' witziger Aphorismus zu verstehen: »A system is everything unitary enough to deserve a name«, denn selbstverständlich ist nicht alles, was einen Namen verdient, ein System; schon das Wort besagt, daß es sich um eine aus mehreren Teilen zusammengesetzte Einheit handelt, wobei die Teile sehr häufig wiederum Systemcharakter besitzen.

Beim Aufstellen eines Fließdiagramms wie bei der Analyse eines Systems schreitet unser Verständnis stets von der Ganzheit zum Teil und nicht vom Teil zur Ganzheit fort. Bevor wir die einzelnen Funktionen der Teile eines Benzinmotors verstehen können, müssen wir Einsicht in die Funktion des Ganzen, des Motors als Kraftquelle, erlangt haben. Die Forschungsrichtung vom Ganzen zum Teil ist auch dann vorgeschrieben, wenn wir ein organisches Ganzes, dessen Struktur wir verstehen wollen, vor Augen haben. Die Kunst der Analyse ist es dann, die Teile herauszugliedern, ohne das Ganze und seine Funktion aus den Augen zu verlieren.

Auch ein nur annäherndes Verstehen der einzelnen in einem System zusammenarbeitenden Teilfunktionen bringt die Forschung um einen wesentlichen Schritt weiter, nämlich jenem Stadium näher, in dem es sinnvoll wird, experimentell Fragen zu stellen und Messungen vorzunehmen. Ruprecht Matthaei hat in seinem Buch »Das Gestaltproblem« das Vorgehen eines

Forschers angesichts einer Systemganzheit mit dem eines Malers verglichen: »Eine flüchtig hingeworfene Skizze des Ganzen wird mehr und mehr ausgearbeitet, wobei der Maler möglichst immer alle Teile gleichzeitig fördert; das Bild sieht auf jeder Stufe seines Werdens fertig aus – bis das Gemälde sich in seiner ganzen anschaubaren Selbstverständlichkeit darbietet.« Otto Koehler hat diese Methode des Vorgehens »Analyse in weiter Front« genannt. Das Vorgehen von Forschung und Lehre in der Richtung *von* der Ganzheit des untersuchten Systems *zu* seinen Teilen ist in der Biologie *obligat*. (HBI)

2. Organische Systeme als Forschungsobjekt

Wenn wir als Forscher an einem lebenden System ein Experiment vornehmen, müssen wir uns bewußt bleiben, wie leicht unser neugieriger Eingriff den natürlichen Verlauf stören kann ... Ein System ist gegen unsere Eingriffe um so empfindlicher, je komplexer, je differenzierter es ist. Höhere Tiere sind außerordentlich komplexe Systeme, aber die Soziäten, in denen sie zusammenleben, sind noch komplexer. Das soziale Leben des Menschen ist das komplexeste System, das wir überhaupt kennen. Wir wissen, daß der Mensch in vielen Tieren einfachere Parallelen hat, die, wie wir hoffen, leichter begreiflich gemacht werden können. Die leichte Störbarkeit von Tiersoziäten ist ein Forschungshindernis, das zwar nicht prinzipiell unüberwindlich ist, aber nicht unterschätzt werden darf.

Die exakteste, aber auch aufwendigste Methode der Erforschung des sozialen Verhaltens von höheren Tieren ist zweifellos die Beobachtung in freier Wildbahn. Sie bedingt eine langdauernde mühevolle Gewöhnung der Tiere an den beobachtenden Menschen. Jane Goodall ist es im Gombe River Reservat gelungen, sich mit einer Horde Schimpansen anzufreunden. Sie hat nahezu ein Jahr gebraucht, bis die Fluchtdistanz der Schimpansen so weit abgenommen hatte, daß sie ihre Beobachtungen beginnen konnte. Das Ausmaß ihrer Erkenntnisse hat den Aufwand an Zeit und Mühe reich gelohnt. Hans Kummer bediente sich ähnlicher Beobachtungsmethoden bei

Pavianen, Diane Fossey bei Berggorillas und Anne Rasa bei der Erforschung von Zwergmungos.

Ein anderer, weniger aufwendiger Weg besteht darin, zahme, vom Menschen aufgezogene Tiere an das wilde Leben zu gewöhnen, wo man sie bequemer aus der Nähe beobachten kann. Das geht aber nur bei Tieren, in deren sozialem Verhalten Traditionen keine ausschlaggebende Rolle spielen. Als Katharina Heinroth versuchte, menschenaufgezogene junge Paviane in die lang bestehende Paviansozietät des Berliner Zoologischen Gartens einzugliedern, mißlang dieser Versuch völlig. Die menschenaufgezogenen Individuen benahmen sich offensichtlich nicht ganz der Tradition der Horde entsprechend und wurden immer wieder von ihr ausgestoßen.

Bei Vögeln, bei denen die Verschiedenheit der Tradition einzelner Sozietäten keine große Rolle spielt, weil die meisten Verhaltensweisen phylogenetisch vorprogrammiert sind, gelingt es dagegen sehr wohl, aus menschengewöhnten Exemplaren Sozietäten aufzubauen, die sich einigermaßen normal verhalten. Das tun sie nach unseren Erfahrungen erst, nachdem die Sozietäten längere Zeit selbständig existiert haben. Die nun seit 35 Jahren sorgfältig aufgezeichneten Lebensgeschichten unserer Gänse zeigen das klar. Der oft gehörte Vorwurf, daß das Verhalten der Gänse durch ihre Beziehungen zu Menschen verzerrt erscheinen könnte, ist nicht berechtigt; im Gegenteil, die kleinen Verzerrungen, die manchmal auftreten, sind wichtig Ansatzpunkte der Analyse.

Die Annahme, daß sich eine Kolonie von Graugänsen in einer einigermaßen natürlichen Umgebung annähernd normal verhalten würde, erweist sich dadurch als richtig, daß wilde Graugänse, die nie mit Menschen in Berührung gekommen sind, sich im Rahmen unserer Grauganskolonie nicht anders als deren langjährige Mitglieder verhalten.

Die Aufgabe, die inneren Zusammenhänge eines sehr komplexen sozialen Systems aufzuklären, erfordert begreiflicherweise lange Zeiträume. Ich kenne gegenwärtig nur drei longitudinale Untersuchungen von sozialen Systemen höherer undomestizierter Wirbeltiere von ausreichendem quantitativem und zeitlichem Umfang: die Schimpansenuntersuchungen von Jane Goodall in der Gombe River Reservation in Tanzania, die Untersuchungen an Rotgesichtsmakaken (*Macaca fuscata*) auf der japanischen Insel Koshima durch Masao Kawai und S. Kawamura und schließlich die an unseren Gänsen. Meine erste kleine Grauganskolonie existierte nur von 1936 bis 1940; dennoch sind einige individuelle Beobachtungen wichtig genug, um sie in diesem Buche mitzuteilen. Die gegenwärtig in Grünau bestehende Kolonie wurde 1949 auf den Teichen von Schloß Buldern angesiedelt, im Jahre 1955 in das neugegründete Institut in Seewiesen bei Starnberg übersiedelt und nach meiner Emeritierung bei der Max-Planck-Gesellschaft mit Erfolg nach Grünau im Almtal in Oberösterreich verpflanzt. Im Augenblick umfaßt sie etwa 150 Individuen; die Zahl wechselt, da einige Paare anderswo brüten und nur den Winter mit ihrer Brut im Almtal verbringen. (HBI)

3. Emotion und Naturwissenschaft

Beide, das emotionale Verständnis eines Vorganges und seine wissenschaftliche Erfassung, verleihen uns die Fähigkeit, Ereignisse vorauszusagen. Mein Freund Frank Fremont Smith definierte Wissenschaft dahin, daß sie »die Dinge voraussagbar macht«. Diese Definition trifft auf gefühlsmäßige wie auf wissenschaftliche Welterkenntnis gleichermaßen zu: Ich befinde mich zur Zeit in einem überheizten Zimmer, in dem sich der »Fühler« des Thermostaten unserer Zentralheizung befindet. Wenn man nun das Fenster öffnet, erfüllt sich mit Sicherheit meine Voraussage, daß nunmehr das ganze Haus überheizt werden wird. Wenn ich dagegen voraussage, daß sich mein Freund über ein bestimmtes Geschenk außerordentlich freuen wird, hat diese Voraussage ungefähr den gleichen Wahrscheinlichkeitswert, obwohl sie rein emotional begründet ist.

Das großartige kollektive Unternehmen der Menschheit, die Welt zu objektivieren und ein in sich widerspruchsloses Bild von ihr zu entwerfen, ist wenige hundert Jahre alt. Unvergleichlich älter, uralt, ist unsere gefühlsmäßige unreflektierte Wahrnehmung der Umwelt, einschließlich der sie bevölkernden Mitlebewesen. Eine Überlegenheit der Wissenschaft über unser rein emotionales urtümliches Verständnis der Welt liegt darin, daß sie aufgrund einer Zurückführung der Erscheinungen auf kleinere, basalere und schon verständliche Elemente Höheres, Komplexeres durchschaubar macht, und zwar in einer objektivierenden Weise, die jedem Mitmenschen einsichtig ist und der nicht widersprochen werden kann. Die Naturwissenschaft ist in diesem Sinne intersubjektiv.

Das in sich widerspruchsfreie und relativ einfache Bild der Welt hat der Menschheit eine ungeheure Macht über die umgebende Wirklichkeit verliehen, während viele Fragen, die den Menschen und die ganze organische Natur betreffen, vernachlässigt werden. Die Physik generalisiert allgemein verständliche und allgegenwärtige Gesetzlichkeiten und vernachlässigt die Strukturen, die ihr nur als Mittel zur Abstraktion dieser Gesetzlichkeiten dienen.

Die Erklärung der Welt setzt nicht nur die Einsicht in die allgegenwärtigen Naturgesetze voraus, sondern auch die Kenntnis der speziellen *Strukturen* der Materie, in denen diese Gesetzlichkeiten sich auswirken. Die Newtonschen Gesetze z. B. wirken sich als Pendelgesetze in der Struktur des Pendels völlig anders aus als im Kreislauf der Himmelskörper eines Sonnensystems. Die Reduktion, die Annahme, daß das komplizierte System »auch nichts anderes« sei als das einfachere, ist ein Irrtum, da die Struktur nicht vernachlässigt werden darf. Es ist ein weitverbreiteter Irrtum, daß die Regression auf immer Einfacheres, immer Kleineres ad infinitum weitergetrieben werden könne; mit anderen Worten, es ist ein Irrtum, zu glauben, daß die Wissenschaft nur aus Reduktion bestehe und der *Beschreibung der Struktur entbehren könne*.

Naturwissenschaft besteht also keineswegs nur aus ontologischer Reduktion. Ebensowenig kann die Naturwissenschaft, wie manche meinen, unter Ausschluß menschlicher Emotionen betrieben werden, wenn man glaubt, objektiv zu sein, indem man die Augen gegenüber den eigenen Gefühlen und Affekten schließt. Objektivierung besteht überall und immer darin, daß man die eigenen subjektiven Gefühle sehr wohl in Rechnung stellt und in das Bild der Gesamterkenntnis einbaut. Mein altes

Vorlesungsbeispiel für Objektivierung: Ein Kind kommt aus dem Garten, und seine Wange, die meine Hand berührt, ist fieberheiß. Ich weiß jedoch, daß meine eigene Hand, die eben in kaltem Wasser gearbeitet hat, unterkühlt ist und daher Wärme verstärkt wahrnimmt. Daher glaube ich keinen Augenblick an eine Erkrankung des Kindes, ich habe meine subjektive Wahrnehmung aufgrund meiner Kenntnis ihrer Physiologie objektiviert.

Die beiden den Menschen offenstehenden Wege der Welterkenntnis sind so verschieden, daß manche Denker sie für unvereinbar halten. Herbert Pietschmann spricht von zwei Straßen: der des Gefühls, das zum subjektiv Wahren führt und es vom Falschen trennt, und vom Wege der intersubjektiven Wissenschaft, die Richtiges und Falsches unterscheidet. Lord C. P. Snow spricht sogar von zwei getrennten Kulturen des Menschen, von den unvereinbaren Welten von Kunst und Wissenschaft. Paul Weiss hat dazu kaustisch bemerkt (mündl. Mitteilung, etwa 1978), daß er den Menschen in seinem ganzen Wesen immer noch plastisch und »binokulär« sehe. Und schließlich hat kein Geringerer als Max Planck in einer kleinen, in den »Naturwissenschaften« veröffentlichten Schrift gezeigt, daß die Naturwissenschaft keine grundsätzlich anderen Methoden des Denkens und Erkennens verwendet, als es der Mensch auch sonst in seiner alltäglichen Naturerkenntnis tut.

Der Vertreter der evolutionären Erkenntnistheorie sollte sich darüber im klaren sein, wann er in seiner Tagesarbeit den einen und wann er den anderen Weg benutzt. Er kann gar nicht umhin, beides zu tun. Es käme einem Erkenntnisverzicht – der größten Sünde gegen den Geist der Forschung – gleich, im Sinne von Lord Snow, Pietschmann und anderen absichtlich ein Auge zuzumachen. Wir Biologen begegnen in unserem Alltagsleben täglich Systemen, deren wissenschaftliche Erforschung aussichtsreich erscheint, wie auch solchen, deren emotionales Verständnis uns näherliegt als das wissenschaftliche. Erstere sind vor allem niedere, letztere sind hochentwickelte Organismen. Dazwischen aber gibt es eine Unzahl von Lebewesen, die unsere gefühlsmäßige Anteilnahme wohl ansprechen, aber dennoch zumindest in einigen Teilen ihres Verhaltens eine objektivierende Analyse geradezu herausfordern. Es ist für den Forscher von überragender Wichtigkeit, zu wissen, wann er mit seinen eigenen emotionalen Reaktionen rechnen muß und wann objektivierende Analysen allein tragfähig erscheinen. Höhere Tiere sind Systeme, deren objektivierendes Verständnis zwar durchaus erstrebenswert erscheint, die aber gleichzeitig nach dem Prinzip der von Karl Bühler entdeckten Du-Evidenz eindeutig emotionale Reaktionen in uns hervorrufen. Wenn wir uns vom Verhalten eines Tieres emotional angesprochen fühlen, ist das ein sicherer Indikator dafür, daß wir intuitiv eine Ähnlichkeit zwischen tierischen und menschlichem Verhalten entdeckt haben. Diese Tatsache dürfen wir in unserer Darstellung nicht verschweigen. . . .

Das Aufleuchten unseres emotionalen Ansprechens, unserer »Rührung«, ist also ein sicheres Anzeichen für eine hochgradige Ähnlichkeit zwischen tierischem und menschlichem Verhalten. Eine solche Ähnlichkeit gibt es aber, außer durch einen meßbaren Zufall, nur aufgrund von Homologie, d. i. die Abstammung von einem gemeinsamen Ahnen, von dem die ähnlichen Merkmale beider Formen ererbt sind, oder aber aufgrund von Analogie, d. i. eine »konvergierende« Entwicklung, die infolge eines gleichartigen Selektionsdruckes in diesem Sinne verlaufen ist.

Wir bezeichnen das Auge eines Kraken wie das eines Wirbeltieres als Auge, und wenn wir davon sprechen, denken wir durchaus nicht daran, jedesmal entschuldigend hinzuzufügen, wir wüßten genau, daß dieses Auge nicht »dasselbe« sei wie unser Wirbeltierauge. Solch hochgradig analoge Organe gleichen einander häufig bis in kleinste Einzelheiten; man möchte sagen, die technischen Lösungen, die sich dem Organischen anbieten, sind nicht unbegrenzt viele, und die »Lösungen«, die gefunden werden, sind einander so ähnlich, daß es dem Betrachter kaum glaublich erscheint, daß den beiden Konstruktionen kein gemeinsamer Plan zugrunde liegt. Erst genauere Vergleiche der Anatomie und insbesondere der Embryonalentwicklung solcher ähnlicher Organe überzeugen uns davon, daß sie verschiedener Herkunft sind.　　　　　　(HBI)

4. Analogien als Wissens- und als Fehlerquellen

Verhaltensweisen von Tieren, die den unseren analog sind, empfinden wir als »verwandt«, und wir werden von ihnen »angesprochen«. Es gab Zeiten, da Extrapolationen menschlichen Verhaltens auf tierisches gang und gäbe waren und als allgemeingültig anerkannt wurden. Ich erinnere an die Schriften Alfred E. Brehms, der zumindest Vögeln und Säugetieren menschliche Eigenschaften und Leistungen zugeschrieben hat. Der »Anthropomorphismus« ist seitdem wissenschaftlich in Verruf geraten, so daß mancher Ethologe sich scheut, selbst tatsächlich vorhandene Analogien zwischen menschlichem und tierischem Verhalten auch nur zu erwähnen. Man vergißt, daß die zu erklärenden Ähnlichkeiten zwischen menschlichen und tierischen Verhaltenssystemen – ich nenne Rangordnungsstreben, Eifersucht, Bindungsverhalten – tatsächlich vorhanden und bemerkenswert sind.

Es ist verständlich, aber doch wohl erkenntnistheoretisch ein Irrgang, wenn der forschende Mensch an der Unlösbarkeit des Leib-Seele-Problems verzweifelt und folgert, es sei am besten, auch beim Menschen von der Erforschung des subjektiven Erlebens völlig abzusehen, wie extreme Behavioristen das getan haben. Beim Tier, dessen Verhalten objektiv leichter erforschbar, subjektiv aber grundsätzlich unzugänglich ist, liegt dieser Schluß näher. R. Descartes behauptete vom Tier schlicht: »Animal non agit, agitur.« Erst Karl Bühler hat die wissenschaftliche Anerkennung der Du-Evidenz ins Leben gerufen. Einem biologisch denkenden Menschen erscheint es fast unglaublich, daß so große Denker wie Kant und Schopenhauer, die keine naiven Realisten waren, nie die Existenz von »Mit-Menschen« bezweifelt haben, wiewohl sie doch von deren Existenz nur durch die – ach, so verachteten – Sinnesorgane Kenntnis hatten.

Dem Denker, dessen Erkenntnistheorie auf der Einsicht in die Tatsache der Evolution beruht, ist die Du-Evidenz des Mitmenschen wie des höheren Tieres *unabweisbar*. Schließlich hat sich diese Überzeugung auch in den Tierschutzgesetzen aller Welt ausgedrückt. Wir sind gezwungen, das Du im höheren

Tier anzuerkennen und die moralischen Konsequenzen daraus zu ziehen.

Diese Anerkennung darf uns jedoch nicht zu dem Glauben verleiten, daß wir die subjektiven Gefühle der Tiere kennen oder nachvollziehen können. Unser warmes Gefühl ist lediglich ein verläßlicher *Indikator* für konvergente Anpassung; wir werden von Strukturähnlichkeiten berührt, die uns auf wichtige, wenn auch nur mittelbar zugängliche Forschungsziele hinweisen. Zunächst sind dies sowohl die Bedingungen des emotionalen Ansprechens bei uns selbst als auch die vorerst unbekannten Funktionen bei Tieren.

Die weitgehenden und exakt quantifizierbaren Analogien, die zwischen verschiedenen Verhaltenssystemen einerseits des Menschen und andererseits der Graugans bestehen, lassen uns mit Sicherheit behaupten, daß beide phylogenetisch in konvergenter Weise von einem ähnlichen Selektionsdruck herausgezüchtet worden sind, entweder von einem, der in der Vergangenheit wirksam war, oder einem, der heute noch am Werke ist. *Welcher* Selektionsdruck das ist, vermögen wir nicht zu sagen. Ob Eifersucht, Aggression oder Rangordnungsstreben bei uns Menschen überhaupt einen positiven Selektionswert besitzen, wissen wir nicht, wohl aber können wir – und das ist wichtig – an unseren Tieren Forschungen experimenteller wie auch quantitativer Art anstellen. Bei unseren Gänsen sind wir in der glücklichen Lage, gewisse Verhaltenssysteme und ihre Funktionen über Generationen studieren und ihre Bedeutung für die Erhaltung der Art auswerten zu können, indem wir die Zahl der erwachsen sich von ihren Eltern lösenden Nachkommen ermitteln. Auf lange Sicht läßt die longitudinale Untersuchung eines sozialen Verhaltenssystems wesentliche Ergebnisse in dieser Richtung erwarten, und deshalb steigt auch der Wert einer andauernd beobachteten und protokollierten Population exponentiell mit der Dauer der Beobachtung.

Die Funktion der Rivalenaggression oder des Eifersuchtsverhaltens scheint bei unserem Beobachtungsobjekt selbstverständlich klar, bei näherer Betrachtung aber wird es fraglich, in welchem Sinne die von Soziobiologen geforderte Berechnung der Vorteile gegenüber dem Aufwande zu entscheiden sei. Als

Vorteil für die Art mag in Betracht kommen, daß ein schneidiger Ganter einen günstigen Brutplatz und ein ebensolches Aufzuchtgebiet für seine Nachkommen erkämpft und hie und da vielleicht ein Junges vor einem Kleinraubtier rettet. Dagegen aber stehen der gewaltige Energieverbrauch der dauernden Reibereien und nicht zuletzt die nachweisbaren Gefahren, die aus den Rivalenkämpfen entstehen. Ganter, die man ständig in Auseinandersetzungen verwickelt sieht, sind durch Freßfeinde besonders gefährdet. (HBI)

5. Was ist ein Ethogramm?

Das Wort Ökologie bedeutet die Lehre von der Wechselwirkung zwischen dem Organismus und den Faktoren der Umwelt, in der er »haust« – »oikos« heißt auf griechisch das Haus. Sowenig wir diese Wechselwirkung verstehen können, ohne den Körper des Tieres, Bewegungsapparat, Fell, Gefieder, Zähne, Krallen, Muskulatur usw., zu kennen, sowenig ist die Funktion aller dieser körperlichen Organe befriedigend zu analysieren, ohne das Ethogramm, den Apparat aller einer Tierart zur Verfügung stehenden Bewegungsweisen, zu kennen. Ein Lehrbuch der Physiologie beginnt notwendigerweise mit der Beschreibung der körperlichen Strukturen, deren Funktion klargestellt werden soll, ein Lehrbuch der Anatomie fängt regelmäßig mit der Darstellung der Knochen und Gelenke an. Es ist nämlich eine gute Strategie der Forschung, mit jenen Gegebenheiten zu beginnen, die bei der Besprechung des Systems und der vielfachen Vernetzung seiner Teile am häufigsten als Ursache und am wenigsten oft als Wirkungen anderer Teile des Systems auftreten.

Das System der Instinktbewegungen und der angeborenen Auslösemechanismen bildet gewissermaßen das Skelett des Verhaltens einer Tierart, in dem sich das Zueinander der Teile verändern kann, wie Skelettelemente es durch Bewegungen der Gelenke tun. Aber die Veränderungen sind immer an Grenzen gebunden, und das Wissen um diese Grenzen, das Wissen davon, was ein Tier *kann* und was es nicht kann, ist eine

Voraussetzung für das Verständnis seiner Auseinandersetzung mit den Faktoren seines »oikos«. Die Beschreibung dieses Systems nennt man das *Ethogramm*. Seine möglichst genaue Aufnahme bildet die Voraussetzung der Verhaltensanalyse jeder höheren Tierart. Zu behaupten, es liege ein wirklich vollständiges Ethogramm von irgendeinem Wirbeltier vor, scheint in den meisten Fällen verfrüht.

Das vollständige Ethogramm einer Tierart umfaßt Verhaltensweisen von höchst verschiedenem Umfang (Komplikationsgrad). Diese Komplikationsunterschiede betreffen sowohl die afferente wie die efferente Seite der Verhaltensweisen, d. h. sowohl die eine Bewegungsweise auslösende Reizkombination als auch die Bewegungsweise selbst. Die Kompliziertheit des auslösenden Mechanismus und jene der durch ihn in Gang gesetzten Bewegungsweisen sind völlig unabhängig voneinander. Wir kennen Verhaltensweisen, die aus einer einzigen Instinktbewegung, d. h. also einer einzigen Bewegungskoordination, bestehen, aber durch sehr viele und sehr verschiedene Reizkombinationen ausgelöst werden, wie z. B. das Pfeifen des Verlassenseins, das sogenannte Weinen, oder den Lidschlußreflex: Wenn die Graugans sieht, daß ein Gegenstand die Augenoberfläche berühren könnte, spricht dieses einfache Verhaltenselement an.

Auf der anderen Seite gibt es funktionell einheitliche Verhaltensweisen, in denen viele im Zentralnervensystem programmierte Bewegungsweisen in einer funktionellen Einheit zusammengefaßt sind. Die Auslösung kann dabei ebensowohl einfach als auch höchst kompliziert sein. Es ist völlig unmöglich, zwischen einfachen und vielfach zusammengesetzten Verhaltenseinheiten eine scharfe Grenze zu ziehen. Wir finden vielmehr in fließendem Übergang Verhaltensweisen, die von einfachsten bis zu höchst integrierten Vorgängen überleiten, und zwar ebenso auf der Seite der Auslösung wie auf der der sichtbaren Bewegungsweisen. Die Einheiten des Ethogramms sind daher auch nicht immer *neben*geordnet, sondern z. T. einander *über*geordnet.

Die Vertrautheit mit allen Komponenten des Ethogramms einer Tierart ist nicht nur die Voraussetzung für ein tieferes Verständnis ihrer Ökologie. Vielmehr macht es die Spontaneität jeder Instinkthandlung notwendig, das augenblickliche »aktionsspezifische Potential« aller Bewegungsweisen zu berücksichtigen, wenn man die Motivation des Organismus durchschauen will. Bei niederen Organismen, bei denen die geringe Zahl von Bewegungsmöglichkeiten und vor allem die Seltenheit von Überlagerungen und Mischungen die Analyse erleichtern, ist die Motivationsanalyse eine immerhin lösbare Aufgabe, wie die Arbeiten von H. S. Jennings genugsam beweisen. Bei höheren Wirbeltieren stößt das Verständnis der jeweiligen Motivation auf Schwierigkeiten. Genetisch programmierte Instinktbewegungen können einander überlagern, also gewissermaßen gemischt auftreten. Außerdem erschwert der Vorgang der sogenannten Ritualisation die Analyse dadurch, daß er neue Motivationen schafft. (HBI)

6. Motivationsanalysen

Am Anfang glaubten Ethologen, daß die verschiedenen einander oft widersprechenden Motivationen instinktiven Verhaltens einander automatisch und prinzipiell ausschlössen. Mein Lehrer Julian Huxley schrieb z. B., der Mensch, wie das Tier, gliche einem Schiff, das von vielen Kapitänen befehligt wird. Beim menschlichen Fahrzeug blieben alle Kapitäne auf der Brücke und gäben gleichzeitig ihre Befehle. Dabei kämen sie manchmal im Vereine zu einer besseren Lösung als einer allein, manchmal aber machten sie durch den Widerspruch ihrer Meinungen jede vernünftige Steuerung des Schiffes unmöglich. Die Kommandanten des Tier-Schiffes hingegen hätten ein »gentlemen's agreement« (eine Übereinkunft) getroffen, wonach alle anderen stumm verschwänden, wenn ein neuer Kommandant sich auf der Brücke zu Wort meldete. Dieses Gleichnis trifft zu, wenn der Mechanismus des sogenannten *Höchstwertdurchlasses* der stärksten unter den in Konflikt stehenden Motivationen zur uneingeschränkten Auswirkung verhilft. In vielen Fällen bezieht sich der Höchstwertdurchlaß auf große Kategorien des Verhaltens, wie die Entscheidung zwischen Nahrungaufnahme und Sichern. Wir kennen nur einen Fall, wo die doppelte Rückkoppelung im Konflikt festgehalten und dadurch der Höchstwertdurchlaß überfordert oder außer Kraft gesetzt wird, nämlich bei dem nicht seltenen Konflikt zwischen Angriffs- und Fluchtbereitschaft.

Auf einer niedrigeren Integrationsebene treten die Mechanismen verschiedener Instinktbewegungen oft unmittelbar miteinander in Wettbewerb. Der Konflikt kann so weit peripher ausgetragen werden, daß ganze Organe gegeneinander arbeiten, wie z. B. bei dem Cichliden *Etroplus maculatus*, der, mit dem Kopfe gegen den Gegner orientiert, im Konflikt zwischen Flucht und Angriff mit der Schwanzflosse vorwärts, mit den Brustflossen aber rückwärts zu schwimmen trachtet. Dies ist ein Ausnahmefall; meist wird der Kampf zwischen zwei Impulsmelodien im Zentralnervensystem selbst ausgetragen. Wie Erich von Holst zeigt, werden dabei einigermaßen gut funktionierende Schwimmweisen durch eine »relative Koordination« der verschiedenen Impulsmelodien zustandegebracht, die uns eine Vorstellung von dem Wege geben, auf dem in der Stammesgeschichte die »absoluten Koordinationen« enstanden sind, die uns als Schritt, Trab und Galopp von unseren Hunden her vertraut sind.

Bei höheren Tieren findet die Überlagerung endogen motivierter Verhaltensweisen in anderer Weise statt. Nikolaas Tinbergen hat schon vor vielen Jahren eine Methode ausgearbeitet, mittels deren man die unabhängigen Antriebe herausfinden kann, die einer aus mehreren Motivationen gemischten Verhaltensweise zugrunde liegen. Man läßt zunächst der eigenen Gestaltwahrnehmung »die Zügel schießen« und versucht, unmittelbar die Wahrnehmung zu beschreiben, die an bekannte Bewegungsweisen erinnert, z. B. an den Vorstoß wie an den Rückzug eines gereizten Ganters. An diese Bewegungsanalyse schließt sich die Situationsanalyse an. Man stellt beispielsweise fest, daß der angegriffene Partner des Ganters manchmal furchterregend wirkt, manchmal aber dem Angriff weicht. Als drittes wird das Verhalten protokolliert, das auf die gemischte Ausdrucksbewegung folgt.

Der Student, dem man dieses Vorgehen beizubringen versucht, ist erfahrungsgemäß durch dessen Banalität enttäuscht. Er vermeint dadurch nichts zu erfahren, was er nicht vorher sowieso schon gewußt hätte. Für das als Beispiel herangezogene Drohen der Graugans mag dies gelten.

Es gibt aber gemischte Verhaltensweisen, in denen drei oder mehr Motivationen gleichzeitig am Werk sind. Jede kleinste ritualisierte Bewegungsform ist als autonome Instinktbewegung zu werten und mischt mit in dem Verhalten, das wir zu sehen bekommen. Dann ist die Motivationsanalyse durchaus nicht mehr so einfach. Dennoch ist es, wie fast immer beim Versuch, biologische Vorgänge zu analysieren, eine legitime Strategie, sie zu Anfang der Forschung nach Möglichkeit zu simplifizieren. Tinbergen und seine Schüler haben dies zu Anfang ihrer Studien an verschiedenen Möwenarten in konsequenter Weise getan, indem sie den beobachteten Verhaltensweisen nur drei Motivationen zugrunde legten, nämlich die sexuelle, die aggressive und die der Flucht. Beim Paarungsverhalten der Möwen, die von der Motivation her tatsächlich extrem einfach sind, birgt dieses Verfahren keine wesentliche Fehlerquelle. Wenn die Untersucher des Verhaltens dieser Vogelgruppe einen »sozialen Instinkt« ausgesprochen leugneten, so begingen sie keinen wesentlichen Irrtum. Auch die ritualisierten Verhaltensweisen der Möwenartigen sind einfach und klar auf diese Motivationen zurückzuführen und besitzen nur geringe Selbständigkeit im »großen Parlament der Instinkte«.   (HBI)

III. Von den Graugänsen

1. Warum gerade Graugänse?

Graugänse bewohnen im allgemeinen die nördlichen Regionen von Europa und Asien; die uns am nächsten liegende wilde Population ist die des Neusiedlersees, östlich von Wien. Im allgemeinen ist die Graugans ein Zugvogel, nur in Schottland gibt es nichtwandernde Populationen. Der Weg, auf dem die Graugänse im Herbst nach Süden ziehen, scheint nicht angeboren zu sein, sondern durch Tradition weitergegeben zu werden. Jungaufgezogene Gänse, deren Pflege-Eltern ihnen nicht den Weg der herbstlichen Wanderung zeigen können, bleiben diesen Menschen und dem Ort ihrer Aufzucht treu.

Ich werde oft gefragt, warum wir gerade Graugänse zum Gegenstand so ausgedehnter Studien machen. Eine große Anzahl von Gründen ist hierfür maßgebend. Ausschlaggebend ist der Umstand, daß die Graugans in vielen entscheidenden Punkten ein dem Menschen analoges Familienleben hat. Wohlgemerkt, wir vermenschlichen die Tiere keineswegs, sondern wir finden völlig objektiv und nicht ohne eine gewisse Verwunderung, daß zum Beispiel die Eheschließung bei Gänsen fast genauso verläuft wie bei uns selbst. Einem plötzlich Sich-Verlieben des jungen Männchens folgt eine intensive Werbung um ein bestimmtes junges Weibchen, manchmal stark behindert durch einen bösen Vater. Die Werbung ist in vielen Einzelheiten der eines jungen Menschenmannes geradezu lächerlich ähnlich: Der junge Ganter protzt mit Mut und Kraft. Er sucht etwas darin, andere Ganter, darunter auch solche, vor denen er normalerweise Angst hat, anzugreifen und zu vertreiben, wohlgemerkt aber nur, wenn die »Umworbene« zusieht. In ihrer Gegenwart prahlt er durch Zur-Schaustellung seiner Körperkraft. Selbst um kleine Strecken zurückzulegen, die jede nicht verliebte Gans vernünftigerweise zu

Fuß durchschreiten würde, fliegt er auf, beschleunigt seinen Abflug stärker, als jede »normale« Gans es je tut, um, bei der Dame angekommen, scharf abzubremsen. Er benimmt sich in dieser Hinsicht also genau wie ein junger Mann auf einem Motorrad oder im Sportwagen. Wenn die Gans auf seine Werbung eingeht, entwickeln die beiden eine Zeremonie des Zusammenhaltens, das sogenannte Triumphgeschrei, und bleiben einander, wenn nichts dazwischenkommt, lebenslang treu.

Wie wir noch sehen werden, kommt aber manchmal etwas dazwischen, genau wie bei uns Menschen.

Ein starkes Band zwischen den Gatten ist die gemeinsame Liebe zu den Kindern, die ihrerseits den Eltern treu anhängen. Wenn ein Gänsepaar in einer Brutperiode sein Gelege oder seine Jungen verliert, so kehren regelmäßig die jungen Gänse des Vorjahres, soweit sie noch nicht »verlobt« sind, zu den Eltern zurück. Dasselbe tun Gänse, die ihren Ehepartner verloren haben; sie schließen sich dann an Eltern oder an unverheiratet gebliebene Geschwister an. Kurz, das Familien- und Gesellschaftsleben zeigt einige verblüffende Ähnlichkeiten zu dem unseren und gibt uns genug Rätsel auf.

Ein besonderer Umstand aber macht die Graugänse zu einem überragend günstigen Objekt für tiersoziologische Untersuchungen: Graugänse, die man vom Ei ab in menschlicher Obhut aufzieht, übertragen die treue Anhänglichkeit, die sie unter natürlichen Verhältnissen ihren Eltern gegenüber beweisen, auf den menschlichen Pfleger. Es klingt sentimental, ist aber eine objektive Tatsache, daß unsere Graugänse zum größten Teil durch ihre dauernde Freundschaft zu ganz bestimmten Menschen an den Ort gebunden bleiben, an dem wir sie haben wollen.

Das Almtal, in dem wir unsere neue Gänsesiedlung begründen wollten, ist in einer Hinsicht großartig geeignet für eine Gänsepopulation, die im Herbst nicht nach Süden fliegt: Der Almsee wird nämlich aus artesischen Quellen gespeist, die aus der Tiefe des Gesteins kommen und auch im Winter so warm sind, daß der See nie zufriert. Auch die Teiche des Cumberlandschen Naturwildparkes und unsere eigenen Teiche in

Oberganslbach werden von Sickerwasser gespeist, das vom Almfluß her durch tiefere Schotterlagen eindringt. Alle diese Gewässer frieren daher im Winter nie zu. (JG)

2. Martina

Zwar liegen die nun zu beschreibenden Ereignisse fast genau ein halbes Jahrhundert zurück, doch sind die Aufzeichnungen verläßlich und meine Erinnerungen so lebhaft, daß ich ein anschauliches Bild vom Leben einer Graugans zu zeichnen glaube, wenn ich die Lebensgeschichte meiner Gans erzähle, die keineswegs nach dem Heiligen Martin, sondern nach unserer Freundin Martina benannt worden war. Nachdem zwei Schreiben, in denen ich den Fürsten Esterhazy um Grauganseier gebeten hatte, unbeantwortet geblieben waren, wandte ich mich an eine illegale Quelle. Mein Freund Prof. Dr. Otto H. Antonius, der Direktor des Schönbrunner Zoologischen Gartens, hatte keine Bedenken, aus derselben Quelle lebende Tiere zu beziehen, und so zögerte ich nicht, dies auch zu tun. Um ganz sicher Grauganseier zu erhalten, wandte ich mich an zwei verschiedene Männer mit der Bitte um solche. Unerwarteterweise entsprachen beide meinem Wunsche.

Von den 20 Grauganseiern, die ich nun zur Verfügung hatte, legte ich 10 unter eine verläßlich brütende Hausgans, die anderen unter eine Pute. Ich beabsichtigte, alle zwanzig Gössel von der Hausgans führen zu lassen, was wohl angegangen wäre. Es kam aber anders, man muß sagen, zum Glück! Als das erste Gänsekind geschlüpft und trocken war, konnte ich der Versuchung nicht widerstehen, das reizende Wesen unter der Amme hervorzuholen und näher zu betrachten. Währendessen schaute es mich an und stieß nach einiger Zeit das laute einsilbige »Pfeifen des Verlassenseins« aus, das ich nach meiner Vorbildung durch Hausenten ganz richtig als Weinen zu deuten wußte. Daher antwortete ich mit einigen beruhigenden Tönen. Daraufhin wandte sich das Gänschen mir ganz zu, streckte den Hals vor und sagte ein mehrsilbiges »Wiwiwiwi«. Auch den Übergang vom einsilbigen Pfeifen zum mehrsilbigen »Wi«-

54

Laut verstand ich als Übergang vom Weinen zum freudigen Kontakt und interpretierte das Halsvorstrecken richtig als Gebärde der Begrüßung.

Wer hätte den Übergang vom verzweifelten Weinen zum freudigen Grüßen nicht *nochmals* beobachten wollen? So wartete ich stumm und unbeweglich, bis das Gänsekind aufs neue zu weinen begann, um es wieder durch freundliche Laute zu trösten. Schließlich aber hatte ich genug vom Baby-sitting, steckte das Gänschen zurück unter den Flügel der brütenden Hausgans und wollte weggehen. Ich hätte es besser wissen müssen.

Kaum hatte ich mich wenige Schritte entfernt, ertönte unter der Weißen heraus ein fragendes leises Wispern, auf das die Hausgans programmgemäß mit dem Stimmfühlungslaut »Gang gang gang« antwortete. Doch anstatt sich daraufhin zu beruhigen, wie dies jedes Gänsekind getan hätte, das nicht den Erfahrungen meiner kleinen Gans ausgesetzt gewesen war, kam diese entschlossen unter dem Bauch ihrer Amme hervorgekrochen, sah mit schiefgestelltem Kopf mit einem Auge zu ihr empor und lief laut weinend von ihr weg. Der einsilbige Laut, der vielen nestflüchtenden Vögeln zu eigen ist, klingt ungemein kläglich und auch für den Menschen unmittelbar mitleiderregend. Mit emporgerecktem Hals und ununterbrochen laut pfeifend stand das arme Kind auf halbem Wege zwischen der Hausgans und mir selbst. Da machte ich eine kleine Bewegung – schon verstummte das Weinen, und das Gänschen lief mit vorgestrecktem Hals, »Wiwiwiwi« grüßend, auf mich zu. Die charakteristische Unwiderruflichkeit des Prägungsvorganges bei Gänsen war mir damals noch nicht bewußt. So packte ich das Gössel und streckte es zum zweitenmal unter den Bauch der weißen Gans, aber es lief mir sofort wieder nach! Richtig auf den Füßen stehen konnte es noch nicht, nur auf den Fersen sitzen. Auch bei langsamem Gehen war es noch recht unsicher und wackelte heftig. Aber in seiner hohen ängstlichen Erregung beherrschte es doch schon die Bewegungsweisen des sehr raschen, schußartigen Laufens. Viele Nestflüchter, vor allem Hühnervögel, können viel früher laufen als langsam gehen oder gar stillstehen.

Begreiflicherweise rührte es mich in höchstem Maße, wie das

arme Kind laut weinend hinter mir herkam, zwar noch stolpernd und sich manchmal überkugelnd, aber mit erstaunlicher Geschwindigkeit und einer Entschlossenheit, deren Bedeutung nicht mißzuverstehen war: Mich, nicht die weiße Hausgans, betrachtete es als seine Mutter.

Da es nicht mehr, sondern sogar weniger Arbeit macht, zehn junge Gänse aufzuziehen statt einer, nahm ich alle unter der Hausgans geschlüpften Gössel an mich und überließ ihr die zehn von der Pute erbrüteten. Nur Martina versuchte ich zunächst von den übrigen getrennt aufzuziehen, in der Annahme, sie dadurch besonders fest an meine Person zu binden. Ebenso meinte ich, daß junge Wildgänse, die von einer Hausgans und ausschließlich im engen Bereich unseres Gartens großgezogen wurden, weniger zum Wegfliegen, vor allem nach dem nahen Donaustrome, neigen würden.

Beides war völlig falsch. Wie sich bald herausstellte, lief mir das abgesonderte Gössel viel weniger gut nach als die Geschwisterschar in ihrer Gesamtheit. Allein war Martina ständig etwas »nervös«, d. h. fluchtbereit. Sie neigte zum Pfeifen des Verlassenseins und schien im ganzen weniger aktiv als die Gössel in der Schar. Der Rückstrom (feedback) sozialer Reize ist eben bei einem gesellschaftlich so hoch organisierten Lebewesen wie einer Graugans für die Aufrechterhaltung eines normalen Zustandes der Allgemeinerregung (general arousal) unentbehrlich.

Immerhin gewöhnte sich Martina allmählich daran, mir auch ohne die Begleitung ihrer neun Ziehgeschwister nachzufolgen, was ich zu erzwingen genötigt war, da ich nur *eine* Gans auf längere Faltbootfahrten mitnehmen konnte. Sie lernte schnell, »einzusteigen«, wenn sie nach längerem Schwimmen naß zu werden begann, was im Anfang häufig eintrat. Später, als mit dem Sprossen der Pelzdunen die Gans richtig wasserfest wurde, fuhr sie nur gelegentlich auf dem Boote mit.

Zu jener Zeit, also lange, ehe ich von richtigen Graugansaltern lernte, was und wieviel man der geführten Kükenschar zumuten kann, beging ich, vor allem Martina gegenüber, manche Fehler, deren Rauhheit und Grausamkeit ich erst viel später einsah: Auf dem Wege von unserem Hause zur Donau muß man durch die Hauptstraße des Dorfes Altenberg, die von neugierigen Menschen, Hunden und lärmenden Fahrzeugen belebt ist. Anschließend führt der Weg durch eine Bahnunterführung. Auch die folgsamste Gans wäre der Aufgabe, diesen Weg zu durchlaufen, nicht gewachsen. Ich pflegte Martina kurzerhand unter den Arm zu klemmen und über die kritische Strecke zu tragen. Sie wurde durch dieses Verfahren nicht handscheu, kam mir vertrauensvoll grüßend entgegen und ließ sich greifen. Doch glaube ich jetzt zu wissen, daß Martina sich durch den Streß aufgrund dieser Behandlung einerseits schlechter entwickelte als ihre Ziehgeschwister, andererseits aber früher geschlechtsreif wurde.

Auch meine Meinung, daß die mit der Hausgans verbliebenen Gössel sich als ortsbeständiger erweisen würden als jene, die ich in der Gegend weit umherführte, erwies sich als völlig irrig. Von der Schar, die mit mir kilometerweite Ausflüge an die Donau machte, verflogen sich nur wenige, wogegen von den zu Hause verbliebenen Gösseln sich im Herbst, vor allem bei Nebelwetter, sehr viele verirrten.

Das nahe Zusammenleben mit Martina, mit der ich über ein Jahr lang mein Schlafzimmer teilte, ermöglichte eine Reihe von Zufallsbeobachtungen, die erwähnenswert sind, obwohl sie nicht zum Kontext dieses Buches gehören. Schon Oskar Heinroth hat auf die bemerkenswerten Leistungen hingewiesen, die Anatiden im *Transponieren* von Kenntnissen räumlicher Strukturen zuwege bringen, wenn sie solche nur fliegend von oben zu sehen bekommen und sich anschließend, auf demselben Wege zu Fuß gehend, zurechtfinden müssen, und umgekehrt ihre richtige Orientierung beim Durchfliegen von Räumen, die sie bisher nur gehend oder schwimmend durchmessen haben.

Die Unkenntnis dieser erstaunlichen Fähigkeit verursachte mir einige Stunden ernster Besorgnis und angestrengten Suchens: Von dem Ort, an dem ich, von Donaufahrten zurückkehrend, zu landen pflegte, führte der Heimweg zunächst über eine etwa 1000 Quadratmeter große Wiese und anschließend durch einen dichten mittelhohen Weidenwald. Die Wiese hatte ich schon wiederholt zu »Flugübungen« genützt, indem ich mich hinhockte und dann, aufspringend und Flugrufe aussto-

ßend, so rasant wie möglich gegen den Wind lief. Das Hinhok-
ken hatte ich von meiner Dohle Tschock gelernt. Daß es bei
Gänsen unnötig ist, wußte ich noch nicht. Als Martina, noch
kurzflügelig, gerade eben fliegen konnte, gedachte ich einmal,
unseren Heimweg dadurch zu verkürzen, daß ich sie über diese
Wiese fliegen ließ. Nach unserer Landung gewährte ich ihr eine
angemessene Pause zum Putzen – daß eine putzbedürftige
Gans durch keinerlei Überredung zum Mitkommen zu veran-
lassen ist, wußte ich schon. Nach dieser Pause gab ich sämtliche
mir bekannten Flugsignale und rannte davon. Martina flog
planmäßig auf und hinter mir her, überholte mich natürlich
schnell und geriet nun höher in die Luft, als wir beide beabsich-
tigt hatten. Sie überquerte die Wiese, sah den Waldrand vor
sich, setzte zum Bremsen an, erkannte, daß es zu spät war und
daß sie in die Bäume hineinkrachen würde, und startete durch.
Sie setzte mit einem spechtartigen Sprung knapp über die
Oberkante des Waldrandes hinweg – und war verschwunden!
Unser Garten liegt am Westrande des Wienerwaldes, an seinem letzten Abhang. Von der Ebene des Tullnerfeldes ist er
durch eine etwa 4 Meter hohe Mauer getrennt, an die eine
Landstraße anschließt, von der wiederum eine steile, etwa
ebenso hohe Böschung zur Ebene des Donau-Schwemmlandes
hinabführt. Zusätzlich steht am unteren Rand des Gartens
noch eine Reihe hoher Föhren. Ich hielt es für unmöglich, daß
die kaum flugfähige Gans es fertigbringen würde, die durch
diese aufeinandergebauten Hindernisse bedingten Höhenun-
terschiede zu überwinden. (Von Nachtreihern, die ja ebenfalls
Vögel des flachen Landes sind, wußte ich, daß sie anfänglich
Schwierigkeiten haben, über Hänge aufwärts zu fliegen. Sie irren dann seitlich ab und können nur mühsam, von Baum zu
Baum fliegend, den angestrebten Heimatort erreichen.) Ich
suchte Martina also zunächst gar nicht daheim, sondern am
Rande der Ebene stromauf- und -abwärts, sogar bin ins nächste
Dorf. Erst in tiefer Dämmerung gab ich verzweifelt auf und
ging heim. Da stand Martina auf der Abstreifmatte vor unserer
Haustür und begrüßte mich in höchster Erregung. Das Aus-
bleiben eines Kumpans an gewohnter Stelle und zu gewohnter
Zeit bedeutet für wilde Tiere so gut wie immer eine Katastro-

phe, und es ist kein Anthropomorphismus, wenn ich sage, daß Martina schon höchst besorgt um mich gewesen sein muß.

Das Bemerkenswerte an der Leistung der jungen Gans ist das orientierte Auffinden eines Zielpunktes auf einem Wege, den sie als solchen nie durchmessen hatte. Sie muß sich aus ihren Erfahrungen beim Durchschreiten der Dorfstraße – wobei sie oft getragen worden war – und beim Durchqueren des Waldes und der Wiese ein Gesamtbild der Lokalität eingeprägt haben, das sie von hoch oben wiedererkennen und so den gewünschten Ort auf dieser »Landkarte« finden konnte. Beachtlich ist ferner die Lösung des Umwegproblems: Um über die Föhren hinwegzukommen, muß Martina mindestens zwei bis vier Kreis- oder besser Schraubengänge eingeschaltet haben, denn die Steigfähigkeit des Gänsefluges ist beschränkt, und Martina hatte ihre volle Flugfähigkeit, wie gesagt, noch keineswegs erreicht.

Für einen Vogel, der unter natürlichen Umständen weiträumige Örtlichkeiten und flachrandige Gewässer bewohnt, ist dieser Umgang mit komplexen räumlichen Gegebenheiten eine besondere Leistung und bedeutet für ihn sicher einen erheblichen Streß. Beides, einsichtige Leistungen und nervliche Beanspruchung, kam auch bei Martina zum Ausdruck, besonders beim Meistern der räumlichen Probleme innerhalb unseres Hauses. Anfangs trug ich sie einfach treppauf, später ließ ich sie die breite Holztreppe in den ersten Stock und anschließend die enge Wendeltreppe hinauf in die Mansarde zu Fuß gehen. Das strengte die kleine Gans zwar sehr an, beanspruchte ihr Nervensystem aber doch weniger als das Gepackt- und Getragenwerden. Mit dem Treppabsteigen gab es größere Schwierigkeiten, die indes verschwanden, als Martina fliegen konnte. Ich setzte sie dann auf das Fensterbrett meines Schlafzimmers, bis sie gelernt hatte, ohne Anstoßen durch das Fenster zu fliegen. Das war nicht so einfach, weil das Fenster schmaler war als ihre Spannweite. Sie flog rüttelnd bis nahe an die Decke und ließ sich mit halbgeschlossenen Schwingen durch das Fenster fallen, ohne beiderseits anzustreifen. Da die Graugans ja ein Bewohner weiter Flächen ist, hat mich dieses Flugkunststück immer wieder beeindruckt.

Tiere sind »Gewohnheitsmenschen«. Da ihre Abstraktionsfähigkeit geringer ist als unsere und die Fähigkeit des kausalen Denkens ihnen abgeht, muß die Selbstdressur für beides eintreten. Wie fest Wegdressuren bei Graugänsen haften, zeigt folgende Beobachtung: Als ich Martina als kleines Gössel erstmalig dazu brachte, durch Haustor, Entree und Vorzimmer in die große Mittelhalle unseres Hauses zu kommen, lief sie, von der neuen Umgebung geängstigt, zunächst zu dem großen Fenster, das dem Eingang gegenüberliegt. (Geängstigte Vögel streben immer dem Lichte zu.) Nun beginnt die Treppe, über die mir das Gössel weiter hinauf in mein Zimmer folgen sollte, mit einem konvex vorspringenden Absatz nahe dem Eingang und gut drei Viertel der Raumlänge von diesem Fenster entfernt. Ich mußte die Gans also vom Fenster weg zur Treppe locken, wo sie schließlich die unterste Stufe nahe deren linkem Ende bestieg. Am nächsten Tag lief Martina nach dem Betreten der Halle zunächst wieder zum Fenster, ließ sich aber sogleich zum Umkehren und zum Ersteigen der untersten Stufe bewegen. Noch viele weitere Tage bestand sie auf einem spitzwinkeligen Umweg zum Fenster hin, aber die Spitze des Umweges wurde allmählich stumpfer, bis ihr Weg schließlich nur noch in einem rechten Winkel verlief, der in der Mitte der untersten Stufe lag.

Zu dieser Zeit geschah es, daß ich eines Abends vergessen hatte, Martina hereinzuholen. Als ich die Tür öffnete, stand sie schon etwas beunruhigt auf der Abstreifmatte und drängte sich zwischen meinen Beinen hindurch ins Haus. Dann bestieg sie die unterste Stufe an ihrem rechten Ende und lief auf dem kürzesten Weg treppauf. Als sie auf der fünften Stufe angelangt war, geschah etwas Merkwürdiges: Sie erstarrte in der Haltung extremen Sicherns und stieß den Warnlaut aus. Dann kehrte sie um, stieg die fünf Stufen wieder hinunter und vollzog eiligen Schrittes, wie jemand, der einer lästigen Formalität genügt, den Umweg zum Fenster hin. Darauf erstieg sie wiederum die Treppe bis zur fünften Stufe, blieb stehen und entspannte sich. Dann schüttelte sie sich, grüßte und setzte beruhigt ihren Weg treppauf fort. Für ein Lebewesen, das der Fähigkeit der Abstraktion und des kausalen Denkens völlig entbehrt, muß es eine gute allgemeine Verhaltensstrategie sein, sklavisch an einem Verfahren festzuhalten, das sich einmal oder öfters als erfolgreich und ungefährlich erwiesen hat.

Ich hatte Martina von Anfang an daran gewöhnt, mir auch dann nachzufolgen, wenn keine andere Gans dabei war; ich hatte gehofft, auch einige andere Mitglieder der von mir geführten Schar darauf dressieren zu können, allein mit mir mitzugehen. Diese Hoffnung erfüllte sich nicht. Der Zusammenhalt von Geschwistern ist so stark, daß sie auf das Fehlen von auch nur wenigen mit größter Beunruhigung reagieren und zum Weinen, zum Sichern und zu Fluchtreaktionen neigen, unter solchen Umständen also gar nicht bereit sind, dem menschlichen Führer zu folgen. Deshalb ging ich dazu über, die Gänse zur Donau hinunterzuführen, wobei die Umgehung des Dorfes, die wegen dessen vielfacher Schrecknisse notwendig war, viel Zeit kostete. Weniger Schwierigkeiten bereitete es dagegen, die Gänse daran zu gewöhnen, einem Kajak nachzuschwimmen, wobei sie an den Bootsrumpf viel dichter aufschlossen als an die Fersen eines gehenden Menschen. Damals wurde mir klar, daß kleine Graugänse die Entfernung, die sie zum elternstellvertretenden Objekt einhalten, nach dem Winkel bemessen, in dem die oberen Konturen gegen den Horizont erscheinen.

Das Wiedererkennen eines Menschen war von dessen Kleidung völlig unabhängig, plötzlicher Wechsel zwischen Nacktheit und voller Bekleidung machte Martina nichts aus. Hingegen scheute sie einen Augenblick lang vor mir, als ich ins Wasser ging und sie nur noch meinen Kopf zu sehen bekam: Sie zeigte die Reaktion der Verlegenheit, Hinwenden und wieder Abwenden. Danach setzte ein sogenannter Erkenntnisruck ein, und sie begrüßte mein Gesicht, nahe heranschwimmend, mit intensiven »Wi«-Lauten und vorgestrecktem Hals. Schwerer zu verarbeiten war für sie die Situation, als meine Frau das Faltboot bestieg und ich es schwimmend begleitete. Martina nahm zunächst in aller Ruhe ihre gewohnte Position nahe am Rumpf ein, dicht unter dem linken Paddel, aber als sie dann emporblickte und statt meines Oberkörpers den meiner Frau sah, erschrak sie zutiefst, tauchte weg und kam in größerer Entfernung vom Boot wieder an die Oberfläche. Nach öfterem

Wechsel des jeweils Rudernden hatte sie auch diese Schwierigkeit gemeistert.

Zu den Problemen des persönlichen Erkennens machte ich an Martina noch eine weitere, höchst interessante Beobachtung. Nach einer längeren Tagestour auf der Donau war ich an unserem üblichen Landeplatz aus dem Boot gestiegen und im Begriffe, mich anzuziehen, während Martina, sich putzend, nahe bei mir am Ufer stand. Plötzlich machte sie einen langen Hals und äußerte den Distanzruf. Wohin ein Vogel schaut, lernt man mit der Zeit sehr wohl aus Kopf- und Augenstellung zu entnehmen. Als ich ihrem Blick folgte, sah ich am anderen Donauufer einen weißen Kajak entlangtreiben, in dem ein Mann mit Bart saß, der mir aus dieser Entfernung ausgesprochen ähnelte. Ich erkannte intuitiv, daß Martina diesen für mich hielt und in diesem Irrtum nicht dadurch korrigiert wurde, daß ich nur wenige Schritte von ihr stand. Obwohl ich sie durch Bewegungen und Rufe auf mich aufmerksam zu machen suchte, flog sie ab und quer über den Strom auf jenes Boot zu. Sie setzte zur Landung an und war nur wenige Meter von dem Fremden entfernt, als sie ihren Irrtum erkannte, in größtem Schrecken warnte und in steilen Steigflug überging. Sie kam auch nicht wieder zu mir herab, sondern flog geradewegs nach Hause in unseren Garten.

Meine anderen jungen Graugänse und auch Martina zeigten großen Widerwillen, an einer unbekannten Stelle zu landen – ein Verhalten, das ich auch später in Buldern, Seewiesen und Grünau immer wieder beobachten konnte. Auf Ausflügen, auf denen man die Gänse weiter als gewöhnlich von ihrem »Heimathafen« fortführte, hatte jeder größere Schrecken, der sie zum Auffliegen brachte, zur Folge, daß sie den menschlichen Führer verließen und nach Hause zurückkehrten. Da ich mit Martina oft Ausflüge von mehreren Kilometern unternahm, bedeutete ein derartiges Schrecknis stets den unerwünschten Abschluß unserer Exkursion. Sie kehrte aber meistens nicht unmittelbar heim. Vielmehr flog sie bis über unseren Garten, kam dann zu mir zurück, um mehrere Male mit deutlicher Intention, bei mir zu landen, über mir zu kreisen und anschließend doch im Altenberger Garten einzufallen. Da sie bei einem solch langen Flug ziemlich hoch in die Luft geriet, konnte ich auch aus großer Entfernung genau sehen, daß sie tatsächlich bis über unseren Garten flog. Ich hatte den Eindruck, daß sie die Möglichkeit, zu mir zurückzukehren, erst dann aufgab, wenn sie den Landeplatz daheim ganz sicher geortet hatte.

Im Vorfrühling des nächsten Jahres verpaarte sich Martina mit einem Ganter, der aus der von der weißen Hausgans geführten Schar stammte. Dies war besonders früh; gewöhnlich findet die feste Verpaarung erst im zweiten Lebensfrühling der Graugänse statt. Da ich aber aus späteren Beobachtungen weiß, daß die Vorgänge dieser Paarbildung vollkommen »normal« gewesen sind und ich mich an ihre Details aufgrund meiner nahen Beziehung zu Martina besonders gut erinnere, seien sie hier als Beispiel beschrieben.

Das erste, was mir auffiel, war die »Kogge« des Ganters, der, hoch auf dem Wasser schwimmend, die Flügel etwas anhebt und den hinteren Teil des Körpers emporreckt, während der Hals eine elegante »Bogenstellung« zeigt. Diese Haltung erinnert ein wenig an die des imponierenden Höckerschwans; ob sie mit ihr homolog ist, weiß ich nicht. Der Ganter kehrt der umworbenen Gans die Breitseite zu, wendet unter Umständen am Platze, wenn er auf dem Fleck schwimmt und die Gans an ihm vorüberzieht. Dies fiel mir deshalb auf, weil Martina damals häufig noch mit mir ging, die Balzbewegung des Ganters also in unsere Richtung wies. Weniger plötzlich, und daher wohl anfänglich übersehen, begann das merkwürdige »Parallelgehen«. Der Ganter geht Schritt für Schritt neben der Gans her, sieht ihr buchstäblich die kleinste Bewegung ab, bleibt mit einem Fuß in der Luft stehen, wenn sie plötzlich anhält, und folgt ihr auch an Örtlichkeiten, an denen er sonst nachweislich große Angst hat. Man hat oft den Eindruck, der Ganter sei in diesem Zustand »nicht ganz bei sich«. Er greift wahllos alles an, was ihm in den Weg kommt: nicht nur andere Gänse und überhaupt Lebewesen, vor denen er für gewöhnlich Angst hat, sondern auch »Scheingegner«, wie z. B. eine im Wege stehende Gießkanne. Martin, wie wir den Ganter nannten, schreckte selbst vor unserem bösen alten Pfauhahn und meiner Person nicht zurück. In dieser exaltierten Stimmung folgte er Martina auch durch das Haustor und treppauf, eine für eine Graugans geradezu unerhörte Leistung. Seine Erregung sah man daran, wie stark sein Hals zitterte und wie weit seine Augen aus den Höhlen traten. Ich sehe ihn noch heute mitten im Mansardenzimmer, das Gefieder übermäßig glatt angelegt, mit ganz dünn erscheinendem Halse, vor Angst zitternd und immer wieder laut zischend. Plötzlich fiel im Nebenzimmer eine Tür zu, und das war selbst für einen werbenden Grauganter zuviel. Martin flog blindlings auf und in einen Glasluster hinein, der einige Anhänger einbüßte, und den Ganter kostete es eine Schwungfeder.

Leider verschwanden Martina und Martin kurze Zeit darauf. Entweder hatten sie in unserem allzu stark bevölkerten Garten keinen geeigneten Nistplatz gefunden, oder, was mir heute wahrscheinlicher erscheint, sie entzogen sich durch Flucht dem Streß, dem sie ständig ausgesetzt waren. (HBI)

3. Schlüpfen und Aufzucht der Gössel

Der erste Akt des Schlüpfens besteht darin, daß das Gänschen mit dem Schnabel die Haut durchtrennt, die zwischen der Gaskammer und dem übrigen Inhalt des Eies liegt. Nun beginnt das Gänschen durch die Lunge zu atmen, bis dahin wurde seine Sauerstoff-Versorgung durch die Blutzirkulation in den Eihäuten abgesichert. Sowie es durch die Lunge atmet, beginnt das Gänschen auch Laute zu äußern: Es läßt das Weinen, das vielsilbige Pfeifen des Verlassenseins, hören, wenn das Ei etwas auskühlt, und es »grüßt« mit einem zweisilbigen Laut, wenn man ihm dann tröstend zuspricht. Eine solche Konversation mit einem noch allseits geschlossenen Ei ist immer wieder eindrucksvoll.

Nun vergehen mehrere Stunden, bis das erste Loch im Ei entsteht. Dieses Loch wird keineswegs »gepickt«, die Schale wird vielmehr durch das Drücken mit dem Eizahn von innen nach außen durchbrochen. Beim Schlüpfen dreht sich die Gans um die Längsachse des Eies und drückt dabei mit dem Eizahn gegen die Schale. Dieser Eizahn ist ein wirklicher, echter Zahn, der einzige, den die Vögel noch besitzen, ein uraltes Erbe des Reptilienstammes. Auch die Reptilien haben einen Eizahn, der, wie auch bei den Vögeln, nicht im Mund, sondern auf der Nasenspitze sitzt. Kein junger Vogel »pickt« gegen die Eischale, dazu ist im Ei kein Platz. Sein Kopf ist merkwürdigerweise von vorne her unter einen Flügel gesteckt, so daß er mit Stirn und Schnabelrücken gegen die Außenhaut und die Schale gepreßt ist. Ein Strecken des Nackens, der eine sehr starke Muskulatur besitzt, treibt den Eizahn nach außen und bricht ein kleines Loch in die Schale. Gleichzeitig dreht sich der junge Vogel ein wenig um die Längsachse des Eies, so daß der Eizahn eine neue Stelle erreichen kann.

Diese Arbeit wird keineswegs in einem einzigen, nie unterbrochenen Vorgang geleistet. Schon nach dem Durchbruch des ersten Loches pflegt das Gänschen längere Zeit zu ruhen. Außerdem unterbricht es seine Tätigkeit auch nachts. Vielleicht ist dies zweckmäßig, weil dann auch die Mutter ruht. Ihre Hilfe beschränkt sich zwar auf einiges wenige, ist aber doch wohl wichtig.

Wenn das Gänschen dann schließlich einen vollen Kreis von Breschen rund um den stumpfen Pol des Eies angelegt hat, hebt es durch Strecken des Halses die ganze Kalotte vom Ei ab. Wenn es nun auch die Füße streckt, schiebt es sich leicht durch die entstandene Öffnung.

Das frisch geschlüpfte Gänschen sieht zunächst naß aus wie viele andere bedaunte Jungvögel. Dieser Eindruck wird dadurch hervorgerufen, daß die Daunen im Ei von feinen Hornscheiden umhüllt sind, die ihre Entfaltung verhindern. Diese Scheiden trocknen bald ein und fallen ab; es bleibt von ihnen nur ein feiner Staub, und die Daunen entfalten sich nun zu einem Vielfachen ihres Volumens. Man wundert sich dann, wie in aller Welt das große Gänsekind in dem kleinen Ei Platz gehabt haben kann. Der Eizahn ist an der Spitze des Schnabels noch deutlich sichtbar.

Die frischgeschlüpfte Gans hat noch eine erhebliche Menge Dotter in ihren Eingeweiden, von dem sie bis zwei Tage lang leben kann. Ehe sie diese Nahrungsquelle erschöpft hat, muß sie aber gelernt haben, was eßbar ist. Schon bald nachdem sie das Nest verlassen haben, beginnen die Gänschen, sich für Eßbares zu interessieren, sie picken nach allem möglichen und haben nicht, wie ich anfänglich dachte, eine instinktive Vorliebe für Grünes. Sie picken hauptsächlich nach kleinen Gegenständen; sie vollführen dabei auch schon alle Bewegungsweisen des Abreißens, Abbeißens und Schluckens von Pflanzen, genauso wie eine erwachsene Gans. Was aber das richtige Objekt für alle diese Bewegungsweisen ist, müssen sie erst lernen. Die menschliche Pflegemutter kann ihnen dabei helfen, das Richtige zu finden, indem sie mit dem Finger auf geeignete Nahrungsmittel stößt. An von Menschen geführten Gänschen fiel uns auf, daß sie sich mit wahrer Gier auf Pfützen im Wege oder in der Straße stürzten, um dort mit großem Eifer die Bewegungsweisen des Gründelns am Boden des Wassers auszuführen. Sie taten dies nie in schlammigen natürlichen Teichen, sondern immer nur in den Wasserlachen auf Wegen oder Straßen. Erst nach einiger Zeit wurde uns klar, was sie dabei suchten: Gänse besitzen einen muskulösen Magen mit einer harten hornigen Innenhaut. Er dient dazu, mit Hilfe von Steinchen, die von der Gans geschluckt werden, die an Fasern reiche pflanzliche Nahrung fein zu zerreiben. Was die Gänschen in den Lachen des Weges suchten, waren geeignete Magensteinchen. Bei unseren früheren Gänseaufzuchten litten unsere Gänschen nicht unerheblich darunter, daß ihr Daunengefieder beim Schwimmen und Baden nicht so schön wasserdicht und trocken blieb wie das von Gänschen, die von ihren Eltern gepflegt werden. Wir glaubten, was sehr naheliegend ist, daß unseren Gänschen die Einfettung des Gefieders fehle, die normalerweise dadurch bewerkstelligt wird, daß die Jungen sich beim Unterschlüpfen am Gefieder der Mutter reiben, das wohl eingefettet ist. Die Fettdrüse am Bürzel der Jungen beginnt nachweislich erst nach einigen Wochen zu funktionieren, und so glaubten wir, den in Rede stehenden Mangel dadurch beheben zu können, daß wir die Bürzeldrüse einer erwachsenen Gans »ausmelkten« und die Jungen mit dem so gewonnenen öligen Produkt einsalbten. Sie wurden danach aber nur noch nässer als vorher. Erst allmählich kamen wir dahinter, daß die Wasserfestigkeit der Gänsekinder weniger durch die Fettigkeit des mütterlichen Gefieders bewirkt wird als durch die elektrische Ladung, die dadurch entsteht, daß die Jungen ihr Daunengefieder an den Bauchfedern der Mutter reiben. Nun verstanden wir auch, warum Gänse und andere Wasservögel, die etwas wasserundicht geworden sind, sich so ausdauernd putzen: Sie tun das, um die verlorene elektrische Ladung und damit die Wasserfestigkeit wiederherzustellen. Als uns dies klargeworden war, rieben wir unsere jungen Gänschen gründlich mit einem reinen Seidentuch, und siehe da, sie waren genauso wasserfest wie die von ihren Eltern aufgezogenen.

Alle diese Pflegemaßnahmen sind für das Gedeihen einer kleinen Graugans nicht so unentbehrlich wie ihre seelische Betreuung. Ich habe schon gesagt, daß die Kommunikation zwischen Mutter und Kind bereits beginnt, ehe das Gänschen auch nur ein Loch in die Eischale gebrochen hat. Nach dem Schlüpfen intensiviert sich diese Kommunikation und gewinnt an Wichtigkeit. Wenige Minuten, nachdem das Gänschen ausgeschlüpft ist, versucht es, den Kopf zu heben. Sowie ihm das gelingt, reagiert es auf Ansprechen durch den Pfleger, nicht nur mit Lauten, sondern auch mit der Gebärde des Grüßens, das heißt, es hebt den Kopf und streckt den Nacken durch. Etwas später, mit Beginn der optischen Orientierung, tut es dies in der Richtung, aus der es Laute vernimmt und in der es die Bewegungen des Pflegers sieht. Es blickt dann auch mit auffallender Aufmerksamkeit in die betreffende Richtung; man hat unmittelbar den Eindruck, es wolle sich das Bild des Pflegers einprägen, besonders dann, wenn man sich von oben über das Gänschen beugt und wenn es den Kopf schief hält, um mit einem Auge zum Pfleger aufzublicken. Dieser Eindruck ist durchaus richtig; die kleine Gans ist im Besitz einer angeborenen Information, die, in Worte gefaßt, lauten würde: »Wer auf dein Pfeifen des Verlassenseins antwortet, ist deine Mutter, merk sie dir genau!«

Diese erste Kommunikation zwischen Kind und Mutter bewirkt nun jenen lebenswichtigen Vorgang, der weder wiederholbar noch auch rückgängig zu machen ist und den wir als die Prägung bezeichnen. Auch wenn dieses Zwiegespräch zwischen Mensch und Gänschen nur einige wenige Male stattgefunden hat, zeigt sich anschließend, daß die kindlichen Triebhandlungen des neugeborenen Gänschens für immer an den menschlichen Pfleger gebunden sind. . . .

Um diese Mutterrolle mit vollem Erfolg zu spielen, muß der Pfleger bereit sein, für mehrere Wochen seine Zeit ausschließlich seinen Pflegekindern zu widmen. Man kann diese nämlich nicht einen Augenblick allein lassen, ohne daß sie verzweifelt zu »weinen« beginnen; das heißt, sie stoßen das sogenannte Pfeifen des Verlassenseins aus, ein Notsignal, auf das die Eltern sofort reagieren. Auch der menschliche Pfleger muß dies tun, andernfalls werden die Gänschen ernstlich neurotisch; zumindest zeigen sie Verhaltensstörungen, die sie als Objekte zum Studium der Soziologie ihrer Art ungeeignet machen.

Die viele Zeit, die man notwendigerweise in engstem Zusammensein mit seinen Pflegekindern verbringen muß, wenn man sie gewissenhaft bei seelischer Gesundheit erhalten will, zwingt den Wissenschaftler zum langen Aufenthalt in der freien Natur. Man erlebt die winzigen Freuden und Leiden seiner Pflegekinder mit, man bemitleidet sie lächelnd, wenn sie in Brennnesseln getreten sind und verzweifelt weinen, und freut sich, wenn sie mit den Lauten des »Gutschmeckens« die Blüten des Hasenpfötchens fressen, einer hübschen Pflanze, deren lateinischen Namen wir leider nicht kennen.

Bei schönem Wetter, in warmem Sonnenschein, erscheint die Tätigkeit einer Ersatzmutter von Schwimmvögeln kaum als Arbeit, aber bei strömendem Regen wird auch dem Fernerstehenden klar, daß es eine ernste Aufgabe bedeutet, Tag um Tag vierundzwanzig Stunden mit den Gänsen zu verbringen. Man beachte, wie die Regentropfen auf dem Gefieder der jungen Gänse liegen, das weit besser wasserdicht ist als der Gummimantel ihrer Pflegemutter. Die Gänse sind überhaupt in hohem Maße wetterfest, auch ein Gewitterregen macht ihnen nicht viel aus, nur bei Hagelschlag heben sie den Schnabel gen Himmel, so daß die Hagelkörner nicht rechtwinklig, sondern schräg auf ihr Schädeldach aufprallen.

Zu den Pflichten der Pflegeeltern gehört es auch, den Gänsekindern die nötige Orientierung zu verschaffen. Zu diesem Zweck muß man mit seinen Gänsen weite Wanderungen unternehmen. Dies ist für die menschlichen Ersatzeltern junger Gänse die anstrengendste, aufregendste, aber auch die schönste Zeit im Jahr. Ich hatte von Anfang an die Absicht, unsere jungen Gänse nicht nur mit unseren Teichen in Oberganslbach, sondern mit dem ganzen uns zur Verfügung stehenden Teil des Almtales bekanntzumachen. Da es offensichtlich untunlich war, schon mit den kleinen Gösseln so große Strecken zurückzulegen, mußten wir mit diesen Geographie-Lektionen warten, bis unsere Kinder so weit herangewachsen waren, daß sie solche Strecken ohne Überanstrengung zurücklegen konnten. Das bedeutete, daß wir damit erst knapp vor dem Flüggewerden beginnen konnten.

Der Aufbruch von Oberganslbach war stets eine langwierige, ja langweilige Geschichte, da Gänse sehr konservative Wesen sind und sich nur ungern auf unbekannte Gebiete wagen. Sämtliche Pfleger handaufgezogener Gänsescharen sowie auch ich selbst, der den Gänsen gewissermaßen als Onkel bekannt war, mußten lange locken und lange warten, ehe sich die Gänse allmählich entschlossen, mit uns von Oberganslbach wegzugehen und neue Wege zu betreten. War dies geschehen und befanden sich die jungen Gänse erst einmal auf ihnen fremdem Gebiet, so folgten sie uns sehr eifrig und getreulich auf dem Fuße nach und begannen sofort zu weinen, wenn sie etwas weiter zurückgeblieben waren. In der neuen Situation waren sie eben ängstlich, und die bekannten Menschen waren für sie das einzige vertrauenswürdige und beruhigende Objekt. Gerade deshalb bewirken solchen Gänge ins Unbekannte eine sehr starke Bindung. Auch der Besitzer eines neuen Hundes kann sich dies zunutze machen: Bekommt man einen jungen Hund, der eigentlich schon etwas zu alt für die Herstellung einer idealen Hund-Herr-Beziehung ist, so kann man nichts Besseres tun, als mit ihm möglichst weit und in möglichst unbekannte Gegenden zu wandern. Hunde sind natürlicherweise darauf eingestellt, große Strecken zurückzulegen; sie laufen gern, und je weiter und je schneller man mit ihnen geht, desto besser ist es, um die erwünschte Bindung herzustellen.

Bei Gänsen ist das anders. Wenn wir sie einmal ins Unbekannte gelockt hatten und sie uns so brav und eilig, fast im

Tempo eines normalen Spaziergängers nachliefen, begingen wir anfänglich den Fehler, dies auszunützen, um große Strecken rasch zurückzulegen – der Mensch ist eben ungeduldig. Sehr bald aber merkten wir, daß die Gänse, wenn man ihre Furcht vor dem Unbekannten in dieser Weise ausgenützt hatte, sich beim nächsten Mal ganz einfach weigerten, von Oberganslbach wegzugehen. »Einmal und nie wieder«, so schienen sie zu sagen. Das war eine unserer ersten Lektionen, die uns beibrachten, daß man Gänsen nicht allzu Unangenehmes zumuten darf, und vor allem, daß man sie noch viel weniger als Menschenkinder hart »frustrieren« darf. Wir lernten es also, mit unseren Gänsen im Gänsetempo zu gehen, Wege zu meiden, die ihnen unheimlich waren, zum Beispiel, weil sie durch allzu dichtes Gebüsch führten, oder weit auf steinigen Wegen zu wandern, die den weichen Füßen der Gänse weh taten. An geeigneten, den Gänsen angenehmen Orten, das heißt an solchen, die schmackhafte Weidepflanzen, leicht zugängliches Wasser und weiten Ausblick boten, machten wir halt und ruhten lange Zeit.

Durch diese, von unseren Pflegekindern diktierten Gepflogenheiten brachten wir es dahin, daß sie uns immer weiter und weiter folgten, und als sie richtig fliegen konnten, gingen wir ein erhebliches Wagnis ein: Wir beschlossen, mit ihnen einen Ausflug bis hinauf zum Almsee zu unternehmen. Wir rechneten damit, daß unsere Pflegekinder, die uns damals schon streckenweise fliegend gefolgt waren, den Weg vom Almsee nach Oberganslbach in der Luft zurücklegen würden. Wir gewöhnten uns daran, daß wir ihnen auf dem Wege stromaufwärts ein Stück vorausliefen, schneller als sie zu marschieren geneigt waren, und daß wir sie dann von einem viel weiter stromaufwärts gelegenen Punkt aus riefen. Sie kamen uns dann nachgeflogen, niedrig über der Oberfläche des Almflusses dahinstreichend. Für diese Leistung wurden sie stets durch eine längere Pause und durch beliebte Futterpflanzen belohnt, die ich unterwegs abgerissen hatte.

An jenem denkenswerten Tage brachen wir sehr früh von Oberganslbach auf. Für den Menschen ist es merkwürdig anstrengend, eine größere Strecke im Marschtempo der Gänse zurückzulegen, ein Tempo, das man aus den schon erwähnten

Gründen nicht über zwei Kilometer in der Stunde steigern darf. Die Ruhepausen, die wir der Gänse wegen einschalten mußten, waren daher auch uns selbst sehr willkommen. Bei schönem Wetter waren solche Erholungszeiten sehr erfreulich, besonders wenn es sich um längere Mittagsrast handelte. Es gehört zu regelmäßigen Einteilung des Tageslaufes der Wildgänse, daß sie ziemlich genau um die Mittagszeit baden. Unmittelbar danach aber »muß man« sich ausführlich das Gefieder putzen und neu einfetten. Während diese wichtige Handlung vorgenommen wird, sind Gänse durch nichts, außer durch rohe Gewalt, zu bewegen, den Ort zu verlassen. Selbst die gehorsamsten Gänsekinder verweigern den menschlichen Pflege-Eltern resolut den Gehorsam, wenn diese versuchen, vom naturgegebenen Stundenplan abzuweichen und sie wegzuführen. Gänse-Eltern begehen natürlich nie einen solchen Fauxpas, denn sie haben ja selbst gebadet und müssen sich putzen. Nach dem Putzen aber ist es unverbrüchliche Sitte, ein ausgedehntes Mittagsschläfchen zu halten.

Menschliche Gänse-Eltern schlafen noch fester als die Gänse, haben sie doch ihre Tagesarbeit »mit den Hühnern«, die auch nicht früher aufstehen als die Gänse, begonnen, und der tägliche Dienst der Pfleger endet erst mit Einbruch der Nacht, wenn ihre Pfleglinge fest eingeschlafen sind. Da meine Mitarbeiter dann begreiflicherweise noch andere Arbeiten vorhaben, ist es unvermeidlich, daß sie mit der Zeit ein erhebliches Schlafdefizit ansammeln, das ein Mittagsschlaf ausgleichen muß. Nichts ist gemütlicher als diese Mittagsschläfchen von Mensch und Tier. Der trillernde Laut, den junge Gänse beim Einschlafen ausstoßen, ist das süßeste Schlummerlied, das man sich denken kann; die gemeinsame Ruhe von wilden Tieren und zivilisierten Menschen mitten in der freien Natur hat beinahe etwas Sakrales. Sehr ernüchternd und empörend wirkt es, wenn, wie es für das Almtal typisch ist, dann ganz plötzlich eine Regenwolke aufzieht und ein kalter Guß sich über die Ruhenden ergießt, auf den die Vögel und die Menschen sehr verschieden reagieren. Nur die Menschen wachen schimpfend auf und ziehen sich Regenmäntel an, die Gänse haben das nicht nötig und schlafen ruhig weiter. (JG)

4. Stimmfühlungslaut und Bindung

Als »Wi«-Laut bezeichnet Helga Mamblona-Fischer einen zwei- bis mehrsilbigen Laut, dessen Lautstärke wechselt. »Das Gössel äußert ihn, wenn ein abgekühltes Ei erwärmt wird, während des Schlüpfvorganges, wenn das Gössel die Schale aufpickt, wenn man die trockene Eihaut anfeuchtet und vor allem bei Geräuschen.« Da die menschliche Stimme in ihrer Tonlage annähernd der Gänsestimme ähnelt, kann man den »Wi«-Laut durch Sprechen sehr gut auslösen, auch bei Gösseln, die noch im Ei eingeschlossen sind. »Je lauter man spricht – innerhalb gewisser Grenzen – desto lauter und vielsilbiger (bis zu 4 Silben) ist die Antwort. Wenn im Brutapparat mehrere Gänseeier gepickt sind und aus einem Ei der Wi-Laut ertönt, so antworten Gössel aus anderen Eiern ebenfalls mit dem Wi-Laut. Je mehr Wi-Laute ertönen, desto lauter sind die Antworten.«

Aus dem »Wi«-Laut wird später der Stimmfühlungslaut, das Schnattern der Graugans mit allen seinen Variationen. Der Stimmfühlungslaut ist zuerst zweisilbig, aber bald mehrsilbig hörbar. Die kindliche Vorstufe des Schnatterns ist unmittelbar nach dem Schlüpfen durch jedes größere und stimmbegabte Objekt auszulösen. Nach wenigen Tagen, meist schon am dritten Tage nach Verlassen des Nestes, ist der Stimmfühlungslaut nur durch die Eltern und kurz darauf durch die persönlich bekannten Geschwister auslösbar. Die Selektivität seiner Auslösbarkeit wird also zunächst durch Prägung so weit erhöht, daß die Reaktion nur auf Artgenossen anspricht, kurz darauf aber so weit, daß sie sich nur noch auf wenige Individuen, zuerst die Eltern, dann die Geschwister, bezieht. (HBI)

5. Die Rolle der Persönlichkeit

Die bemerkenswerte Zunahme der Selektivität, die darin besteht, daß eine Instinktbewegung erst auf nahezu jeden Organismus anspricht und späterhin an einen oder einige wenige Artgenossen gebunden ist, macht das Individuum in seinen sozialen Beziehungen unersetzlich.

Von geisteswissenschaftlicher Seite wird erfahrungsgemäß das Wort »persönlich« bemängelt. »Persona« bezeichnet ursprünglich die »Maske«, d. h. die Rolle, die der Schauspieler im antiken Drama spielt und die ihn kennzeichnet. Und eben die Rollenverteilung ist in der Struktur der Graugans-Sozietät geradezu beispielgebend ausgedrückt. Das Wesen der Persönlichkeit ist doch sicherlich dort gegeben, wo diese Rolle, die das Individuum in der Wechselwirkung der Artgenossen übernimmt, nicht ohne weiteres von einem anderen übernommen werden kann. Die konstitutive Eigenschaft der »Person« liegt wohl zweifellos darin, daß sie nicht austauschbar ist.

Die Bindung, die das gemeinsame Äußern des Stimmfühlungslautes zwischen zwei Individuen erzeugt, ist von verschiedener Stärke. Die Gatten eines Paares sind durch eine Reihe von zusätzlichen, noch zu besprechenden Zeremonien enger aneinander gebunden als Geschwister, obwohl auch Geschwister oft über Jahre nach dem Flüggewerden zusammenhalten, miteinander gehen und fliegen.

Die Spannung des »Gummibandes«, durch das zwei Individuen zueinander hingezogen werden, läßt sich oft recht gut an der Entfernung bemessen, in der die beiden sich voneinander aufhalten. Das »Miteinander-Gehen« ist bei sehr verschiedenen Lebewesen oft das erste Anzeichen sich anspinnender Beziehungen. Helge Böttger hat gezeigt, daß die Entfernung voneinander, in der zwei Individuen zur Ruhe kommen, ein brauchbares Maß für ihre Gebundenheit ist. In der Tat läßt sich folgern, daß anziehende und abstoßende Kräfte miteinander dann ins Gleichgewicht kommen, wenn zwei Tiere sich hinsetzen oder hinlegen. Wir können die Bindung nicht besprechen, ohne ihrer anziehenden Kraft gleichzeitig die abstoßende Wirkung der Aggressivität gegenüberzustellen. (HBI)

6. Aggressivität

Zwischen Bindung und Aggressivität bestehen merkwürdige Beziehungen. Es ist von offensichtlicher arterhaltender Zweckmäßigkeit, wenn die Individuen einer Art einander abstoßen und sich auf diese Weise möglichst gleichmäßig über den zur Verfügung stehenden Lebensraum verteilen. Aggressivität und die aus ihr entspringende Territorialität sind einer der wichtigsten Mechanismen der »Dispersion« der Einzelwesen. Wir kennen viele Tierarten, deren Einzelwesen einander abstoßen und bei denen die Erscheinung der Bindung nicht vorkommt. Umgekehrt jedoch ist uns keine Tierart bekannt, die der dispergierenden Aggressivität völlig entbehrt, aber der individuellen Bindung fähig ist.

Ein besonderer Selektionsdruck wirkt offensichtlich auf die Vorgänge des individuellen Sich-Erkennens, wenn zwei Artgenossen in der Brutpflege für ihre gemeinsamen Nachkommen zusammenwirken. Unter diesen Umständen wurde es für die Art vorteilhaft, die Aggressivität zwischen den zwei Individuen, denen die Elternrolle zukam, völlig auszuschalten, sie allen außenstehenden Individuen gegenüber jedoch voll aufrechtzuerhalten, ja, auf die Spitze zu treiben. Bei paarbildenden Fischen ist dies erwiesenermaßen der Fall, vor allem sind die Mechanismen der Aggressivität und ihrer Entschärfung zwischen den Partnern gut bekannt. Bei Fischen, die Rosl Kirchshofer untersuchte, führt das individuelle Sich-Erkennen zu einem Phänomen der gegenseitigen Anziehung: Wenn alle Individuen einander abstoßen, kommt ein Minimum der Abstoßung einer Anziehung gleich. Die einander entgegenwirkenden Kräfte der Anziehung und Abstoßung, die »biphasic processes underlying approach and withdrawal«, wie Theodore C. Schneirla es ausdrückt, kommen hier voll zum Tragen.

Jede Graugans steht somit zu jeder anderen in einem Konflikt zwischen Anziehung und Abstoßung. Erstere ist minimal zwischen erwachsenen, aber einander völlig fremden Gänsen. Wenn diese allein aufeinander angewiesen sind, zeigen sie immerhin einen schwachen Zusammenhalt. Am stärksten ist die Bindung zwischen Familiengenossen, vor allem zwischen den Gatten eines Paares, wie überhaupt zwischen solchen Individuen, die ein gemeinsames Triumphgeschrei ausgebildet haben.   (HBI)

7. Rangordnung

Ein Mechanismus, der in besonderem Maße der Entschärfung der Aggressivität dient, ist die Rangordnung. Vor vielen Jahren hat Th. Schjelderup-Ebbe an Haushühnern die sogenannte »peck-order« entdeckt: Entscheidende Kämpfe zwischen Individuen finden nur ein oder wenige Male statt, und hinfort weicht der Geschlagene dem Sieger kampflos. Im allgemeinen sind stärkere Individuen übergeordnet und schwächere untergeordnet, doch gibt es auch kreisförmige Anordnungen. Solche halten sich oft jahrelang, und dies besagt, daß sich ein einmal besiegtes Individuum mit seiner subdominanten Stellung zufriedengibt und nicht wieder aufmuckt. Ohne jeden Zweifel entschärft die hergestellte Rangordnung die Aggressivität. Dieser offensichtlich arterhaltend nützliche Mechanismus findet sich bei nahezu allen höheren Tieren, bei Crustaceen, Insekten, Fischen, Vögeln und Säugetieren. Bezeichnenderweise ist die einmal festgelegte Rangordnung bei geistig weniger hochstehenden Tieren stabiler als bei höherstehenden: Bei Fischen bleibt oft der körperlich Stärkere jahrelang in subdominanter Stellung, bei Wildschweinen genügen einige Tage der Trennung, um den eben Besiegten neue Hoffnung schöpfen zu lassen.

Das Zusammenleben in einer rangordnungsmäßig geschichteten Gesellschaft führt zu einer Gewöhnung der Mitglieder aneinander, durch die sich die Schwelle der Aggressivität, die sie gegenseitig auslösen, erhöht. Mit anderen Worten, Angehörige einer Sozietät greifen Unbekannte intensiver an als solche, die ihnen lange bekannt sind, sei es als »Vorgesetzte« oder als »Untergebene«. Dies führt im Extremfall dazu, daß Mitglieder kleiner Gruppen einander im Kampfe gegen Fremde beistehen. Die Männchen der Cichliden Haplochromis desfontainesii (deren Weibchen an keinen festen Standort gebunden sind) bauen ihre Laichgruben in den Teichen der Oase Gafsah außerordentlich dicht aneinander. Dies hat zur Folge, daß jedes territoriale Männchen sich allmählich so sehr an seine nächsten Nachbarn gewöhnt, daß es diese weit weniger intensiv angreift als Unbekannte. Wie R. Kirchshofer feststellte, greifen diese Männchen Fremde höchst aggressiv und manchmal auch in gemeinsamer Aktion an. Das ist höchst sinnvoll, da der bekannte Nachbar ja schon eine Nestgrube besitzt und als territorialer Eroberer nicht gefährlich ist.

Die Rangordnung, die innerhalb geschlossener Gruppen von Graugänsen besteht, wird dadurch kompliziert, daß die Gruppen- und Familienmitglieder einander beistehen. Das Verhältnis von Angreifen und Fliehen zweier Gänse kann also davon abhängen, ob und wie viele Gruppengenossen des einen oder anderen Streiters anwesend sind. Oft werden Auseinandersetzungen zwischen Familien dadurch provoziert, daß eines der Kinder einen Vorstoß gegen eine andere Familie wagt und von dieser nun bedroht wird, worauf sich seine Familienmitglieder in die Auseinandersetzung einschalten...

Letzten Endes, man möchte sagen, in letzter Instanz, wird die Rangordnung durch den Flügelbugkampf zwischen zwei ihre Familien anführenden Gantern entschieden. Findet ein solcher statt, kommen die Mitglieder der Gänseschar herbei und sehen den Kämpfenden zu; je länger der Kampf dauert, desto mehr Gänse sammeln sich an. Interessanterweise aber kommt es selten vor, daß sich eine von ihnen einmischt. Wir haben nur wenige Fälle zu Protokoll, in denen mit Gantern verpaarte männliche Individuen gelegentlich zu deren Unterstützung eingriffen, und zwei Fälle, in denen die Partnerinnen von Gantern dies taten.

Heinroth hatte behauptet, daß innerhalb einer Gänsefamilie absoluter Friede herrsche und daher von einer Rangordnung nicht gesprochen werden könne. Ich selbst habe 1951 geschrieben: »Bei Anatiden, insbesondere bei Gänsen, bleibt die ranglose Vertraulichkeit (der Gössel) bis tief in den Herbst hinein erhalten, um erst dann einer Rangordnung Platz zu machen.«

Daß selbst gute Beobachter die Entwicklung der Rangordnung bei Gösseln übersahen, liegt wohl daran, daß sie unerwartet früh beginnt. Erst Sybille Kalas-Schäfer entdeckte im Frühsommer 1971, daß junge Gänse nach dem Schlüpfen zwar anonym fest aneinander kleben, sich aber nach ungefähr 6 bis 8 Tagen einen erbitterten Rivalenkampf liefern. Dieser Kampf wird meist nach einer längeren Ruhepause beim Aufwachen ausgetragen, gleichsam, als ob die gegenseitige Nichtbeachtung während des Schlafes eine schon bestehende Gewöhnung rückgängig mache. Bei Gösseln, die von ihren Eltern aufgezogen werden, finden die Kämpfe häufig nachts oder in tiefer Dämmerung statt und entziehen sich dadurch der Beobachtung. Von Menschen geführte Gössel kämpfen meist in der Morgen- und Abenddämmerung. S. Kalas-Schäfer beobachtete sie im Dämmerschein der abgeblendeten Wärmelampe.

In bezug auf die Physiologie der Bewegungsweisen und ihre Entwicklung sind diese ersten Gösselkämpfe insofern aufschlußreich, als ihre Bewegungskoordination bis ins einzelne dem Flügelbugkampfe erwachsener Gänse gleicht. Besonders deutlich sind das Wegstrecken des zur Balance ausgebreiteten Flügelchens und das Einknicken des schlagenden Flügels im Handgelenk, wo Monate später die hornige Schlagwarze sitzen wird.

Merkwürdig ist die Reaktion der Eltern auf die kämpfenden Kinder. Sie schauen zwar intensiv und beidäugig hin, greifen jedoch niemals ein. Wir sind der Meinung, sie suchen nach einem Kleinraubtier, von dem ihnen die Gössel angefallen zu sein scheinen, sie »halluzinieren« ein solches gewissermaßen. Für diese Annahme spricht, daß sie dabei häufig den Schnabel öffnen und zischen.

Der Ausgang dieser ersten Kämpfe bestimmt weitgehend die Rangordnung der Geschwister; gleichzeitig ändert sich die Stellung des gegen den Partner ausgestreckten Halses. Während dieser vor Beginn der Rangordnungskämpfe stets dem Geschwister gerade entgegengestreckt wird, drückt sich die in den Kämpfen neu entstandene Rangordnung in der Richtung des Halsvorstreckens aus. Indem das Gössel den Stimmfühlungslaut intensiv äußert, streckt es den Kopf nicht gerade gegen das Geschwister hin, sondern schräg an ihm vorüberzielend. Diese Abweichung entspricht dem Grade, in dem das Individuum sich seinem Gegenüber unterlegen fühlt. Sybille Kalas-Schäfer hat diese Abweichung als das »ausweichende Grüßen« bezeichnet. Dieses kann sehr wohl die Antwort auf eine aggressive Verhaltensweise sein, wird aber auch geäußert, ohne daß eine auf den Grüßenden gerichtete aggressive Verhaltensweise vorausgeht. Selbstverständlich muß in solchen Fällen auch der aggressive Partner ein Familienmitglied sein, mit dem man den Stimmfühlungslaut austauscht. Wie Sybille Kalas-Schäfer feststellen konnte, bleibt die durch die Küken-kämpfe der ersten Lebenswochen festgelegte Rangordnung bis zum Flüggewerden bestehen.

Wenn die Gänse etwas größer und im Stimmbruch sind, kommt ein weiteres Kennzeichen des Über- oder Untergeord-netseins zum Tragen, nämlich die unterschiedliche Intensität des Grüßens. In Situationen, die ein sehr intensives Grüßen auslösen, grüßt der Übergeordnete stärker als der Untergeord-nete. Dagegen ist bei wenig intensiver Motivation beider die Äußerung des Untergeordneten lauter.

Einen Ausnahmefall bildet folgende Begebenheit, die ich beobachtete, nachdem die ursprüngliche Pflegerin einer Schar von vier Gösseln ausgefallen war und ich die Betreuung über-nommen hatte. Die höchstrangige der vier Gänse hieß Resi, die schwächste Mitzi. Kurz nach dem Flüggewerden erzielten die beiden einen gemeinsamen Sieg über zwei Junggänse einer ver-gleichbaren Schar. Mitzis Sieg war auffälliger, sie verbiß sich in das Rückengefieder des Unterlegenen und wurde von ihm quer über den Teich geschleppt, während Resis Gegner plötzlich wegtauchte und sie allein am Platze blieb. Mitzi, die also sehr stark motiviert war, kehrte laut grüßend quer über den Teich zu Resi zurück, die sich ihrerseits zum Baden anschickte, wie es Gänse nach Kämpfen regelmäßig tun. Als nun die heranei-lende Mitzi der Resi ihren Triumph in die Ohren schrie, wurde diese böse und biß nach der Untergeordneten, die alsbald ver-stummte. Ausgesprochen erheiternd wirkte die nun folgende Szene: Während Resi badete, verfiel Mitzi prompt in ein trium-phierendes Grüßen, sobald Resis Kopf unter der Wasserober-fläche verschwand, und verstummte bescheiden, wenn er wie-der sichtbar wurde.

Die zwischen Gösseln entstehende Rangordnung ist keines-wegs durch Größe und Alter noch auch durch die individuelle Intensität aggressiven Verhaltens bestimmt. Jane Packard hat an vier von ihr aufgezogenen Gösseln in Stichproben alle Ver-haltensweisen sozialer Interaktion ausgezählt, die auf den sechs möglichen Wegen zwischen vier Individuen gezeigt werden können. Sie stellte also fest, welches Tier was wie oft zu welchem anderen »sagte«. Hierbei ergaben sich erstaunliche individuelle Unterschiede; z. B. grüßte ein Gössel signifikant häufiger und intensiver als jedes andere. Vor allem aber ergab sich nicht die erwartete Korrelation zwischen individueller Aggressivität und Ranghöhe. Eine weibliche Junggans zeigte eine besonders hohe Schwelle der Auslösung von Fluchtverhalten und war gleichzeitig sehr wenig aggressiv. Dieses unaggressive, aber furchtlose Individuum wurde von Gösseln vergleichbarer Scharen auffallend wenig angegriffen und floh wesentlich seltener als sehr viel aggressivere Gössel. Es entstand in dieser Arbeit gewissermaßen eine kleine Charakterologie der Graugans, die von Jane Packard in Diagrammen wiedergegeben wurde.

Ebensowenig, wie Rivalenaggressivität als solche mit einer hohen Rangordnungsstellung einhergeht, bildet ein klares Rangordnungsverhältnis ein Hindernis für Bindungsverhalten. Sybille Kalas-Schäfer stellte fest, daß Geschwister, zwischen denen eine klare und scharfe Rangordnung herrschte, besser zusammenhielten als solche, die einander in Kämpfen genau gewachsen waren und eine feste Rangordnung nie ausbilden konnten. Zwischen diesen blieb eine gewisse Aggressivität bestehen und verhinderte einen allzu engen räumlichen Kontakt. Sybille Kalas-Schäfer ist der Ansicht, daß die feste Rangordnung eindeutig eine arterhaltende Funktion besitzt, indem sie die auf dem Einzelindividuum lastende soziale Spannung herabsetzt. (HBl)

8. Die Eifersucht

Wie schon gesagt, durchbricht der merkwürdige, in so vieler Hinsicht dem »Sich-Verlieben« des Menschen ähnliche Vorgang auch bei der Graugans alle etwa vorhandenen Bindungen. Die junge Braut, das fest verpaarte, ja, sogar schon nistende Weibchen, kann sich plötzlich einem anderen Partner zuwenden, und umgekehrt kann das Männchen unvermittelt seine Werbung auf eine andere Gans richten. In solchen Fällen stehen dem jeweils verlassenen Partner, ob Männchen oder Weibchen, ganz bestimmte, instinktmäßig programmierte Verhaltensweisen zur Verfügung, die wegen ihres durchaus wiedererkennbaren Ablaufes hier aufgeführt werden müssen.

Die allerheftigsten Kämpfe, die zwischen zwei Gantern jemals ausgefochten werden, scheinen mir der Ausdruck einer ganz bestimmten Situation zu sein, die dann eintritt, wenn eine Gans auf alle beide anspricht und »nicht weiß, für welchen von ihnen sie sich entscheiden soll«. Diese meine Hypothese ist nicht beweisbar, doch gibt es besonders oft Fehden zwischen zwei einander ebenbürtigen Männchen, die um ein und dasselbe Weibchen werben.

In anderen Fällen, in denen sich das Weibchen deutlich einem anderen Ganter zuwendet, zeigt das angepaarte Männchen sehr auffällig die Verhaltensweise des sogenannten Hütens. Das Weibchen, das sich in einen fremden Ganter verliebt hat, zeigt selten die Schüchternheit, die wir von unverpaarten Gänsen kennen, die sich immer nur »wie zufällig« in der Nähe des Geliebten aufhalten. Vielmehr rennt eine solche Gans unverhohlen auf den neuen Erwählten zu, während ihr »rechtmäßiger Gemahl« sie daran zu hindern sucht. Dann sieht man drei Gänse in eiligem Schritt durch das Gelände laufen: voran der vom Weibchen Erwählte, der nicht unbedingt der Werbung geneigt sein muß, hinter ihm die Gans und zwischen diesen beiden der mit ihr verpaarte Ganter, der dauernd bestrebt ist, ihr mit weit vorgestrecktem Halse gepreßt schnatternd den Weg abzuschneiden. Manchmal versucht er sogar, sie mit der Schulter wegzudrängen und sie gehemmt in den Hals zu beißen.

Nun kann es sein, daß der Ganter, dem die Gans nachläuft, gar nicht in sie verliebt ist und nichts von ihr wissen will. In diesem Falle läuft er passiv vor ihr davon und macht mit hochgehaltenem Kopf einen dicken Hals, indem er das gesamte Kleingefieder des Halses maximal sträubt. Dies beobachtet man besonders dann, wenn der Ganter aus bestimmten Gründen, z. B. wegen der Bindung an seine eigene Partnerin, nicht wegkann. Der dicke Hals heißt also gewissermaßen: »Ich möchte gerne weg, muß aber leider am Platze bleiben.«

Wenn die von ihrem Partner gehütete Gans jedoch bei dem

fremden Ganter Gegenliebe findet, entflammen oft erbitterte Kämpfe zwischen den beiden Gantern, deren Flügelbugschläge weithin zu hören sind. Wenn der ursprüngliche Partner dabei Prügel bezieht, heißt das nicht unbedingt, daß er nun alle Ansprüche auf sein Weibchen aufgibt. Wir haben erlebt, wie ein schwer angeschlagener Ganter nach einer totalen Niederlage seine Gans weiter zu hüten versuchte. Hüteverhalten zeigen auch Ganter, die ihre Partnerin von Situationen fernzuhalten suchen, die ihnen gefährlich erscheinen. Wenn eine sehr zahme Gans, die den Menschen grüßt und ihm entgegenkommt, mit einem sehr scheuen Ganter verpaart ist, kann man sein Hüteverhalten jederzeit auslösen, indem man die Gans zu sich lockt. Auch bei Partnern aus Ganterpaaren kann man Hüteverhalten sehen, wenn der Gespons die Neigung zeigt, zu einem anderen überzuwechseln.

Auch dem Weibchen stehen verschiedene Verhaltensweisen zur Verfügung, mittels deren es ein Untreuwerden des Ganters verhindern kann. Wenn ein verpaarter Ganter sich in eine fremde Gans verliebt und dieser ein Triumphgeschrei anträgt, so hat das Weibchen eine geradezu raffinierte Methode, dies zu unterbinden. Im Augenblick, wo der Ganter einen Scheinangriff gemacht hat und sich anschickt, der Geliebten sein gepreßtes Schnattern anzutragen, fliegt die »legitime Gattin« schnell zu ihrer Rivalin, vertritt dem herannahenden Ganter den Weg und beginnt ihrerseits, intensiv zu schnattern. Die ritualisierte Koppelung von Rollen und Schnattern ist fest genug, um den Ganter zu zwingen, die Verhaltensfolge des klassischen Triumphgeschreis einzuhalten und nun seiner regulären Partnerin gegenüber zu Ende zu führen, wobei diese in sein gepreßtes Schnattern ungemein intensiv einstimmt. Auf den Beschauer wirkt dieser gesamte Vorgang des Abfangens eines Triumphgeschreis ungemein komisch, was immer eine Analogie zu menschlichem Verhalten vermuten läßt.   (HBI)

9. Das Demutsverhalten

Jene Verhaltensweisen, die das Individuum möglichst wenig kampfauslösend machen sollen, sind wahrscheinlich bei vielen Tieren von der Funktion der kampfauslösenden Mechanismen gewissermaßen in negativem Sinne seligiert. Bei Fischen ist die Darbietung der Breitseite mit hoch aufgerichteten medianen Flossen und ruckweisen Bewegungen die stärkste Herausforderung zum Kampf. Die demütigste besteht umgekehrt darin, daß der Fisch sich optisch möglichst schmal und klein macht, indem er sich auf die Seite legt, die Flossen faltet und sich langsam schleichend bewegt.

Bei Graugänsen bedeutet das drohende Vorstrecken des Halses eine an den Gegner gerichtete Herausforderung; im Gegensatz dazu wird der Hals in der Demutsstellung möglichst weit zurückgezogen, so daß der Kopf auf den Rücken des Vogels zu liegen kommt. Für diese Stellung hat sich der Ausdruck »Duckmäuserhaltung« eingebürgert. Verschüchterte, besonders verwitwete Gänse gehen manchmal monatelang in Duckmäuserhaltung einher. Die Demutsstellung kann noch verstärkt werden, wenn ein drohender Artgenosse dicht herankommt: dann wird ihm nämlich, ohne daß die übrige Haltung verändert würde, der Hinterkopf zugekehrt. Die Duckmäuserhaltung ist kennzeichnend für in der Rangordnung tiefstehende und nicht kampfbereite Individuen.

Eine andere, sehr merkwürdige Stellung von Körper und Hals, die wir auch als Demutshaltung aufzufassen geneigt sind, sieht man dann, wenn Ganter angegriffen werden und nicht zu kämpfen wünschen. Dies drückt sich darin aus, daß der Ganter den Hals hoch emporhebt und das Halsgefieder sträubt. Den dick erscheinenden Hals sahen wir besonders, wenn ein von einem Rivalen angegriffener Ganter aus irgendwelchen Gründen, z. B. Nähe des eigenen Nestes, nicht wegkonnte. Nach unserer vorläufigen Meinung drückt der »dicke Hals« die Absicht aus, weder zu fliehen noch zu kämpfen. (HBI)

10. Die Trauer

Graugänse, die ihren Partner verloren haben, zeigen alle Symptome, die John Bowlby in seiner berühmten Arbeit »Infant Grief« (kindliche Trauer) an kleinen Menschenkindern beobachtet und beschrieben hat. Der Sympathikustonus sinkt, und infolgedessen erschlafft die Muskulatur, die Augen sinken tief in die Augenhöhlen zurück, das ganze Individuum wirkt schlaff, es läßt im buchstäblichen Sinne »den Kopf hängen«. Wenn wir solches von einem Mitmenschen aussagen, so meinen wir damit eigentlich nicht seine Körperhaltung, sondern den Seelenzustand, dessen Ausdruck sie ist.

Ganz kleine Gössel, die ihre Eltern verloren haben, trauern nicht still, sondern weinen laut. Das heißt, sie äußern das Pfeifen des Verlassenseins. Sie sind völlig unfähig, irgendeine andere Tätigkeit auszuüben. Sie fressen nicht, sie trinken nicht, sie irren weinend umher. Wenn das Weinen kleiner Gänsekinder nicht bald gestillt wird, können sie schwere Schädigungen erleiden. Unter natürlichen Umständen haben solche »Perditos« ja auch keine Aussicht auf Überleben, sofern sie ihre Eltern nicht wiederfinden. Nur in den allerseltensten Fällen finden sie Anschluß an eine andere Familie oder ein stellvertretendes Elternpaar. Daher ist es für kleine Gössel durchaus sinnvoll, den letzten Funken der ihnen verbleibenden Energie zum Wiederfinden der Verlorenen aufzuwenden.

Dagegen zeigen erwachsene, flugfähige junge Gänse, die ihre Eltern verloren haben, tiefste Trauer mit allen von Bowlby beschriebenen Symptomen. Sie verhalten sich zwar sonst normal, suchen aber rastlos nach den verlorenen Eltern und rufen dauernd den Distanzlaut. Die Teilnahme der jungen Gänse an den Begrüßungszeremonien und besonders am Triumphgeschrei ihrer Eltern scheint für die psychische und physische Gesundheit der Jungen von allergrößter Bedeutung zu sein. Wenn sie eine Gans sehen, die schlafend ihren Kopf unter die Schulter gesteckt hat, glauben sie »optimistisch«, in dem so Maskierten ein Elterntier zu erkennen, eilen grüßend auf ihn los und fliehen jammernd, sowie er den Kopf hebt und sich als unbekannt erweist. Die Physiognomie des Kopfes ist also für Gänse an Merkmalen erkennbar, die den Schnabel und die nächste Umgebung der Augen kennzeichnen. Wie der Gebrauch von Masken zeigt, reagieren Menschen ganz ähnlich.

Die intensivste Trauer zeigen Gänse, die ihren Triumphgeschreipartner verloren haben. Die Dauer dieses Zustandes ist indessen sehr verschieden. Heinroth berichtet von Witwen, die noch jahrelang nach dem Verlust, besonders zur Fortpflanzungszeit, nach dem Vermißten riefen. In anderen Fällen haben wir erlebt, daß der Witwer oder die Witwe schon nach Tagen eine Bindung mit einem neuen Partner einging. Bei Individuen, die lange getrauert haben, macht sich der Mangel des Sympathikustonus am Ausdruck der Augen bemerkbar. Mein Freund Erich Bäumer bemerkte einst beim ersten Anblick der damals schon sehr alten Gans Ada völlig richtig: »Die muß viel durchgemacht haben!«

Sogar ältere, schon lange verpaarte Gänse können nach Verlust des Triumphgeschrei-Partners erneut Anschluß an ihre ehemalige Familie suchen, auch wenn sie seit Jahren keine beobachtbaren Beziehungen zu dieser unterhielten. Handaufgezogene Gänse halten sich deutlich wieder in der Nähe ihres früheren Pflegers auf. Ein unvergeßliches Erlebnis dieser Art: Gudrun Lamprecht-Bracht und ich waren mit der Graugansschar im Hochmoor in Seewiesen und beobachteten den abendlichen Abflug der zum Ess-See zurückkehrenden Gänseschar. Als sie fort waren, bemerkten wir in dem gar nicht weiten Raum zwischen uns beiden eine Graugans, die teilnahmslos in extremer Duckmäuserhaltung verharrte. Da man aus der »Vogelperspektive« eine Gans nicht erkennt, bückten wir uns beide, um die Ringe des Vogels abzulesen. Es war der seit Jahren mit dem Ganter Kopfschlitz verpaarte Max; wir richteten uns betroffen auf und sagten wie aus einem Munde: »Kopfschlitz ist tot.« Dieser Rückschluß erwies sich als richtig.

Der Umstand, daß trauernde Gänse manchmal plötzlich verschwinden, beruht wahrscheinlich auf einer erhöhten Anfälligkeit für Unfälle. Es besteht aber auch die Möglichkeit, daß Gänse, vor allem wenn mehrere Schicksalsschläge sie in rascher Folge treffen, die Gegend verlassen. Allerdings haben wir keinen Fall zu Protokoll, daß ein solcher Vogel irgendwann wieder aufgetaucht wäre.

Der Verlust des Triumphgeschrei-Partners läßt in dem betroffenen Vogel jede Spur von Aggressivität versiegen. Auch wenn der Witwer vorher noch so hoch im Range stand, läßt er sich nunmehr von den schwächsten und rangtiefsten Artgenossen widerstandslos verjagen. Da Gänse, ebenso wie Dohlen, gegen vorher Übergeordnete besonders aggressiv sind, führt der Verwitwete ein recht trauriges Dasein an der Peripherie der Schar und kommt aus der Duckmäuserhaltung selten heraus. Die Situation ändert sich meist erst dann, wenn eine neue Triumphgeschrei-Beziehung ausgebildet wird. Verwitwete Ganter gehen eine solche neue Bindung häufig mit anderen Gantern ein.

Der Verlust des Triumphgeschrei-Partners hat also tiefgreifende Veränderungen im psycho-physiologischen Zustande einer Graugans zur Folge, dagegen geht sie über den Verlust kleiner Küken ohne weiteres zur Tagesordnung über. Auch das Fehlen mehrwöchiger Jungen löst meist kein intensives Suchen aus, höchstens dann, wenn ein größerer Teil der Kükenschar fehlt. Wenn sie schon älter sind, ist das Verhältnis zu den einzelnen Jungen offenbar persönlicher, doch kann ich nicht angeben, von welchem Alter an halbwüchsige Junge aktiv gesucht werden.

Hingegen beobachtete ich an einer Schneegans, von deren drei mehr als vier Wochen alten Jungen eines plötzlich gestorben war, intensives Suchen. Die Gans rannte pausenlos umher, so daß ihre übrigen beiden Küken Gefahr liefen, sie zu verlieren.

In Anbetracht der Intensität und machmal auch der Dauer, mit der eine Graugans den verlorenen Partner betrauert, erscheint es mir bemerkenswert, daß ein Hund zwar seinen Herrn, nicht aber den Artgenossen merklich betrauert. Von Schimpansen beschreibt Jane Goodall, wie ein junges Männchen, das beim Tod seiner Mutter körperlich und in seiner Ernährung bereits selbständig war und überdies von einer älteren Schwester bemuttert wurde, Erscheinungen der Trauer zeigte, die allmählich in eine Neurose übergingen und den Tod des Tieres zur Folge hatten. (HBI)

11. Der Haß

In die Definition des Wortes »Haß« muß wohl der Umstand eingeschlossen werden, daß eine bestimmte Persönlichkeit das Objekt dieser Emotion ist. Haß äußert sich zwar in aggressivem Verhalten, ist aber keineswegs mit den vom gewöhnlichen Aggressionstrieb motivierten Angriffen zu verwechseln. Kennzeichnend für den Haß im Gegensatz zu gewöhnlichem aggressivem Verhalten ist seine Dauer. Die Gegnerschaft zweier Ganter kann sich über Monate und Jahre erhalten.

Ein persönlicher, auf ein ganz bestimmtes Individuum gerichteter Haß kommt manchmal dadurch zustande, daß zwei Ganter (von weiblichen Gänsen ist uns kein solcher Fall bekannt) durch eine dauernde Konfliktsituation aneinander »gebunden« werden, der sie durch wütende Aggressionen zu entkommen trachten. Eine typische Haßsituation bestand zwischen den Gantern Markus und Blasius, deren Kämpfe beinahe mit einem Todesfall geendet hätten. Es ist aber fraglich, ob diese seltsame Reaktionsweise nicht dadurch verursacht wurde, daß die drei von ihnen umworbenen Schwestern durch eine enge Beziehung zu ihrer Ziehmutter dauernd abnorm stark an diese gebunden waren.

Während diese Form des Hasses durch einen dauernden Wettbewerb um ein und dasselbe Objekt, sei es Weibchen oder Nistplatz, verursacht wird, gibt es auch andere Formen, die direkt aus einer Bindung entstehen. Die Psychoanalyse weiß, wie nahe Haß und Liebe zusammenhängen, und einige unserer Dokumente zeigen, daß Ganter, die früher in Liebe aneinander gebunden waren, einander hassen können. Der eindrucksvollste Fall dieser Art betrifft zwei Schneeganter... Sie trennten sich nach einem langdauernden heftigen Duell und verfolgten einander zunächst nicht. Die Art aber, wie sie einander mieden, war hochinteressant. Wenn man sie zusammen in einen Flugkäfig sperrte, so blickten sie einander nicht an, sondern in typischem »cut off« peinlichst aneinander vorbei und vollführten Orgien von Übersprungbewegungen, namentlich von Putzen und Baden auf dem Trockenen. In größeren Abständen gab es auch wieder Duelle zwischen den beiden.

Oft sieht man ein Ganterpaar in höchster Ekstase des Triumphgeschreis; die Umorientierung der Hälse nimmt ab, bis die Vögel einander Aug in Aug gegenüberstehen, das Schnattern wird rauher, und im nächsten Moment haben die beiden einander an den Schultern gepackt und kämpfen mit heftigen Flügelbugschlägen. Der Mechanismus ihres Aneinandergeratens liegt wohl in einem Vorgang, den Jürgen Nicolai erkannt hat. Wenn ritualisierte Bewegungen einen bestimmten Grad der Intensität übersteigen, geht ihre Ritualisierung allmählich verloren, oder, besser gesagt, es tritt der nicht durch Ritualisation entschärfte Ursprung der Bewegung zutage. Beim Gimpel gibt es eine ritualisierte Form des Schnabelkampfes, der eine reine Liebeszeremonie bedeutet. Nicolai konnte zeigen, daß bei höchster Intensität, die er experimentell durch längere Trennung der Partner hervorrief, aus der Zeremonie ein ernster Kampf wurde, bei dem das Weibchen regelmäßig den kürzeren zog.

Miteinander verpaarte Ganter können manchmal heftig aneinandergeraten; ein solcher Ausbruch von Feindschaft ist nicht unbedingt unwiderruflich und klingt oft in erregtem, aber freundlichem Triumphgeschrei aus. In anderen Fällen dauerte sie auf Lebenszeit an, wie es von Max und Odysseus zu Protokoll steht, die sich nach einem Duell endgültig trennten.

Aus Haß kommt es zu ernsten Verfolgungen, häufig sieht man auch das interessante »verlegene« Vermeiden eines Zusammentreffens. Ein gutes Maß für die Intensität des Hasses ist die Entfernung, aus der ein Ganter auffliegt, um den gehaßten Gegner anzugreifen.

Die Bindung zwischen zwei Gantern fördert die allgemeine Fähigkeit zu hassen, auch wenn sie zunächst als ungetrübte »Liebe« zwischen den Vögeln erscheint. Ein aneinander gebundenes Brüderpaar, Veit und Rufus, begann eines Tages unvermittelt seinen Haß gegen meinen Assistenten Paul Winkler zu richten, von dem die beiden vielleicht in sensitiver Jugendzeit irgendwelche Feindschaft erweckenden Eindrücke erfahren hatten. Sie griffen diesen Mann nicht nur persönlich an, sondern übertrugen ihren Haß auch auf unser Institutsauto, an dessen Steuer sie ihn oft sahen. Paul war schließlich gezwungen, ihre Angriffe ziemlich energisch abzuweisen, und daraufhin griffen die Ganter an seiner Statt das Auto an – ein typischer Fall einer Radfahrerreaktion nach B. Grzimek. Trotz größter Vorsicht des jeweiligen Fahrers kam Rufus eines Tages bei Glatteis zu Tode.

Veit verpaarte sich ohne sichtbare Trauer sofort mit einer Witwe. Im Spätherbst des nächsten Jahres trug er zusätzlich einer erst einjährigen Gans ein Triumphgeschrei an. Nach dieser Doppelverpaarung schien sein alter Haß gegen Paul Winkler noch zuzunehmen. Er flog schon zum Angriff auf, wenn auch nur das Dienstauto um eine Kurve bog, in der es auf eine Entfernung von 200 Meter sichtbar wurde, und suchte den Fahrer durch das Fenster zu erreichen. Pauls auf den Boden geworfene Jacke bekämpfte er bis zur völligen Erschöpfung. (HBI)

12. Motivationsanalysen

Der größte Teil aller bisher durchgeführten Motivationsanalysen beschäftigt sich mit Verhaltensweisen, an deren Zustandekommen nur zwei miteinander wettstreitende Triebe beteiligt sind, und zwar meist zwei von den »Großen Vier«, Hunger, Liebe, Flucht und Aggression. Es ist auf dem gegenwärtigen bescheidenen Stande unseres Wissens durchaus legitim, sich mit voller Absicht möglichst einfache Fälle zum Studium des Triebkonfliktes auszusuchen, wie es ja auch für die Klassiker der Verhaltensforschung voll berechtigt war, sich an solche Fälle zu halten, in denen das Tier unter dem Einfluß eines einzigen Triebes stand. Aber wir müssen uns klar darüber sein, daß auch ein von nur zwei Trieb-Komponenten bestimmtes Verhalten recht selten ist, nur wenig häufiger als ein solches, das von dem Impuls eines allein und ungestört einwirkenden Instinktes veranlaßt wird.

Wenn man nach einem günstigen Objekt sucht, um an ihm ein Musterbeispiel exakter Motivationsanalyse zu vollbringen, tut man daher gut daran, ein Verhalten zu wählen, von dem man mit einiger Sicherheit weiß, daß nur zwei gleichwertige Instinkte beteiligt sind. Machmal kann man sich zur Erreichung dieses Ziels eines technischen Tricks bedienen, wie meine Mitarbeiterin Helga Fischer es tat, als sie an Graugänsen eine Motivationsanalyse des Drohens durchführte. Das Zusammenwirken von Aggression und Flucht gewissermaßen in Reinkultur darzustellen, erwies sich in der engeren Heimat unserer Gänse, auf dem Ess-See, deshalb als unmöglich, weil sich in den Ausdrucksbewegungen dieser Vögel zu viele andere Motivationen, vor allem sexuelle, »zu Worte meldeten«. Dagegen zeigten einige Zufallsbeobachtungen, daß die Stimme der Sexualität fast völlig verstummte, wenn die Gänse sich auf fremdem Gebiet befanden. Sie verhielten sich dann gewissermaßen wie eine Wanderschar auf dem Zuge, hielten viel enger zusammen, waren viel schreckhafter und ließen in ihren sozialen Auseinandersetzungen die Auswirkungen der beiden zu untersuchenden Instinkte in viel reinerer Form beobachten. Die Untersucherin machte sich daraufhin die Mühe, unserer Gänseschar durch Futterdressur beizubringen, »auf Befehl« an von ihr bestimmten, den Gänsen fremden Örtlichkeiten außerhalb der Umzäunung unseres Institutsgeländes einzufallen und dort zu weiden. Von den Gänsen, deren jede selbstverständlich durch verschiedene Kombinationen von Buntringen individuell kenntlich gemacht ist, wurde dann eine bestimmte Gans, meist ein Ganter, durch längere Zeit in ihren aggressiven Auseinandersetzungen mit einzelnen Schargenossen registriert, und es wurden die hierbei auftretenden Ausdrucksbewegungen des Drohens verzeichnet. Da nun aus vorangegangener, jahrelanger Beobachtung dieser Gänseschar die Rangordnungs- bzw. Stärkeverhältnisse zwischen den einzelnen Vögeln, besonders aber den alten, ranghohen Gantern, bis ins kleinste bekannt waren, bot sich hier eine besonders gute Gelegenheit zu einer genauen Situations-Analyse. (SB)

13. Nochmals: Warum gerade Graugänse?

Wir leugnen nicht – und dürfen als objektivierende Verhaltensforscher gar nicht leugnen –, daß wir uns von Herzen freuen, wenn etwa eine bekannte alte Graugans uns beim Zurückkommen nach längerer Abwesenheit »freudig« begrüßt. Die Realität, die wir zu erforschen trachten, ist immer die Wechselwirkung zwischen uns selbst und der Außenwelt, zwischen dem subjektiven Erkennen und der Objektivität des Erkannten: »The process of knowing and the object of knowledge cannot legitimately be separated« (P. W. Bridgman). Was wir dabei aber nicht vergessen dürfen, ist die Tatsache, daß es uns völlig und wahrscheinlich für immer verborgen bleibt, was die Gans dabei empfindet. Daß irgend etwas Verwandtes in Mensch und Tier vor sich geht, dürfen wir mit Sicherheit annehmen. Weil diese analogen Strukturen uns selbst als erkenntnisstrebende Menschen angehen, sollen wir es als Pflicht ansehen, sie zu erforschen, soweit es uns eben von der einzigen uns zugänglichen Seite her, der wissenschaftlichen, möglich ist.

Ich glaube, daß die Graugans mit den vielen und verschiedenartigen Ähnlichkeiten ihres Verhaltens zu dem des Menschen ein besonders günstiges Objekt für die wissenschaftliche Forschung darstellt. Ich schmeichle mir auch, die Neigung, tierische Motivation zu vermenschlichen, in engen Grenzen zu halten. Dagegen bilde ich mir keineswegs ein, daß eine geniale Erkenntnis meine Aufmerksamkeit auf diesen wichtigen Forschungsgegenstand gelenkt hat. Dies ist vielmehr der dichterischen Einsicht einer schwedischen Schullehrerin zu danken, die den Sinn des Lockrufes von Wildgänsen rein emotional, aber wissenschaftlich durchaus richtig mit den Worten übersetzt hat: »Hier bin ich – wo bist du?« (HBI)

IV. Von den Fischen

1. Am Korallenriff

Es gibt auf der Erde wenige Biotope, in denen so viel und vor allem so verschiedenartige Nahrung zur Verfügung steht, wie auf dem Korallenriff. Eine Fischart kann hier, stammesgeschichtlich gesprochen, »die verschiedensten Berufe ergreifen«.

Der Fisch kann sich als »ungelernter Arbeiter« sehr wohl mit dem durchbringen, was ein Durchschnittsfisch sowieso kann, indem er Jagd auf kleinere, nicht giftige, nicht gepanzerte, nicht stachelige oder sonstwie wehrhafte Lebewesen macht, die vom offenen Meer her in Massen auf das Riff zukommen, teils als »Plankton« passiv von Wind und Wellen getrieben, teils aber aktiv anschwimmend in der »Absicht«, sich auf dem Riff selbst niederzulassen, wie das die Millionen und Abermillionen der freischwimmenden Larven aller riffbewohnenden Organismen tun.

Andererseits kann sich eine Fischart darauf spezialisieren, auf dem Riff selbst lebende und dann stets in irgendeiner Weise geschützte Lebewesen zu fressen, deren Schutzmaßnahmen sie in irgendeiner Weise unwirksam machen muß. Die Korallen selbst liefern einer ganzen Reihe von Fischarten Nahrung, und zwar auf ganz verschiedene Art. Die spitzschnäuzigen Schmetterlingsfische oder Borstenzähner ernähren sich meist als Nahrungsparasiten der Korallen und anderer Nesseltiere. Sie suchen dauernd die Korallenstöcke nach kleinen Beutetieren ab, die sich in den Nesselarmen der Korallenpolypen gefangen haben. Sowie sie solches bemerken, erzeugen sie durch Fächeln mit den Brustflossen einen Wasserstrom, der so genau auf die Beute gerichtet ist, daß an der betreffenden Stelle ein »Scheitel« zwischen den Korallentieren entsteht, die samt ihren nesselbewehrten Fangarmen nach allen Seiten hin flachgedrückt werden, so daß der Fisch, fast ohne sich die Nase zu verbrennen, die Beute wegzupfen kann. Ein bißchen brennt es doch immer, man sieht den Fisch »niesen« und ein wenig die Nase schütteln, aber dies scheint wie Paprika nur als angenehmer Reiz auf ihn zu wirken. Jedenfalls fressen solche Fische, wie etwa meine schönen gelben und braunen Schmetterlingsfische, dieselbe Beute, etwa ein Fischstückchen, lieber, wenn es bereits in den Tentakeln eines Nesseltieres klebt, als wenn es frei im Wasser schwimmt. Andere Verwandte haben sich eine stärkere Immunität gegen das Nesselgift zugelegt und fressen die Beute samt dem Korallentier, das sie gefangen hat, wieder andere machen sich überhaupt nichts aus den Nesselkapseln der Hohltiere und fressen Korallentiere, Hydroidpolypen und selbst große, stark nesselnde Seeanemonen in sich hinein, wie eine Kuh Gras frißt. Die Papageifische gar haben sich zur Giftimmunität hinzu noch ein kraftvolles Brechscherengebiß angezüchtet und fressen die Korallenstöcke buchstäblich mit Butz und Stingel. Wenn man in der Nähe der weidenden Herde dieser herrlich bunten Fische taucht, hört man es krachen und knacken, als ob eine kleine Schottermühle am Werk sei – was ja auch den Tatsachen entspricht. Wenn sich so ein Fisch entleert, so rieselt ein kleiner Regen weißen Sandes hernieder, und der Beobachter wird sich mit Staunen bewußt, daß all der schneeig reine Korallensand, der sämtliche Lichtungen im Korallenwalde bedeckt, offenbar den Weg durch einen Papageifisch hinter sich hat.

Andere Fische wiederum, die Haftkiefer, zu denen die humorvollen Kugel-, Koffer- und Igelfische gehören, haben sich auf das Knacken hartschaliger Mollusken, Krebstiere und Seeigel eingestellt, wiederum andere, so die Kaiserfische, sind Spezialisten im blitzraschen Abpflücken der schönen Federkronen, die gewisse Röhrenwürmer aus ihren harten Kalkröhren hervorstrecken und die durch ihre Fähigkeit zum schnellen Zurückzucken vor dem Zugriff anderer, etwas langsamerer Räuber geschützt sind. Die Kaiserfische aber haben eine Art, sich seitlich anzuschleichen und mit einem blitzartigen Seitwärtsrucken des Maules nach dem Wurmkopf zu greifen, dem die Reaktionsgeschwindigkeit des Wurmes nicht gewachsen ist. Auch wenn sie im Aquarium andere, nicht des raschen Wegzuckens fähige Beute aufnehmen, können die Kaiserfische nicht anders, als mit der geschilderten Bewegungsweise zuschnappen.

Noch viele andere »Berufsmöglichkeiten« für spezialisierte Fische bietet das Riff. Da sind Fische, die anderen Fischen Parasiten ablesen. Sie werden von den bösesten Raubfischen geschont, selbst wenn sie in deren Mund- und Kiemenhöhlen eindringen, um dort ihr segensvolles Werk zu vollbringen. Da sind, noch verrückter, andere Fische, die als Parasiten von großen Fischen leben, denen sie Stücke aus der Oberhaut stanzen, und unter diesen sind, was das Verrückteste ist, solche, die den vorerwähnten Putzerfisch in Farbe, Form und Bewegungsweise täuschend nachahmen und sich so unter Vorspiegelung falscher Tatsachen an ihre Opfer heranmachen. Wer zählt die Völker, nennt die Namen?

Wesentlich für unsere Betrachtung ist, daß sich oft alle oder doch fast alle diese Möglichkeiten für Spezialberufe, die man als »ökologische Nischen« bezeichnet, in dem gleichen Kubikmeter Ozeanwasser darbieten. Da jedes einzelne Individuum, was immer seine Spezialität sein mag, bei dem ungeheuren Nahrungsangebot des Korallenriffes nur weniger Quadratmeter Bodenfläche zu seinem Unterhalt bedarf, so ergibt sich, daß in diesem kleinen Areal so viele Fische zusammenleben können und »wollen«, wie in ihm ökologische Nischen vorhanden sind – und das sind sehr viele, wie jeder weiß, der staunenden Auges das Gewimmel auf einem Riff beobachtet hat. Jeder dieser Fische aber ist ausschließlich daran interessiert, daß sich in seinem kleinen Revier kein anderer der gleichen Art ansiedelt. Die Spezialisten anderer »Berufe« schädigen seinen Geschäftsgang genauso wenig, wie in unserem weiter oben gebrauchten Gleichnis die Anwesenheit eines Arztes im gleichen Dorf dem des Fahrradmechanikers Eintrag tut.   (SB)

2. Wozu sind diese Fische so bunt?

Als ich vor einigen Jahren begann, die farbenfrohe Fische des Riffs im Aquarium zu studieren, leitete mich – neben der ästhetischen Freude an der berauschenden Schönheit dieser Tiere – mein »Riecher« für interessante biologische Probleme. Die Frage, die sich mir als erste aufdrängte, war: Wozu in aller Welt sind diese Fische so bunt?

Wenn ein Biologe in dieser Form die Frage »wozu?« stellt, so will er nicht etwa den tiefsten Sinngehalt der Welt im allgemeinen und des betreffenden Phänomens im besonderen ergründen, sondern er möchte in weit bescheidenerer Fragestellung etwas ganz Einfaches und prinzipiell stets Erforschbares erfahren. Seit wir durch Charles Darwin von dem historischen Werden der Organismenwelt wissen und darüber hinaus sogar einiges über die Ursachen, die ein solches Werden bewirken, bedeutet für uns die Frage »wozu?« etwas scharf Umschriebenes. Wir wissen nämlich, daß es die Leistung des Organs ist, die seine Form verändert. Das Bessere ist überall der Feind des Guten. Wenn durch eine kleine, an sich zufällige Erbänderung ein Organ ein klein wenig besser und leistungsfähiger ausfällt, so wird der Träger dieses Merkmals samt seinen Nachkommen für alle nicht gleicherweise begabten Artgenossen zu einer Konkurrenz, der sie nicht gewachsen sind. Über kurz oder lang verschwinden sie vom Erdball. Dieses allgegenwärtige Geschehen nennt man natürliche Zuchtwahl oder Selektion. Die Selektion ist der eine von den beiden großen Konstrukteuren des Artenwandels; der andere, der ihr das Material liefert, ist die Erbänderung oder Mutation, die Darwin in genialer Voraussicht als eine Notwendigkeit postulierte, zu einer Zeit, als ihre Existenz noch nicht nachgewiesen war.

All die zahllosen komplexen und zweckmäßigen Baupläne der Tier- und Pflanzenkörper verschiedenster Art verdanken ihr Dasein der geduldigen Arbeit, die seit Jahrmillionen von Mutation und Selektion vollbracht wird. Davon sind wir fester überzeugt, als Darwin selbst es war, und, wie wir bald sehen werden, mit größerer Berechtigung. Manchem mag es enttäuschend erscheinen, daß die Formenfülle des Lebendigen, deren harmonische Gesetzmäßigkeit unsere Ehrfurcht und deren Schönheit unseren Sinn für Ästhetik entzückt, auf so prosaische und vor allem kausal determinierte Weise zustande gekommen ist. Dem Naturforscher aber ist es ein Grund zu immer wiederkehrender neuer Bewunderung, daß die Natur alle ihre hohen Werte schafft, ohne dabei ihre eigenen Gesetze zu verstoßen.

Unsere Frage »wozu?« kann eine sinnvolle Antwort nur dort erhalten, wo alle beiden großen Konstrukteure in der eben skizzierten Weise am Werke waren. Sie ist gleichbedeutend mit der Frage nach der arterhaltenden Leistung. Wenn wir fragen »Wozu hat die Katze spitze, krumme Krallen?« und schlicht darauf antworten »Zum Mäusefangen«, so ist dies kein Bekenntnis zu einer metaphysischen Teleologie, sondern besagt einfach, daß Mäusefangen die besondere Leistung ist, deren Arterhaltungswert allen Katzen eben diese Form von Krallen angezüchtet hat. Dieselbe Frage kann keine sinnvolle Antwort finden, wenn die Erbänderung allein rein Zufälliges vollbrachte. Wenn also zum Beispiel beim Haushuhn und anderen domestizierten Tieren, die der Mensch schützt und der natürlichen Zuchtwahl auf Schutzfärbigkeit entzieht, alle möglichen bunten und scheckigen Färbungen auftreten, so ist es sinnlos zu fragen, wozu diese Wesen so gefärbt seien. Wenn wir aber hochdifferenzierte, regelhafte Gebilde vorfinden, die eben ihrer Gesetzmäßigkeit wegen von sehr hoher genereller Unwahrscheinlichkeit sind, wie etwa die komplizierte Struktur einer Vogelfeder oder die einer instinktiven Verhaltensweise, können wir ausschließen, daß sie zufällig entstanden sind. Hier müssen wir fragen, welcher Selektionsdruck sie herausgezüchtet hat, mit anderen Worten, wozu sie da sind. Wir stellen diese Fragen in der berechtigten Hoffnung auf eine verständliche Antwort, denn wir haben eine solche schon sehr oft, ja, bei genügendem Fleiß des Fragestellers fast immer erhalten. Daran ändern die wenigen Ausnahmefälle nichts, in denen die Forschung uns diese wichtigste aller biologischen Fragen nicht – oder noch nicht – beantwortet hat. Wozu, zum Beispiel, die wundervollen Formen und Farben der Molluskenschalen, die das schlechte Auge der Artgenossen selbst dann nicht zu sehen vermöchte, wenn sie nicht, wie so oft, unter der Hautfalte des Mantels und außerdem noch durch die Finsternis am tiefen Meeresgrund verhüllt würden?

Die schreiend bunten Farben der Korallenfische schreien nach einer Erklärung. Welche arterhaltende Leistung hat sie herausgezüchtet?

Ich kaufte mir die allerbuntesten Fische, die ich bekommen konnte, und zum Vergleich auch einige weniger bunte, zum Teil auch schlicht tarnfarbige Arten. Nun machte ich eine mir unerwartete Entdeckung: Bei den allermeisten der wirklich bunten »plakat«- oder »flaggen«farbigen Korallenfische ist es völlig unmöglich, in einem kleinen Aquarium mehr als ein Individuum von einer Art zu halten. Setzte ich mehrere Fische derselben Art ein, so war binnen kurzer Zeit nach wütenden Kämpfen nur mehr der stärkste am Leben. Später in Florida hat es mich tief beeindruckt, im freien Meer das Bild wiederzufinden, das sich in meinem Becken nach Mord und Totschlag immer wieder entwickelt hatte: je *ein* Fisch von einer Art, friedlich zusammenwohnend mit andersartigen, ebenso bunt, aber anders gefärbten, von jeder weiteren Art auch immer nur je einer. An einer kleinen Mole, nahe bei meinem Quartier, lebten *ein* Beau Gregory, *ein* kleiner schwarzer Engelfisch und *ein* Augenfleck-Schmetterlingsfisch in trautem Vereine. Ein friedliches Zusammenleben von zwei Individuen einer plakatfarbigen Art kommt im Aquarium wie im freien Meere nur bei solchen Fischen vor, die in Dauer-Ehe leben, ganz wie viele Vögel es tun. Solche Ehepaare konnte ich im Freien bei blauen Engelfischen und Beau Gregories, im Aquarium bei braunen und bei weiß-gelben Schmetterlingsfischen beobachten. Die Gatten solcher Paare sind wahrhaft unzertrennlich und interessanterweise gegen andere Artgenossen noch angriffslustiger als unverheiratete Fische ihrer Art. Warum das so ist, wird später noch genau erklärt werden.

Im freien Meere verwirklicht sich das Prinzip »Gleich und gleich gesellt sich *nicht* gern« in unblutiger Weise, indem der Besiegte aus dem Territorium des Siegers flieht und von diesem nicht weit verfolgt wird. Im Aquarium dagegen, wo es keinen Ausweg gibt, bringt der Sieger den Besiegten oft kurzweg um.

Zumindest beansprucht er das ganze Becken als sein Revier und quält fortan die Besitzlosen durch ständige Angriffe so sehr, daß sie viel langsamer wachsen als er selbst, so daß sein Übergewicht immer größer wird, bis zum tragischen Ausgang.

Um zu beobachten, wie sich Revierbesitzer normalerweise gegeneinander verhalten, muß man ein Becken haben, das genügend groß ist, um die Territorien von mindestens zwei Individuen der untersuchten Art aufzunehmen. Wir bauten daher ein Aquarium, das bei 2,5 Meter Länge mehr als 2 t Wasser faßte und für kleinere, in Küstennähe lebende Fische Platz für mehrere Territorien bot. Die Jungen sind bei plakatfarbigen Arten fast immer noch bunter, noch ortstreuer und noch bösartiger als die Erwachsenen, so daß man die zu untersuchenden Vorgänge an diesen Miniaturfischchen auf verhältnismäßig beschränktem Raum gut beobachten kann.

Diese Aquarienbeobachtungen und ihre Auswertung erweisen somit einwandfrei die auch von meinen Freimeerstudien bestätigte Regel, daß Fische gegen Artgenossen um ein Vielfaches aggressiver sind als gegen andersartige Fische.

Nun gibt es aber eine ganze Anzahl von Arten, die keineswegs so aggressiv sind wie die zu meinem Versuch herangezogenen Korallenfische. Läßt man die Unverträglichen und die mehr oder weniger Verträglichen in der Vorstellung an sich vorüberziehen, so drängt sich einem unverzüglich ein enger Zusammenhang zwischen Färbung, Aggressivität und Ortstreue auf: Die extreme, mit örtlicher Seßhaftigkeit einhergehende und auf Artgenossen konzentrierte Angriffslust findet sich unter den von mir in Freiheit beobachteten Fischen ausschließlich bei jenen Formen, deren grelle, in plakathafter Großflächigkeit aufgetragene Farben ihre Artzugehörigkeit schon auf große Entfernung hin kundtun. In der Tat war es ja, wie schon erwähnt, diese außerordentlich charakteristische Färbung, die meine Neugierde erregte und mich auf das Vorhandensein eines Problems aufmerksam machte. Auch die Fische des süßen Wassers können sehr schön und bunt sein, manche von ihnen können in der Hinsicht gut und gerne mit denen des Meeres sich messen, der Gegensatz liegt nicht in der Schönheit, sondern in anderen Punkten. Bei den allermeisten bunten Süßwasserfischen liegt ein hoher Reiz der märchenhaften Färbung in ihrer Vergänglichkeit: Die Buntbarsche, deren Pracht ihren deutschen Namen bestimmte, die Labyrinthfische, von denen viele die erstgenannten an Buntheit noch übertreffen, der rotgrünblaue Stichlingskönig und der regenbogenfarbige Bitterling unserer heimischen Gewässer sowie unzählige andere der uns aus dem Heimaquarium vertrauten Fischgestalten, sie alle lassen ihren Schmuck nur dann leuchten, wenn sie entweder in Liebe oder in der Begeisterung des Kampfes erglühen. Zu jedem Zeitpunkte kann man bei vielen von ihnen die Färbung als Gradmesser der Stimmungen benutzen und aus ihr entnehmen, in welchem Maße Aggressionen, sexuelle Erregung und Fluchttrieb miteinander um die Herrschaft streiten. Schnell, wie ein Regenbogen verschwindet, wenn eine Wolke die Sonne deckt, erlischt die ganze Pracht, wenn die Erregung abflaut, die sie erzeugte, oder wenn sie einer anderen, vor allem der Furcht, Platz macht, die den Fisch alsbald mit unauffälligen Tarnfarben überzieht. Mit anderen Worten, die Farben sind bei all diesen Fischen Ausdrucksmittel, die nur da sind, wenn sie gebraucht werden. Dementsprechend sind auch bei ihnen allen die Jungen, oft auch die Weibchen, schlicht tarnfarbig.

Anders bei den aggressiven Korallenfischen. Ihr prächtiges Kleid ist so konstant, als ob es ihnen mit Deckfarben auf den Rumpf gemalt wäre. Nicht etwa, daß sie des Farbwechsels nicht fähig wären; fast alle beweisen die Fähigkeit dazu dadurch, daß sie beim Schlafengehen ein Nachthemd anziehen, dessen Färbungsmuster von dem tagsüber gezeigten aufs erstaunlichste abweicht. Aber tagsüber, solange sie wach und aktiv sind, behalten sie ihre grellen Plakatfarben um jeden Preis bei, ob sie nun als siegreiche Verfolger hinter einem Artgenossen hersausen oder als Besiegte in tollem Zickzack zu entkommen trachten. Sie ziehen die ihre Art kennzeichnende Flagge so wenig ein wie ein englisches Kriegsschiff in einem Seeroman von Forester. Selbst im Transportbehälter, wo ihnen fürwahr nicht wohl in ihrer Haut ist, oder als dahinsiechende Kranke zeigen sie ihre Farbenpracht unverändert, ja selbst im Tode dauert es lange, bis sie ganz verschwindet.

Auch sind bei allen typisch plakatfarbigen Korallenfischen nicht nur Männer und Weiber gleich gefärbt, sondern auch die ganz kleinen Kinder zeigen knallbunte Farben, und zwar erstaunlicherweise sehr oft welche, die völlig anders und noch bunter sind als die der erwachsenen Fische. Ja, was das Tollste ist, bei manchen Formen sind *nur* die Kinder bunt, wie zum Beispiel bei dem Sternenhimmelchen und dem blauen Teufel, die sich beide mit Eintreten der Geschlechtsreife in stumpf taubengraue Fische mit blaßgelber Schwanzflosse verwandeln.

Die zum Vergleich mit Plakaten herausfordernde Verteilung der Farben auf verhältnismäßig große, in scharfem Kontrast miteinander stehende Flächen ist nicht nur vom Färbungsmuster der meisten Süßwasserfische verschieden, sondern überhaupt von dem der allermeisten weniger aggressiven und weniger ortsgebundenen Fische. Bei diesen entzückt uns die Feinheit der Farbverteilung, die geschmackvolle Abtönung milder Pastellfarben und die geradezu »liebevolle« Ausführung der Einzelheit. Wenn man eines der von mir so sehr geliebten Purpurmäuler von weitem sieht, sieht man nur einen grünlich-silbernen und durchaus unauffälligen Fisch, erst wenn man ihn dicht vor den Augen hat, was bei der Furchtlosigkeit dieser neugierigen Gesellen auch im Freien leicht zu erreichen ist, nimmt man die goldenen und himmelblauen Hieroglyphen wahr, die in mäandrischer Verschlingung den ganzen Fisch wie kunstvoller Brokat bekleiden. Ohne allen Zweifel sind auch diese Muster Signale für das Erkennen der eigenen Art, aber sie sind darauf abgestimmt, aus nächster Nähe vom dicht nebenher schwimmenden Artgenossen gesehen zu werden. Ganz ebenso sind ohne Zweifel die Plakatfarben der territorial-aggressiven Korallenfische daran angepaßt, auf möglichst große Entfernung gesehen und erkannt zu werden. Daß das Erkennen der eigenen Art bei diesen Tieren wütende Aggressionen auslöst, wissen wir zur Genüge.

Viele Menschen, und zwar auch solche, die im übrigen Verständnis für die Natur haben, betrachten es als merkwürdig und durchaus überflüssig, wenn wir Biologen bei jedem bunten Farbfleck, den wir auf einem Tier sehen, allsogleich die Frage nach der arterhaltenden Leistung stellen, die er entfalten könnte, und nach der natürlichen Auslese, die zu seiner Ausbildung geführt haben könnte. Ja, erfahrungsgemäß legen uns dies so manche als verdammenswerten, weil wertblinden Materialismus aus. Nun ist aber jede Frage berechtigt, auf die es eine vernünftige Antwort gibt, und es kann unmöglich den Wert und die Schönheit irgendeiner Naturerscheinung beeinträchtigen, wenn wir in Erfahrung bringen können, warum sie so und nicht anders beschaffen ist. Der Regenbogen ist dadurch nicht weniger ergreifend schön geworden, daß wir die Lichtbrechungsgesetze verstehen lernten, denen er sein Dasein verdankt, und die begeisternde Schönheit und Regelmäßigkeit von Zeichnung, Farbe und Bewegungsweise unserer Fische kann unsere Bewunderung nur um so mehr erregen, wenn wir wissen, daß sie für die Arterhaltung jener Lebensformen, die sie schmückt, von wesentlicher Bedeutung ist. Und gerade von den herrlichen Kriegsfarben der Korallenfische wissen wir schon ziemlich sicher, welcher besonderen Leistung sie dienen: Sie lösen beim Artgenossen – und nur bei diesem – wütende Revierverteidigung aus, wenn jener sich im eigenen Gebiete befindet, und künden ihm furchterregende Kampfbereitschaft an, wenn er in ein fremdes Territorium eindringt. In beiden Funktionen gleichen sie geschwisterlich einem anderen begeisternd schönen Naturphänomen, dem Vogelgesang, dem Lied der Nachtigall, dessen Schönheit »den Dichtern in die Verse drang«, wie Ringelnatz so treffend gesagt hat. Wie die Färbung der Korallenfische, so dient auch der Sang der Nachtigall dazu, den Artgenossen – denn nur diese geht es an – weithin kundzutun, daß hier am Orte ein Revier seinen festen und kampfesfreudigen Besitzer gefunden hat.

Wenn wir diese Theorie dadurch nachprüfen, daß wir das Kampfverhalten von plakatfarbigen und nicht plakatfarbigen Fischen derselben Verwandtschaftsgruppen und Lebensräume vergleichen, so bestätigt sie sich durchaus, besonders eindrucksvoll dann, wenn je eine plakatfarbige und eine anders gefärbte Art derselben Gattung angehören. So ist zum Beispiel ein zu den Demoiselle-Fischen gehöriger schlicht quergebänderter Fisch, den die Amerikaner Oberfeldwebel – Sergeant major – nennen, ein friedlicher Schwarmfisch. Sein Gattungsverwandter, der Spitzzahn-Abudefduf dagegen, ein prächtig samtschwarzer Fisch mit hellblauer Streifenzeichnung an Kopf und Vorderkörper sowie einem schwefelgelben Querband mitten über den Rumpf, ist so ziemlich der böseste aller bösen Revierbesitzer, die ich im Laufe meiner Korallenfisch-Studien kennenlernte. Unser großes Becken erwies sich als zu klein für zwei winzige, knapp 2,5 cm lange Jungfische dieser Art. Einer beanspruchte das ganze Aquarium, der andere führte ein kurzes Scheindasein in der linken, oberen, vorderen Ecke, hinter dem Blasenschwall der Durchlüftungsausströmer, der ihn den Blicken des feindlichen Bruders entzog. Ein anderes gutes Beispiel liefert der Vergleich der Schmetterlingsfische. Die einzige verträgliche Art unter ihnen, die ich kenne, ist gleichzeitig die einzige, deren charakteristisches Zeichnungsmuster in so kleine Einzelheiten aufgelöst ist, daß es erst auf nächste Entfernung richtig erkannt werden kann.

Am bemerkenswertesten aber ist die Tatsache, daß Korallenfische, die während ihrer Jugend plakatfarbig und als geschlechtsreife Tiere schlicht gefärbt sind, die gleiche Korrelation zwischen Färbungsweise und Aggressivität zeigen: Sie sind als Kinder wütende Revierverteidiger und als Erwachsene unvergleichlich viel verträglicher, ja, bei manchen hat man den Eindruck, sie müßten die kampfauslösende Färbung ablegen, um eine friedliche Annäherung der Geschlechter überhaupt möglich zu machen. Ganz sicher gilt letzteres für die bunten, oft scharf schwarzweiß gezeichneten Fischchen einer Gattung von »Demoiselles«, die ich mehrmals im Aquarium ablaichen sah und die zu diesem Behufe ihre kontrastreiche Färbung gegen eine einfarbig stumpfgraue vertauschen, um nach Vollzug des Laichaktes alsbald wieder die Kriegsflagge zu hissen. (SB)

3. Die sogenannten Kommentkämpfe

Ihre gesamte Organisation zielt darauf ab, die wichtigste Leistung des Rivalenkampfes zu erfüllen, nämlich zu ermitteln, wer der Stärkere sei, ohne dabei den Schwächeren wesentlich zu beschädigen. Da das Turnier, der Sport, gleiches anstrebt, machen alle Kommentkämpfe auch auf den Wissenden unausweichlich den Eindruck der »Ritterlichkeit« bzw. der sportlichen »Fairness«. Unter den Cichliden gibt es eine Art, Cichlasoma biocellatum, die ihren bei amerikanischen Liebhabern verbreiteten Namen eben dieser Eigenschaft verdankt, sie heißt bei ihnen »Jack Dempsey« nach dem für die Fairness seines Kämpfens sprichwörtlichen Boxweltmeister.

Über die Kommentkämpfe der Fische und insbesondere über die Vorgänge der Ritualisierung, die sie aus den ursprünglichen Beschädigungskämpfen hervorgehen ließen, wissen wir verhältnismäßig gut Bescheid. Fast bei allen Knochenfischen gehen dem eigentlichen Kampf Drohgebärden voraus, die stets dem Konflikt zwischen Angriffs- und Fluchtdrang entspringen. Unter ihnen hat sich besonders das sogenannte Breitseitsimponieren zu einem speziellen Ritus entwickelt, der primär sicher durch eine furcht-motivierte Abwendung vom Gegner und gleichzeitiges, ebenfalls vom Fluchttrieb motiviertes Spreizen der vertikalen Flossen zustande kam. Da nun durch diese Bewegungen dem Blick des Gegenübers die größtmöglichen Konturen des Fischkörpers dargeboten werden, konnte sich aus ihnen durch mimische Übertreibung samt zusätzlichen morphologischen Veränderungen an den Flossen jenes eindrucksvolle Breitseitsimponieren entwickeln, das alle Aquarienliebhaber und viele andere vom siamesischen Kampffisch und von anderen populären Fischgestalten kennen.

In engem Zusammenhang mit dem Breitseitsdrohen ist bei Knochenfischen die sehr weit verbreitete Einschüchterungsgeste des sogenannten Schwanzschlages entstanden. Aus der Breitseitsstellung heraus vollführt der Fisch mit steif gehaltenem Körper und weit gespreizter Schwanzflosse einen kraftvollen Schlag des Schwanzes nach dem Gegner hin. Dieser wird dabei zwar nie berührt, empfängt aber mit dem Drucksinnesorgan in seiner Seitenlinie eine Druckwelle, deren Stärke ihn offenbar ebenso über die Größe und Kampfkraft des Gegners unterrichtet, wie die Ausmaße seiner im Breitseitsimponieren sichtbaren Konturen.

Eine andere Form des Drohens entstand bei vielen Barschartigen und anderen Knochenfischen aus einem durch Furcht gebremsten, frontalen Zustoßen. Den Körper in Vorbereitung zum Zustoßen wie eine gespannte Feder S-förmig zusammengekrümmt, schwimmen beide Kontrahenten langsam einander entgegen, meist spreizen sie dabei die Kiemendeckel ab oder blasen die Kiemenhaut auf, was insoferne dem Flossenspreizen beim Breitseitsimponieren entspricht, als es die dem Gegner sichtbaren Körperumrisse vergrößert. Aus dem Frontaldrohen heraus kommt es bei sehr vielen Fischen gelegentlich vor, daß jeder der Gegner gleichzeitig nach dem entgegengehaltenen Maule des anderen schnappt, und zwar, entsprechend der Konfliktsituation, aus der das Frontaldrohen entsteht, nicht in wildem, entschlossenem Rammstoß, sondern stets etwas zögernd und gehemmt. Aus dieser Form des Maulkampfes ist nun bei einigen Fischfamilien, so bei den Labyrinthfischen, die nur lose zur großen Gruppe der Barschartigen gehören, sowie bei den Cichliden, die so recht deren Prototypus repräsentieren, eine hochinteressante ritualisierte Kampfesweise entstanden, bei der die beiden Rivalen im buchstäblichen Sinne »ihre Kräfte messen«, ohne einander zu beschädigen. Sie packen einander an den Kiefern, die bei allen Arten, denen ein solcher Kommentkampf eigen ist, mit dicker, schwer verletzlicher Lederhaut überzogen sind, und ziehen mit aller Macht. Es entsteht ein Ringen, das sehr an den alten schweizer Bauernsport des Hosenwrangelns erinnert und das sich, wenn die Gegner einander ebenbürtig sind, durch viele Stunden hinziehen kann. Bei zwei sehr genau gleichstarken Männchen des schönen blauen Breitstirn-Buntbarsches verzeichneten wir einmal einen derartigen Ringkampf, der von 8.30 Uhr morgens bis 2.30 Uhr nachmittags dauerte.

Diesem sogenannten »Maulzerren« – bei einigen Arten ist es eigentlich ein »Mauldrücken«, da die Fische einander schieben, statt zu ziehen – folgt nach einer von Art zu Art sehr verschiedenen Zeit der ursprüngliche Beschädigungskampf, bei dem die Fische ohne jede Hemmung trachten, einander in die ungeschützte Flanke zu rammen, um so möglichst böse Wunden zu schlagen. Der Beschädigung verhindernde »Komment« des Drohens und des anschließenden Kräftemessens bildet also ursprünglich sicher nur die Einleitung zum eigentlichen, »männermordenden« Kampf. Schon ein solches ausführliches Vorspiel aber erfüllt eine außerordentlich wichtige Aufgabe, da es dem schwächeren Rivalen Gelegenheit gibt, einen aussichtslosen Kampf rechtzeitig aufzugeben. So wird in den meisten Fällen die arterhaltende Leistung des Rivalenkampfes, nämlich die Auswahl des Stärkeren, vollbracht, ohne daß ein Individuum geopfert oder auch nur beschädigt wird. Nur in dem seltenen Falle, in dem die Kämpfer einander an Kampfeskraft genau gleich sind, kann eine Entscheidung nicht anders als auf blutigem Wege erreicht werden.

Der Vergleich zwischen Arten mit weniger hoch und höher differenzierten Kommentkämpfen sowie das Studium der Entwicklungs-Stufen, die im Leben des Einzeltieres vom regellos kämpfenden Jungfisch zum fairen Jack Dempsey emporführen, geben uns sichere Anhaltspunkte dafür, wie sich die Kommentkämpfe im Laufe der Stammesgeschichte entwickelt haben.   (SB)

4. Brutpflege bei Cichliden

Fast noch interessanter und für den Beobachter reizvoller als die Liebesangelegenheiten dieser merkwürdigsten aller Fische ist ihre Obsorge für die Jungen. Der gewissenhafte »Dienst« am Neste, mit Wasser-Zufächeln nach Art des Stichlings, solange die Wiege noch Eier oder Junge enthält, die noch ganz klein sind, die militärisch exakte Ablösung des einen Gatten durch den anderen, und später, wenn die Kinder schwimmfähig geworden sind, das sorgfältige Führen der gehorsam nachfolgenden Kinderschar – das alles sind Bilder, die man nicht vergißt. Am allernettesten aber ist es, wenn schon schwimmfähige Kinder abends schlafen gelegt werden. Jawohl, bis in ein Alter von mehreren Wochen werden die Jungen jeden Abend, sobald es dunkelt, in die Nestgrube, in der sie ihre früheste Jugend verlebten, zurückgebracht. Die Mutter steht über dem Nest und lockt mit ganz bestimmten Bewegungen die Jungen heran. Bei dem schönen roten und mit irisierenden hellblauen Tupfen gezeichneten Juwelenfisch (Hemichromis bimaculatus) spielt hierbei die juwelenreiche Rückenflosse des Weibchens eine besondere Rolle. Sie wird in raschem Tempo auf und nieder bewegt, wobei die blauen Juwelen wie ein Spiegeltelegraph blitzen. Auf dieses Signal kommen die Jungen angeschwommen und versammeln sich unter der lockenden Mutter in der Grube. Der Vater durcheilt inzwischen das ganze Becken und sucht nach etwaigen Nachzüglern. Diese lockt er nicht lange, sondern inhaliert sie einfach in seine Mundhöhle, schwimmt zum Nest und bläst sie in die Grube.

Das so behandelte Kind sinkt sofort zu Boden und bleibt liegen. Durch eine weise reflektorische Einrichtung zieht sich nämlich die Schwimmblase »schlafender« Cichlidenkinder so stark zusammen, daß sie sehr viel schwerer als Wasser werden und wie kleine Steine in der Grube liegen bleiben, ganz so, wie sie als Neugeborene taten, als ihre Schwimmblase noch nicht mit Gas gefüllt war. Dieselbe Reaktion des »Schwerwerdens« wird auch dann ausgelöst, wenn ein Elterntier ein Junges ins Maul nimmt. Ohne diesen Reflexmechanismus wäre es ja für den Vater, der abends Kinder einsammelt, unmöglich, sie zusammenzuhalten.

Gerade während eines solchen Heimtransports verirrter Kinder sah ich einmal ein Juwelenfischmännchen eine Leistung vollbringen, die mich in Erstaunen versetzte. Ich kam am späteren Nachmittag ins Institut; es dämmerte bereits. Dennoch wollte ich rasch noch einige Fische füttern, die an jenem Tage noch nichts bekommen hatten, darunter ein Paar Juwelenfische, das Junge führte. Als ich ans Becken trat, waren nahezu alle Jungen schon in der Nestgrube, darüber stand die Mutter treue Wache. Sie kam auch nicht mehr zum Futter, als ich Regenwurmstücke in das Becken warf. Wohl aber ließ sich der Vater, der aufgeregt das ganze Aquarium nach verirrten Jungen absuchte, durch ein schönes Regenwurmhinterende (aus unbekannten Gründen wird es von allen Würmerfressern dem vorderen vorgezogen) von seiner Tätigkeit ablenken. Er schwamm heran und packte den Wurm, konnte ihn aber wegen seiner Größe nicht sofort hinunterschlucken. Gerade als er nun mit vollem Mund kaute, sah er ein verlorenes Junges einsam durch das Becken schwimmen. Wie elektrisiert fuhr er auf, jagte dem Kinde nach und nahm es in seine ohnedies schon volle Mundhöhle auf. Das war spannend! Der Fisch hatte zwei verschiedene Dinge im Maul, von denen eines in den Magen, das andere in die Nestgrube sollte. Was würde geschehen? Ich muß sagen, daß ich in diesem Augenblick keine fünf Kreuzer für das Leben jenes Juwelenfischchens gegeben hätte.

Großartig aber, was wirklich geschah! Der Fisch stand starr, mit vollen Backen, aber ohne zu kauen. Wenn ich je einen Fisch nachdenken gesehen habe, so war es damals! Ermißt man, wie merkwürdig es ist, daß ein Fisch in eine echte Konfliktsituation geraten kann und daß sich das Tier darin genau wie ein Mensch verhält, nämlich, nach allen Richtungen blockiert, stehenbleibt und weder vor noch zurück kann?

Viele Sekunden stand der Hemichromisvater wie angemauert, aber man konnte ordentlich sehen, wie es in ihm arbeitete. Und dann löste er den Konflikt in einer Weise, daß man einfach Hochachtung empfinden mußte. Er spie den ganzen Inhalt des Mundes aus, der Wurm fiel zu Boden, das kleine Juwelenfischchen tat, in der beschriebenen Weise schwer werdend, das gleiche. Dann wandte sich der alte Juwelenfisch entschlossen dem Wurm zu und fraß ihn ohne Hast auf – aber mit einem Auge auf das »gehorsam« am Boden liegende Kind. Als er fertig war, inhalierte er es und trug es heim zu Mama.

Einige Studenten, die das Ganze mitangesehen hatten, begannen wie ein Mann zu applaudieren. (VVF)

5. Zur Motivationsanalyse

Es ist sicher gute Strategie der Forschung, sich als Objekt für Motivationsanalysen Fälle auszusuchen, in denen nur zwei Triebquellen wesentlich sind, doch muß man selbst unter diesen günstigen Umständen stets scharf Auslug nach Bewegungselementen halten, die sich *nicht* aus dem Wettstreit jener beiden erklären lassen. Die erste grundsätzliche Frage, die vor dem Beginn jeder derartigen Analyse beantwortet werden muß, ist die nach der Zahl und Art der an einer Bewegungsweise beteiligten Motivationen.

Ein schönes Beispiel einer Motivationsanalyse, bei der von vornherein drei Hauptkomponenten berücksichtigt werden mußten, hat meine Schülerin Beatrice Oehlert in ihrer Doktorarbeit geliefert. Gegenstand dieser Untersuchung war das Verhalten, das gewisse Buntbarsche (Cichlidae) zeigen, wenn man zwei einander unbekannte Individuen zusammenbringt. Es wurden Arten gewählt, bei denen sich Mann und Frau äußerlich so gut wie nicht voneinander unterscheiden und bei denen eben deshalb zwei einander Unbekannte aufeinander stets mit Verhaltensweisen ansprechen, die gleichzeitig von den Trieben der Flucht, der Aggression und der Sexualität motiviert sind. Die von jeder einzelnen dieser Antriebsquellen hervorgebrachten Bewegungsweisen sind bei diesen Fischen besonders klar zu unterscheiden, da sie sich schon bei geringsten Intensitätsgraden durch ihre verschiedene Richtung im Raume kennzeichnen. Alle sexuell motivierten Bewegungsweisen, Graben der Nestgrube, Putzen des Laichsteines wie auch die Bewegungen des Ablaichens und Besamens selbst, richten sich gegen den Boden, alle Bewegungen der Flucht, auch schon deren leichteste Andeutungen, weisen vom Gegner weg und meist gleichzeitig aufwärts zur Oberfläche, während alle Bewegungen der Aggression mit Ausnahme gewisser Drohbewegungen, die einigermaßen »fluchtbeladen« sind, nach dem Gegenüber hinzeigen. Kennt man diese allgemeinen Regeln und zusätzlich die spezielle Motivierung einiger ritualisierter Ausdrucksbewegungen, so kann man an diesen Fischen besonders gut das Verhältnis ermitteln, in dem die genannten Antriebe jeweils bestimmend für ihr Benehmen sind. Dazu hilft noch, daß viele von ihnen in sexueller, aggressiver und ängstlicher Stimmung verschiedene kennzeichnende Färbungsmuster anlegen.

Als unerwartetes Nebenergebnis dieser Motivationsanalyse entdeckte Beatrice Oehlert einen offenbar nicht nur bei diesen Fischen, sondern bei sehr vielen Wirbeltieren vorhandenen Mechanismus des gegenseitigen »Sich-Erkennens« der beiden Geschlechter. Da bei den untersuchten Cichliden Mann und Weib sich nicht nur äußerlich gleichen, sondern auch ihre Bewegungsweisen, selbst diejenigen des Geschlechtsaktes selbst, die des Ablegens und die des Besamens der Eier, bis ins kleinste die gleichen sind, war es bis dahin völlig rätselhaft, welche Vorgänge im Verhalten der Tiere das Zusammenkommen gleichgeschlechtlicher Partner verhindern. Zu den größten Anforderungen, die an die Beobachtungsfähigkeit eines Verhaltensforschers gestellt werden können, gehört die, daß es ihm auffallen muß, wenn gewisse, sonst weit verbreitete Verhaltensweisen bei einem Tier oder einer Tiergruppe *nicht* vorkommen, z. B. fehlt den Vögeln und Reptilien die Bewegungskoordination des weiten Maulöffnens mit gleichzeitigem tiefen Einatmen, die wir Gähnen nennen, eine taxonomisch wichtige Tatsache, die vor Heinroth niemand bemerkt hat. Ähnliche Beispiele ließen sich noch anführen.

Die Entdeckung, daß das Fehlen bestimmter Verhaltensweisen beim Männchen und anderer beim Weibchen verantwortlich für das Zustandekommen ungleichgeschlechtlicher Cichlidenpaare ist, war daher geradezu ein Bravourstück scharfer Beobachtung. Beim Männchen und Weibchen der in Rede stehenden Fische ist das Verhältnis der *Mischbarkeit* der drei großen Triebquellen, der Aggression, der Flucht und der Sexualität verschieden: beim Männchen gibt es keine Mischung zwischen Motivationen der Flucht und der Sexualität. Wenn der Mann vor seinem Gegenüber auch nur im leisesten Angst hat, ist all seine Sexualität völlig ausgeschaltet. Beim Weibchen besteht dasselbe Verhältnis zwischen Aggression und Sexualität: wenn die Frau vor ihrem Partner so wenig »Respekt« hat, daß ihre Aggression nicht ganz und gar ausgeschaltet ist, vermag sie überhaupt nicht sexuell auf ihn anzusprechen. Sie wird zur Brünhilde und geht nur um so wütender auf ihn los, je näher sie in Hinsicht auf den Zustand ihrer Ovarien und ihres Hormonspiegels dem Ablaichen ist. Umgekehrt vertragen sich Aggression und Sexualität beim Männchen ganz ausgezeichnet, es kann höchst gröblich mit seiner Braut umspringen, sie im ganzen Becken umherjagen und doch zwischendurch sexuelle Bewegungen sowie alle nur denkbaren Mischformen beobachten lassen. Das Weibchen seinerseits kann sehr erheblich Furcht vor dem Männchen haben, ohne daß dies ihre sexuell motivierten Verhaltensweisen unterdrückt. Die Fischjungfrau kann in durchaus ernstlicher Flucht vor dem Männchen begriffen sein und doch in jeder Atempause, die ihr das Rauhbein gönnt, sexuell motivierte Balzbewegungen vollführen. Eben diese Mischformen zwischen Verhaltensweisen der Flucht und der Sexualität sind durch Ritualisation zu jenen weitverbreiteten Zeremonien geworden, die man als Sprödigkeitsverhalten zu bezeichnen pflegt und die einen ganz bestimmten Ausdruckswert besitzen.

Aufgrund dieser, nach Geschlechtern verschiedenen Verhältnisse der Mischbarkeit der drei großen Antriebsquellen kann sich ein Männchen nur mit einem rangordnungstieferen, somit einschüchterbaren Partner verpaaren, das Weibchen dagegen nur mit einem ranghöheren, somit einschüchternden; so sichert der geschilderte Verhaltensmechanismus das Zusammenfinden verschiedengeschlechtlicher Paare. In verschiedenen Abwandlungen und durch verschiedene Ritualisierungsvorgänge verändert, spielt dieser Vorgang des Sich-Findens der Geschlechter bei sehr vielen Wirbeltieren bis hinauf zum Menschen eine wichtige Rolle. Gleichzeitig liefert er ein eindrucksvolles Beispiel dafür, welche unentbehrlichen arterhaltenden Leistungen die Aggression im harmonischen Spiel der Wechselwirkungen mit anderen Motivationen vollbringen kann. Außerdem gibt es uns ein Beispiel auch dafür, wie verschieden das Verhältnis zwischen den »großen« Trieben selbst bei Mann und Frau derselben Art sein kann: zwei Motive, die sich bei dem einen Geschlecht kaum merklich hemmen und in beliebigem Mischverhältnis überlagern, schalten sich bei dem anderen in scharfer Kippreaktion aus! (SB)

V. Über die Aggressivität

1. Wozu das Böse gut ist

Wozu kämpfen Lebewesen überhaupt miteinander? Kampf ist in der Natur ein allgegenwärtiger Vorgang, die Verhaltensweisen ebenso wie die Angriffs- und Verteidigungswaffen, die ihm dienen, sind so hoch entwickelt und so offensichtlich unter dem Selektionsdruck ihrer jeweiligen arterhaltenden Leistung entstanden, daß es uns zweifellos zur Pflicht gemacht ist, diese Frage Darwins zu stellen.

Fernerstehende denken erfahrungsgemäß bei Darwins Ausdruck »Kampf ums Dasein«, der zum oft mißbrauchten Schlagwort wurde, irrtümlicherweise meist an den Kampf zwischen verschiedenen Arten. In Wirklichkeit aber ist der »Kampf«, an den Darwin dachte und der die Evolution vorwärts treibt, in erster Linie die Konkurrenz zwischen Nahverwandten. Das, was eine Art, so wie sie heute ist, verschwinden läßt oder in eine andere verwandelt, das ist die vorteilhafte »Erfindung«, die einem oder wenigen Artgenossen ganz zufällig durch einen Treffer im ewigen Würfelspiel der Erbänderungen in den Schoß fällt. Die Nachkommen des Glücklichen übervorteilen alsbald alle anderen, bis die betreffende Art nur aus Individuen besteht, denen die neue »Erfindung« zu eigen ist.

Es gibt allerdings auch kampf-artige Auseinandersetzungen zwischen verschiedenen Arten. Ein Uhu schlägt und frißt des Nachts selbst scharf bewaffnete Raubvögel trotz ihrer gewiß recht energischen Gegenwehr. Wenn diese dann die große Eule am hellen Tag antreffen, greifen sie ihrerseits voll Haß an. Fast jedes einigermaßen wehrhafte Tier, vom kleinen Nagetier aufwärts, kämpft wütend, wenn ihm zur Flucht kein Ausweg bleibt. Neben diesen drei besonderen Typen des zwischen-artlichen Kampfes gibt es noch andere, weniger spezifische Fälle. Zwei höhlenbrütende Vögel verschiedener Arten mögen um eine Nisthöhle, beliebige gleichstarke Tiere ums Futter streiten usw. Über die drei oben durch Beispiele illustrierten Fälle zwischenartlichen Kämpfens muß hier einiges gesagt werden, um ihre Eigenart aufzuzeigen und sie von der inner-artlichen Aggression abzugrenzen, die der eigentliche Gegenstand dieses Buches ist.

Viel offensichtlicher als bei inner-artlichen ist bei allen zwischen-artlichen Auseinandersetzungen die arterhaltende Funktion. Die wechselseitige Beeinflussung der Evolution von Raubtier und Beute liefert geradezu Musterbeispiele dafür, wie der Selektionsdruck einer bestimmten Leistung entsprechende Anpassung bewirkt. Die Schnelligkeit der gejagten Huftiere züchtet den sie jagenden Großkatzen gewaltige Sprungkraft und fürchterlich bewehrte Tatzen an, diese ihrerseits der Beute immer feinere Sinne und immer flinkere Läufe. Ein eindrucksvolles Beispiel eines solchen evolutiven Wettlaufs zwischen Angriffs- und Verteidigungswaffen liefert die palaeontologisch gut belegte Differenzierung immer härter und kaufähiger werdender Zähne bei grasfressenden Säugetieren und die parallel verlaufende Entwicklung der Nahrungspflanzen, die sich durch Einlagerung von Kieselsäure und andere Schutzmaßnahmen gegen das Zerkautwerden nach Möglichkeit schützen. Doch führt diese Art von »Kampf« zwischen dem Fresser und dem Gefressenen nie dazu, daß das Raubtier die Beute ausrottet, immer stellt sich zwischen ihnen ein Gleichgewichtszustand her, der für beide, als Arten betrachtet, durchaus erträglich ist. Die letzten Löwen würden Hungers gestorben sein, lange ehe sie das letzte zuchtfähige Paar von Antilopen oder Zebras getötet hätten... Was eine Tierart unmittelbar in ihrer Existenz bedroht, ist nie der »Freßfeind«, sondern, wie gesagt, immer nur der Konkurrent. Als in grauer Vorzeit der Dingo, ein primitiver Haushund, vom Menschen nach Australien gebracht wurde und dort verwilderte, rottete er keine einzige Art seiner Beutetiere aus, wohl aber die großen Beutelraubtiere, die auf die gleichen Tiere Jagd machten wie er. An Kampfeskraft waren ihm die einheimischen großen Beutelraubtiere, der Beutelwolf und der Beutelteufel, erheblich überlegen, aber die Jagdart dieser altertümlichen, verhältnismäßig dummen und langsamen Wesen war der des »modernen« Säugetiers unterlegen. Der Dingo verminderte die Populationsdichte der Beutetiere so sehr, daß die Methoden der Konkurrenten nicht mehr »lohnten«. So leben sie heute nur mehr in Tasmanien, wo der Dingo nicht hingekommen ist.

Aber auch in anderer Hinsicht ist die Auseinandersetzung zwischen Raubtier und Beute kein Kampf im eigentlichen Sinne des Wortes. Zwar mag das Zuschlagen der Tatze, mit dem der Löwe seine Beute ergreift, in seiner Bewegungsform demjenigen gleichen, mit dem er seinem Nebenbuhler eins auswischt, wie ja auch ein Jagdgewehr und ein Militärkarabiner einander äußerlich ähneln. Aber die inneren, verhaltenspsychologischen Bewegungen des Jägers sind von denen des Kämpfers grundverschieden. Der Büffel, den der Löwe niederschlägt, ruft dessen Aggression so wenig hervor, wie der schöne Truthahn, den ich soeben voll Wohlgefallen in der Speisekammer hängen sah, die meine erregt. Schon in den Ausdrucksbewegungen ist die Verschiedenheit der inneren Antriebe deutlich abzulesen. Der Hund, der sich voll Jagdpassion auf einen Hasen stürzt, macht dabei genau dasselbe gespannt-freudige Gesicht, mit dem er seinen Herrn begrüßt oder ersehnten Ereignissen entgegensieht. Auch dem Gesicht des Löwen kann man, wie aus vielen ausgezeichneten Photographien zu entnehmen ist, im dramatischen Augenblick vor dem Sprunge ganz eindeutig ansehen, daß er keineswegs böse ist: Knurren, Ohrenzurücklegen und andere vom Kampfverhalten her bekannte Ausdrucksbewegungen sieht man von jagenden Raubtieren nur, wenn sie sich vor einer wehrhaften Beute erheblich fürchten – und selbst dann nur in Andeutungen.

Näher mit echter Aggression verwandt als der Angriff des Jägers auf seine Beute ist der interesssante umgekehrte Vorgang, die »Gegenoffensive« des Beutetieres gegen den Freßfeind. Besonders sind es gesellschaftlich lebende Tiere, die zu vielt das sie gefährdende Raubtier angreifen, wo immer sie ihm begegnen. Deshalb nennt die englische Sprache den in Rede stehenden Vorgang »mobbing«, der deutschen Umgangssprache fehlt ein entsprechendes Wort, nur die alte Jägersprache hat eins, die sagt: Krähen oder andere Vögel »hassen auf« den

Uhu, die Katze oder sonst einen nächtlich jagenden Freßfeind, wenn sie seiner bei Tageslicht ansichtig werden. Man würde indessen selbst bei Hubertusjüngern Anstoß erregen, wollte man etwa sagen, eine Rinderherde habe »auf« einen Dackel »gehaßt«, obwohl es sich tatsächlich, wie wir sogleich hören werden, um einen durchaus vergleichbaren Vorhang handelt.

Die arterhaltende Leistung des Angriffs auf den Freßfeind ist offensichtlich. Selbst wenn der Angreifer klein und waffenlos ist, tut er dem Angegriffenen sehr fühlbaren Schaden. Alle einzeln jagenden Tiere haben ja nur dann Aussicht auf Erfolg, wenn ihr Angriff die Beute überrascht. Dem Fuchs, dem ein Eichelhäher laut kreischend durch den Wald folgt, dem Sperber, hinter dem ein Schwarm zwitschernder, warnschreiender Bachstelzen herfliegt, ist die Jagd heute gründlich verdorben. Durch das Hassen vieler Vögel auf Eulen, die sie bei Tage entdeckt haben, soll offenbar der nächtliche Jäger so weit vertrieben werden, daß er am nächsten Abend anderswo jagt. Besonders interessant ist die Funktion des Hassens bei manchen sehr sozialen Vögeln, wie bei den Dohlen und vielen Gänsen. Bei ersteren liegt der wichtigste Arterhaltungswert des Hassens darin, den unerfahrenen Jungen beizubringen, wie der gefährliche Freßfeind aussieht. Angeborenermaßen wissen sie dies nämlich nicht. Ein für Vögel einzigartiger Fall von traditionell weitergegebenem Wissen!

Die Gänse »wissen« zwar aufgrund recht selektiver angeborener Auslösemechanismen, daß etwas Pelziges, Rotbraunes, langgestreckt Dahinschleichendes höchst gefährlich ist, aber dennoch ist auch bei ihnen die arterhaltende Leistung des »mobbing« mit all seiner ungeheuren Aufregung und dem Zusammenströmen vieler, vieler Gänse von weither im wesentlichen lehrhafter Natur. Wer es noch nicht gewußt hat, lernt dabei: *Hier* kommen Füchse vor! Als an unserem See nur ein Teil des Ufers durch ein fuchssicheres Gitter vor Raubtieren geschützt war, mieden die Gänse jegliche Deckung, die einen Fuchs hätte verbergen können, auf einen Abstand von 15 und mehr Meter, während sie im geschützten Gebiet furchtlos in die Dickichte junger Fichten eindrangen. Neben dieser didakti schen Leistung hat das Hassen auf Raubsäugetiere bei Dohlen wie bei Gänsen selbstverständlich auch noch seine ursprüngliche Wirkung, dem Feinde das Leben sauer zu machen. Dohlen stoßen nachdrücklich und tätlich auf ihn, und die Gänse scheinen ihn durch ihr Geschrei, ihre Menge und ihr furchtloses Auftreten einzuschüchtern. Die schweren Kanadagänse gehen dem Fuchs sogar zu Lande in geschlossener Phalanx nach, und nie habe ich gesehen, daß er dabei versucht hätte, einen seiner Quälgeister zu fangen. Mit zurückgelegten Ohren und ausgesprochen geekeltem Gesicht sieht er über die Schulter weg nach der trompetenden Gänseschar und trollt sich langsam, sein »Gesicht wahrend«, von dannen.

Besonders wirkungsvoll ist natürlich das »mobbing« bei größeren und wehrhaften Pflanzenfressern, die, wenn ihrer viele sind, selbst große Raubtiere aufs Korn nehmen. Zebras sollen nach einem glaubhaften Bericht sogar den Leoparden belästigen, wenn sie ihn einmal auf deckungsarmer Steppe erwischen. Unseren Hausrindern und -schweinen liegt der soziale Angriff gegen den Wolf noch so sehr im Blut, daß man durch sie in ernste Gefahr geraten kann, wenn man eine von einer größeren Herde bevölkerte Weide in Begleitung eines ängstlichen jungen Hundes betritt, der, anstatt die Angreifer zu verbellen oder selbständig zu fliehen, zwischen den Beinen des Herrn Schutz sucht. Ich selbst mußte einmal samt meiner Hündin Stasi in einen See springen und schwimmend mein Heil suchen, als eine Herde von Jungrindern einen Halbkreis um uns gebildet hatte und drohend vorrückte. Mein Bruder hat im I. Weltkrieg in Südungarn einen angenehmen Nachmittag auf einer Kopfweide verbracht, auf die er mit seinem Scotchterrier unter dem Arm geklettert war, weil eine Herde der frei im Walde weidenden, halbwilden ungarischen Schweine die beiden eingekreist hatte und den Kreis, in unverkennbarer Absicht die Hauer entblößend, immer enger zog.

Man könnte noch viel über diese wirksamen Angriffe auf den – wirklichen oder vermeintlichen – Freßfeind sagen. Bei manchen Vögeln und Fischen haben sich im Dienste dieses besonderen Vorgangs grellbunte »aposematische« oder Warn-Farben herausgebildet, die sich das Raubtier gut merken und mit den unangenehmen Erfahrungen assoziieren kann, die es mit der betreffenden Art gemacht hat. Giftige, übelschmeckende oder sonstwie geschützte Tiere der verschiedensten Verwandtschaftsgruppen sind bei der »Wahl« dieser Warnsignale auffallend oft auf Zusammenstellung von Rot, Weiß und Schwarz verfallen, und höchst merkwürdigerweise taten zwei Wesen, die außer ihrer wirklich »springgiftigen« Angriffslust weder miteinander noch mit den erwähnten Giftwesen etwas gemein haben, genau dasselbe: die Brandente und die Sumatrabarbe. Von der Brandente ist seit langem bekannt, daß sie auf Raubtiere intensiv haßt und dem Fuchs den Anblick ihres bunten Gefieders so verekelt, daß sie ungestraft in bewohnten Fuchsbauten brüten kann. Sumatrabarben kaufte ich mir, weil ich mich fragte, wozu die Fischchen so ausgesprochen giftig aussähen, eine Frage, die sie mir sofort beantworteten, indem sie in einem großen Gemeinschaftsaquarium große Buntbarsche derart »mobbten«, daß ich die räuberischen Riesen vor den nur scheinbar harmlosen Zwergen schützen mußte.

Ebenso leicht wie beim Angriff des Raubtiers auf seine Beute und beim Hassen des Beutetieres auf seinen Freßfeind ist die Frage nach der arterhaltenden Leistung bei einer dritten Art von Kampfverhalten zu beantworten, die wir mit H. Hediger die *kritische Reaktion* nennen. Der Ausdruck »fighting like a cornered rat« ist bekanntlich im Englischen zum Symbol des Verzweiflungskampfes geworden, in dem der Kämpfer alles einsetzt, weil er nicht entkommen kann und keinerlei Gnade zu erwarten hat. Diese heftigste Form des Kampfverhaltens ist von Furcht motiviert, von intensivstem Fluchtdrang, dem seine gewöhnliche Auswirkung im Davonlaufen dadurch verwehrt ist, daß die Gefahr zu nahe ist. Das Tier wagt dann gewissermaßen nicht mehr, dieser den Rücken zuzuwenden, und greift mit dem sprichwörtlichen »Mute der Verzweiflung« an. Genau dasselbe kann eintreten, wenn, wie bei der in die Ecke getriebenen Ratte, räumliche Ausweglosigkeit die Flucht verhindert; ebenso aber auch, wenn dies der Drang zur Verteidigung der Brut oder der Familie tut. Auch der Angriff einer Hühnerglucke oder eines Ganters auf jedwedes Objekt, das den Küken zu nahe kommt, ist als kritische Reaktion zu werten. Bei überraschendem Erscheinen eines furchterregenden Feindes innerhalb einer bestimmten kritischen Entfernung greifen sehr viele Tiere ihn heftigst an, während sie schon auf viel größeren Abstand geflohen wären, hätten sie ihn von weitem sich nähern gesehen. Zirkusdompteure manövrieren große Raubtiere an beliebige Stellen der Manege, indem sie mit dem Schwellenwert zwischen Fluchtdistanz und kritischer Distanz ein gefährliches Spiel treiben, was Hediger sehr anschaulich geschildert hat. Wie in tausend Jagdgeschichten zu lesen steht, sind Großraubtiere in dichter Deckung höchst gefährlich. Dies ist vor allem deshalb so, weil dort die Fluchtdistanz besonders klein wird; das Tier fühlt sich geborgen und rechnet damit, daß der durchs Dickicht brechende Mensch es selbst dann nicht bemerkt, wenn er ziemlich nahe an ihm vorbeikommt. Unterschreitet er aber dabei die kritische Distanz des betreffenden Tieres, so passiert schnell und tragisch ein sogenannter Jagdunfall.

Den eben besprochenen besonderen Fällen, in denen Tiere verschiedener Arten miteinander kämpfen, ist das eine gemeinsam, daß der Vorteil klar zutage liegt, den jeder der Streitenden durch sein Verhalten erringt oder doch im Interesse der Arterhaltung erringen »soll«. Auch die inner-artliche Aggression, die Aggression im eigentlichen und engeren Sinne des Wortes, vollbringt eine arterhaltende Leistung. Auch in bezug auf sie kann und muß die Darwinsche Frage »wozu?« gestellt werden. Dies wird so manchem nicht unmittelbar einleuchten und dem des klassischen psychoanalytischen Denkens Gewohnten vielleicht als der frevelhafte Versuch einer Apologie des lebensvernichtenden Prinzips, des Bösen schlechthin, erscheinen. Der normale Zivilisationsmensch bekommt ja echte Aggression meistens nur dann zu sehen, wenn zwei seiner Mitbürger oder seiner Haustiere sich in die Wolle kriegen, und sieht so begreiflicherweise nur die üblen Auswirkungen solchen Zwistes. Dazu kommt die wahrhaft erschreckende Reihe fließender Übergänge, die von zwei Hähnen, die auf dem Mist raufen, weiter aufwärts führt über Hunde, die sich beißen, Buben, die sich abwatschen, Burschen, die einander Bierkrügel auf die Köpfe hauen und weiter aufwärts zu schon ein wenig politisch getönten Wirtshausraufereien bis schließlich zu Kriegen und Atombomben.

Wir haben guten Grund, die intraspezifische Aggression in der gegenwärtigen kulturhistorischen und technologischen Situation der Menschheit für die schwerste aller Gefahren zu halten. Aber wir werden unsere Aussichten, ihr zu begegnen, gewiß nicht dadurch verbessern, daß wir sie als etwas Metaphysisches und Unabwendbares hinnehmen, vielleicht aber dadurch, daß wir die Kette ihrer natürlichen Verursachung verfolgen. Wo immer der Mensch die Macht erlangt hat, ein Naturgeschehen willkürlich in bestimmter Richtung zu lenken, verdankt er sie seiner Einsicht in die Verkettung der Ursachen, die es bewirken. Die Lehre vom normalen, seine arterhaltende Leistung erfüllenden Lebensvorgang, die sogenannte Physiologie, bildet die unentbehrliche Grundlage für die Lehre von seiner Störung, für die Pathologie. Wir wollen also für den Augenblick vergessen, daß der Aggressionstrieb unter den Lebensbedingungen der Zivilisation sehr gründlich »aus dem Gleise geraten« ist, und uns möglichst unbefangen der Erforschung seiner natürlichen Ursachen zuwenden. Als gute Darwinisten und aus bereits ausführlich dargestellten guten Gründen fragen wir zunächst nach der arterhaltenden Leistung, die das Kämpfen gegen Artgenossen unter natürlichen, oder besser gesagt vorkulturellen, Bedingungen vollbringt und die jenen Selektionsdruck ausgeübt hat, dem es seine hohe Entwicklung bei so vielen höheren Lebewesen verdankt. Es sind ja keineswegs nur die Fische, die in der bereits geschilderten Weise ihre Artgenossen bekämpfen, die große Mehrzahl aller Wirbeltiere tut es ebenso.

Die Frage nach dem Arterhaltungswert des Kämpfens hat bekanntlich schon Darwin selbst gestellt und auch schon eine einleuchtende Antwort gegeben: Es ist für die Art, für die Zukunft, immer von Vorteil, wenn der stärkere von zwei Rivalen das Revier oder das umworbene Weibchen erringt. Wie so oft, ist diese Wahrheit von gestern zwar keine Unwahrheit, aber doch nur ein Spezialfall von heute, und die Ökologen haben in jüngerer Zeit eine noch viel wesentlichere arterhaltende Leistung der Aggression nachgewiesen. Ökologie kommt von griechisch οἶκος, das Haus, und ist die Lehre von den vielfältigen Wechselbeziehungen, die zwischen dem Organismus und seinem natürlichen Lebensraum, seinem »Zu-Hause«, bestehen, zu dem natürlich auch alle anderen, ebenfalls dort lebenden Tiere und Pflanzen zu rechnen sind. Wenn nicht etwa die Sonderinteressen einer sozialen Organisation ein enges Zusammenleben fordern, ist es aus leicht einsehbaren Gründen am günstigsten, die Einzelwesen einer Tierart möglichst gleichmäßig über den auszunutzenden Lebensraum zu verteilen. In einem Gleichnis aus dem menschlichen Berufsleben ausgedrückt: Wenn in einem bestimmten Gebiet auf dem Lande eine größere Anzahl von Ärzten oder Kaufleuten oder Fahrradmechanikern ihr Auslangen finden soll, werden die Vertreter jedes dieser Berufe gut daran tun, sich möglichst weit weg voneinander anzusiedeln.

Die Gefahr, daß in einem Teil des zur Verfügung stehenden Biotops eine allzu dichte Bevölkerung einer Tierart alle Nahrungsquellen erschöpft und Hunger leidet, während ein anderer Teil ungenutzt bleibt, wird am einfachsten dadurch gebannt, daß die Tiere einer Art einander abstoßen...

Wie schon gesagt, hat der artbezeichnende Gesang der Singvögel eine sehr ähnliche arterhaltende Wirkung wie die optischen Signale der eben geschilderten Fische. Ganz sicher erkennen aus ihm andere, noch kein Revier besitzende Vögel, daß an der betreffenden Stelle ein Männchen territoriale Ansprüche geltend macht und wes Nam' und Art es ist. Vielleicht ist es außerdem noch von Wichtigkeit, daß aus dem Gesang bei vielen Arten sehr deutlich hervorgeht, wie stark, möglicherweise auch, wie alt der betreffende Vogel sei, mit anderen Worten, wie sehr er für den ihn hörenden Eindringling zu fürchten sei. Bei manchen akustisch ihr Revier markierenden Vögeln fällt die große individuelle Verschiedenheit der Lautäußerungen auf, manche Untersucher sind der Ansicht, daß bei solchen Arten die persönliche Visitenkarte von Bedeutung sei. Wenn Heinroth das Krähen des Hahnes in die Worte übersetzt: »Hier ist ein Hahn«, so hört Bäumer, der beste aller Hühnerkenner, die weit speziellere Botschaft heraus: »Hier ist der Hahn Balthasar!«

Bei den Säugetieren, die meist »durch die Nase denken«, ist es wenig zu verwundern, daß die geruchliche Markierung des eigenen Grundbesitzes bei ihnen eine große Rolle spielt. Die verschiedensten Wege wurden beschritten, die veschiedensten Duftdrüsen entwickelt, die merkwürdigsten Zeremonien beim Absetzen von Harn und Kot ausgebildet, von denen das Beinchenheben des Haushundes jedem wohlvertraut ist. Der von verschiedenen Säugetierkundigen erhobene Einwand, daß derlei Geruchsmarken mit Revierbesitz nichts zu tun hätten, da sie sowohl bei sozial lebenden, keine Einzelreviere verteidigenden Säugern vorkommen als auch bei solchen, die weit umherzigeunern, besteht nur teilweise zu Recht. Erstens erkennen sich Hunde – und sicher auch andere in Rudeln lebende Tiere – nachweislich individuell am Duft der Marken, und es würde also den Mitgliedern eines Packs sofort auffallen, wenn ein Nicht-Mitglied sich erkühnen sollte, in ihrem Jagdgebiet das Hinterbein zu heben. Zweitens aber besteht die von Leyhausen und Wolff nachgewiesene, sehr interessante Möglichkeit, daß eine räumliche Verteilung gleichartiger Tiere über den verfügbaren Biotop nicht nur durch einen Raumplan, sondern ebensogut durch einen Zeitplan bewirkt werden kann. Sie haben an freilaufenden, auf offenem Lande lebenden Hauskatzen gefunden, daß mehrere Individuen dasselbe Jagdgebiet benutzen können, ohne je miteinander in Streitigkeiten zu geraten, indem sie seine Benutzung nach einem festen Stundenplan einteilen, ganz wie die Hausfrauen unseres Seewiesener Instituts die Benützung der gemeinsamen Waschküche. Eine zusätzliche Sicherung gegen unliebsame Begegnungen besteht in den Duftmarken, die diese Tiere – die Katzen, nicht die Hausfrauen – in regelmäßigen Abständen, wo immer sie gehen und stehen, abzusetzen pflegen. Diese wirken genau wie das Blocksignal auf der Eisenbahn, das ja in analoger Weise darauf abzielt, ein Zusammenstoßen zweier Züge zu verhindern: Die Katze, die auf ihrem Pirschweg das Signal einer anderen vorfindet, dessen Alter sie sehr wohl zu beurteilen vermag, zögert und schlägt einen anderen Weg ein, wenn es frisch abgesetzt ist, bzw. setzt ruhig ihren Weg fort, wenn es ein paar Stunden alt ist.

Auch bei Wesen, deren »Territorium« nicht in dieser Weise zeitlich, sondern nur einfach räumlich bestimmt ist, darf man sich das Revier nicht als einen Grundbesitz vorstellen, der durch feste geographische Grenzen bestimmt und gewissermaßen im Grundbuch eingetragen ist. Vielmehr wird es nur durch den Umstand bestimmt, daß die Kampfbereitschaft des betreffenden Tieres an dem ihm besten vertrauten Orte, eben dem Mittelpunkt des Reviers, am größten ist, anders ausgedrückt, es sind die Schwellenwerte der kampfauslösenden Reize dort am niedrigsten, wo das Tier sich »am sichersten fühlt«, d. h. wo seine Aggression am wenigsten durch Fluchtstimmung unterdrückt wird. Mit zunehmender Entfernung von diesem »Hauptquartier« nimmt die Kampfbereitschaft in gleichem Maße ab, wie die Umgebung für das Tier fremder und furchterregender wirkt. Die Kurve dieser Abnahme ist daher nicht in allen Raumrichtungen gleich steil; bei Fischen, die ihren Reviermittelpunkt fast stets am Boden haben, ist das Gefälle der Angriffslust in der Lotrechten am stärksten, sicherlich deshalb, weil dem Fisch von oben her besondere Gefahren drohen.

Das Territorium, das ein Tier zu besitzen scheint, ist also nur die Funktion einer ortsabhängigen Verschiedenheit der Angriffslust, bedingt durch verschiedene ortsgebundene Faktoren, die sie hemmen. Bei Annäherung an den Gebietsmittelpunkt wächst der Aggressionsdrang im geometrischen Verhältnis zur Entfernungsabnahme. Dieser Anstieg ist so groß, daß er alle zwischen erwachsenen geschlechtsreifen Tieren einer Art je vorkommenden Unterschiede der Größe und Stärke ausgleicht. Kennt man also bei territorialen Lebewesen, etwa bei Gartenrotschwänzen vor dem Hause oder bei Stichlingen im Aquarium, die Gebiets-Mittelpunkte von zwei eben in Streit geratenen Revierbesitzern, so kann man aus dem Ort des Zusammentreffens mit Sicherheit voraussagen, wer siegen wird, nämlich ceteris paribus derjenige, der im Augenblick seinem Heim näher ist.

Wenn dann der Besiegte flieht, so führt die Trägheit der Reaktionen beider Tiere zu jenem Vorgang, der immer dann eintritt, wenn ein sich selbst regelndes Geschehen sich mit einer Verzögerung abspielt, nämlich zu einer Schwingung. Dem Verfolgten kehrt mit Annäherung an sein Hauptquartier der Mut wieder, während der des Verfolgers in dem Maße sinkt, in dem er ins Feindesland vordringt. Schließlich macht der eben noch Fliehende kehrt und greift ebenso unvermittelt wie energisch den vorherigen Sieger an, den er nun völlig voraussagbarerweise schlägt und vertreibt. Das Ganze wiederholt sich dann noch mehrere Male, bis die beiden Kämpfer schließlich ausgependelt sind und an einer ganz bestimmten Stelle zum Stillstand kommen, an der sie, nunmehr im Gleichgewicht, gegeneinander drohen ohne anzugreifen.

Diese Stelle, die Revier-»Grenze«, ist also keineswegs auf dem Erdboden eingezeichnet, sondern ausschließlich durch ein Kräftegleichgewicht bestimmt und kann, wenn sich dieses im geringsten ändert, sei es auch nur, daß einer der Fische gerade vollgefressen und daher faul ist, an einer anderen Stelle, etwas näher dem Hauptquartier des Gehemmten liegen...

Dieser verhaltensphysiologisch recht einfache Mechanismus des territorialen Kämpfens löst in geradezu idealer Weise die Aufgabe, gleichartige Tiere in »gerechter«, das heißt für die Gesamtheit der betreffenden Art günstiger Weise über das verfügbare Areal zu verteilen. Auch der Schwächere kann sich, wenn auch nur in bescheidenerem Raum, erhalten und fortpflanzen. Dies ist besonders bei solchen Lebewesen von Bedeutung, die, wie manche Fische und Reptilien, schon früh, lange vor Erreichen der Endgröße, geschlechtsreif werden, dabei aber noch weiterwachsen. Welch friedlicher Erfolg des »bösen Prinzips«!

Derselbe Erfolg wird bei manchen Tieren auch ohne aggressives Verhalten erzielt. Es genügt ja theoretisch, daß sich die Tiere derselben Art »nicht riechen können« und einander dementsprechend vermeiden. Bis zu einem gewissen Grade ist dies ja schon bei den von den Katzen gesetzten Duftmarken der Fall, wenn auch hinter deren Wirkung die stille Drohung tätlicher Aggression steht.

Wir dürfen als sicher annehmen, daß die gleichmäßige Verteilung gleichartiger Tiere im Raum die wichtigste Leistung der intraspezifischen Aggression ist. Doch ist sie keineswegs ihre einzige! Schon Charles Darwin hat richtig gesehen, daß die geschlechtliche Zuchtwahl, die Auswahl der besten und stärksten Tiere zur Fortpflanzung sehr wesentlich dadurch gefördert wird, daß rivalisierende Tiere, vor allem Männchen, miteinander kämpfen. Einen unmittelbaren Vorteil für das Gedeihen der Kinderschar bietet die Stärke des Vaters natürlich bei solchen Arten, bei denen er an der Fürsorge für die Jungen und vor allem an ihrer Verteidigung aktiv teilnimmt. Die enge Beziehung zwischen männlicher Brutfürsorge und Rivalenkämpfen wird vor allem bei solchen Tieren deutlich, die nicht im weiter oben geschilderten Sinne »territorial« sind, sondern mehr oder weniger nomadenhaft umherstreifen, wie dies zum Beispiel große Huftiere, bodenbewohnende Affen und viele andere tun. Bei solchen Tieren spielt die intraspezifische Aggression keine wesentliche Rolle für die Raumverteilung, das »spacing out« der betreffenden Arten, man denke etwa an Bisons, Antilopen, Pferde u. a., die sehr große Verbände bilden und denen Revierabgrenzung und Raum-Eifersucht deshalb völlig fremd sind, weil Nahrung in Hülle und Fülle zur Verfügung steht. Dennoch kämpfen die Männer dieser Tierformen heftig und dramatisch miteinander, und es besteht kein Zweifel darüber, daß die von diesem Kampfverhalten getriebene Selektion zur Herauszüchtung besonders großer und wehrhafter Familien- und Herdenverteidiger führt, umgekehrt aber ebensowenig daran, daß die arterhaltende Leistung der Herdenverteidigung eine Zuchtwahl auf Ausbildung scharfer Rivalenkämpfe getrieben hat. Auf diese Weise sind solche imposanten Kämpfer entstanden, wie es etwa Bisonbullen oder die Männer der großen Pavianarten sind, die bei jeder Bedrohung der Gemeinschaft einen Ringwall mutiger Verteidigung um die schwächeren Herdenmitglieder errichten. (SB)

2. Hemmung der Aggression

a) durch Ritualisierung des Kampfes
Hand in Hand mit der vergrößerten Dauer der einzelnen Drohbewegungen geht ihre Ritualisierung, die zu mimischer Übertreibung, rhythmischer Wiederholung und zur Entstehung von

optisch die Bewegung akzentuierenden Strukturen und Farben führte. Vergrößerte Flossen mit bunten Farbmustern, die erst beim Spreizen sichtbar werden, auffällige Augenflecken auf den Kiemendeckeln oder der Kiemenhaut, die beim Frontaldrohen in Erscheinung treten, und was dergleichen theatralischer Ausschmückungen mehr sind, machen den Kommentkampf zu einem der anziehendsten Schauspiele, die wir beim Studium des Verhaltens höherer Tiere zu sehen bekommen. Die Buntheit der vor Erregung glühenden Farben, die gemessene Rhythmik der Drohbewegungen, die strotzende Kraft der Rivalen lassen beinahe vergessen, daß es sich um einen wirklichen Kampf und nicht um eine als Selbstzweck ausgeführte Kunst-Darbietung handelt.

Der dritte Vorgang schließlich, der wesentlich dazu beiträgt, den gefährlichen Beschädigungskampf in den edlen Wettstreit des Kommentkampfes zu verwandeln, ist für unser Haupt-Thema mindestens so wichtig wie die Ritualisierung: Es entwickeln sich besondere verhaltensphysiologische Mechanismen, die beschädigende Angriffsbewegungen hemmen. Hierfür einige Beispiele.

Wenn zwei »Jack Dempseys« sich genügend lange mit Breitseits-Drohen und Schwanzschlagen gegenüber gestanden sind, kann es leicht sein, daß einer von ihnen um Sekunden früher als der andere gewillt ist, zum Maulzerren überzugehen. Er dreht dann aus der Breitseitsstellung heraus und stößt mit geöffneten Kiefern gegen den Rivalen vor, der seinerseits mit dem Breitseits-Drohen fortfährt und daher den Zähnen des Vorstoßenden die ungeschützte Flanke darbietet. Niemals aber nützt dieser die Blöße aus, stets stoppt er seinen Vorstoß, ehe seine Zähne die Haut des anderen Fisches berühren.

Einen bis ins kleinste analogen Vorgang beschrieb und filmte mein verstorbener Freund Horst Siewert bei Damhirschen. Bei diesen geht dem hochritualisierten Geweihkampf, bei dem die Kronen im Bogen gegeneinanderschlagen und dann in ganz bestimmter Weise hin- und hergeschwungen werden, ein Breitseitsimponieren voraus, währenddessen die beiden Hirsche in flottem Stechschritt nebeneinander herziehen und dabei kopfnickend die großen Schaufeln auf und ab wippen lassen. Plötzlich bleiben dann beide wie auf Kommando stehen, schwenken im rechten Winkel gegeneinander und senken die Köpfe, so daß die Geweihe ziemlich nahe dem Boden krachend zusammenschlagen und ineinandergreifen. Dann folgt ein harmloses Ringen, bei dem, ganz genau wie beim Maulzerren der »Jack Dempseys«, schließlich der gewonnen hat, der es länger aushält. Auch bei den Damhirschen kann es nun vorkommen, daß einer der Kämpfer früher als der andere von der ersten zur zweiten Phase des Kampfes übergehen will und dabei mit der Waffe gegen die ungeschützte Flanke des Rivalen gerät, was bei dem gewaltsamen Bogenschwung des schweren, spitzzackigen Geweihes höchst gefährlich aussieht. Aber jäher noch als der Buntbarsch bremst der Hirsch die Bewegung ab, hebt den Kopf, sieht, daß der ahnungslos im Stechschritt weiterziehende Gegner ihm schon um einige Meter voraus ist, setzt sich in Trab, bis er ihn eingeholt hat, und zieht nun beruhigt, geweihwippend und im Stechschritt neben ihm her, bis beide mit besser synchronisiertem Einschwenken der Geweihe zum Ringkampf übergehen.

b) durch akustische Signale

Derartige Hemmungen, dem Artgenossen Schaden anzutun, gibt es im Reiche der höheren Wirbeltiere in unermeßlicher Zahl. Sie spielen oft auch dort eine wesentliche Rolle, wo der vermenschlichende Beobachter tierischen Verhaltens gar nicht vermuten würde, daß Aggression vorhanden ist und besondere Mechanismen zu ihrer Unterdrückung nötig seien. Daß beispielsweise Tiermütter durch besondere Hemmungen daran verhindert werden müssen, gegen ihr eigenen Kinder, besonders gegen die neugeborenen oder frisch aus dem Ei geschlüpften, aggressiv zu werden, wird demjenigen geradezu paradox erscheinen, der an die »Allmacht« des »untrüglichen« Instinktes glaubt.

In Wirklichkeit sind diese besonderen Hemmungen der Aggression deshalb sehr nötig, weil ein brutpflegendes Elterntier gerade zu der Zeit, zu der es kleine Junge hat, ganz besonders aggressiv gegen jegliches andere Lebewesen sein muß. Eine brütende Vogelmutter muß in Verteidigung ihrer Brut jedes sich dem Neste nähernde Lebewesen angreifen, dem sie einigermaßen gewachsen ist. Eine Pute muß, solange sie auf dem Nest sitzt, dauernd bereit sein, Mäuse, Ratten, Iltisse, Krähen, Elstern usw. usw. mit höchstem Krafteinsatz anzugreifen, ebenso aber auch ihre Artgenossen, den rauhbeinigen Hahn wie die nestsuchende Henne, die für die Brut fast ebenso gefährlich sind wie jene Freßfeinde. Sie muß zweckmäßigerweise um so aggressiver sein, je näher die Bedrohung dem Mittelpunkt ihrer Welt, d. h. ihres Nestes, ist. Nur dem eigenen Küken, das gerade in diesem Brennpunkt ihrer Aggression aus der Schale schlüpft, darf sie nichts tun! Wie meine Mitarbeiter Wolfgang und Margret Schleidt herausfanden, wird diese Hemmung bei der Pute ausschließlich akustisch ausgelöst. Zwecks Untersuchung gewisser anderer Reaktionen des Truthahns auf akustische Reize hatten sie eine Anzahl Puten durch Operation am inneren Ohre taub gemacht. Da man dies nur am frisch geschlüpften Küken tun kann und zu diesem Zeitpunkt die Geschlechter nicht sicher zu unterscheiden sind, befanden sich ungewolltermaßen unter den tauben Vögeln auch einige Weibchen. Diese boten sich, zumal sie zu nichts anderem gut waren, zu Versuchen über die Funktion des Antwortverhaltens an, das eine so wesentliche Rolle in den Beziehungen zwischen Mutter und Kind spielt. Wir wissen z. B. von Graugänsen, daß diese kurz nach dem Ausschlüpfen dasjenige Objekt als Mutter betrachten, das mit Lautäußerungen auf ihr »Pfeifen des Verlassenseins« antwortet. Die Schleidts wollten nun frischgeschlüpfte Putenküken zwischen einer hörenden und ihr Piepen richtig beantwortenden Henne und einer ertaubten wählen lassen, von der zu erwarten war, daß sie ihre Lockrufe zufallsverteilt, ohne Reaktion auf das Pfeifen des Kükens, ertönen lassen werde.

Wie so oft in der Verhaltensforschung, ergab das Experiment etwas, das niemand erwartete, aber das weit interessanter war als das erhoffte Ergebnis. Die tauben Truthennen brüteten völlig normal, wie auch vorher ihr soziales und geschlechtliches Verhalten durchaus der Norm entsprach. Als aber ihre Küken schlüpften, zeigte sich das mütterliche Verhalten der Versuchstiere in höchst dramatischer Weise gestört: alle tauben Hennen hackten alle ihre Kinder sofort nach dem Schlüpfen kurzerhand tot! Wenn man einer tauben Henne, die ihre normale Brutperiode auf Kunsteiern abgesessen hat und demnach zur Annahme von Küken bereit sein müßte, ein Eintags-Putchen zeigt, so reagiert sie keineswegs mit mütterlichem Verhalten, läßt keine Locktöne hören, sondern spreizt beim Herannahen des Jungen schon auf meterweite Entfernung abwehrbereit ihr Gefieder, faucht wütend und hackt, sowie das Putchen in Reichweite ihres Schnabels kommt, so scharf und hart nach ihm, wie sie nur kann. Wenn man nicht annehmen will, daß die Pute noch in anderen Belangen und nicht nur in ihrer Hörfähigkeit gestört sei, läßt dieses Verhalten nur eine einzige Deutung zu: sie besitzt angeborenermaßen nicht die geringste Information darüber, wie ihr Junges auszusehen hat. Sie hackt nach allem, was sich in Nestnähe bewegt und nicht so groß ist, daß Fluchtreaktionen die Aggression übertönen. Einzig und allein die Lautäußerung des piependen Putchens löst angeborenermaßen mütterliches Verhalten aus und setzt die Aggression unter Hemmung.

Nachfolgende Experimente an normalen, hörenden Puten bestätigten die Richtigkeit dieser Interpretation. Nähert man einer brütenden Pute ein naturgetreu ausgestopftes Küken als Marionette an einem langen Draht, so hackt sie genauso nach ihm, wie die taube es tut. Läßt man aber durch einen in die Attrappe eingebauten kleinen Lautsprecher das auf Tonband aufgenommene »Weinen« eines Putenkükens ertönen, so wird der Angriff durch das Eingreifen einer offensichtlich gewaltig starken Hemmung ebenso plötzlich abgebremst, wie ich es oben von Cichliden und Damhirschen geschildert habe; die Henne beginnt die typischen Führungslaute zu äußern, die bei der Pute dem Glucken der Haushenne entsprechen.

Jede erfahrungslose Pute, die soeben zum ersten Mal gebrütet hat, greift alle Gegenstände an, die sich in Nestnähe bewegen und deren Größe, grob gesprochen, zwischen der einer Spitzmaus und einer großen Katze liegt. Wie die zu vertreibenden Raubtiere im besonderen aussehen, »weiß« ein solcher Vogel nicht angeborenermaßen. Er hackt nach einem stumm dargebotenen Wiesel oder Goldhamster auch nicht heftiger als nach einem ausgestopften Putenküken und ist andererseits sofort bereit, die beiden erstgenannten mütterlich zu behandeln, wenn sie sich mittels eines eingebauten Lautsprechers und eines Kükenpiep-Tonbandes als Putenkinder »ausweisen«. Es ist ein eindrucksvolles Erlebnis zu beobachten, wie eine solche Pute, die eben noch wütend nach einem stumm genäherten Küken hackte, sich unter mütterlichem Locken breit macht, um einen piependen Iltisbalg, einen Wechselbalg in des Wortes verwegenster Bedeutung, bereitwillig unter sich kriechen zu lassen.

Das einzige Merkmal, das angeborenermaßen die Reaktion auf den Nestfeind zu verstärken scheint, ist eine haarige, pelzige Oberflächenbeschaffenheit. Wenigstens schien es uns bei unseren ersten Versuchen, als ob aus Pelz hergestellte Attrappen stärker auslösend wirkten als glatte. Da nun ein Putenküken die richtige Größe hat, sich in Nestnähe bewegt und dazu noch Daunenpelzchen trägt, kann es gar nicht umhin, in der Mutter dauernd Verhaltensweisen der Nestverteidigung auszulösen, die ebenso dauernd durch den Kükenlaut unterdrückt werden müssen, wenn ein Kindesmord verhindert werden soll. Zumindest gilt dies für erstmalig brütende Hennen, die noch keine Erfahrung über das Aussehen der eigenen Kinder besitzen. Durch individuelles Lernen ändern sich die in Rede stehenden Verhaltensweisen rasch. (SB)

c) durch Befriedungszeremonien

Es gibt eine Reihe von Demutgebärden, die sich von infantilen, kindlichen Verhaltensweisen ableiten, sowie andere, die eindeutig aus dem Paarungsverhalten des Weibchens herstammen. In ihrer gegenwärtigen Funktion haben die Gesten aber weder mit Kindlichkeit noch mit weiblicher Sexualität etwas zu tun, sondern bedeuten, vermenschlicht ausgedrückt, nichts anderes als: »Tu mir bitte nichts!« Es liegt nahe, anzunehmen, daß bei den betreffenden Tiergruppen, noch ehe diese Ausdrucksbewegungen allgemeinere soziale Bedeutung erlangten, spezielle Hemmungen das Angreifen von Jungen bzw. Weibchen verhinderten, ja man könnte sogar weiter spekulieren, daß sich bei ihnen die größere soziale Gruppe aus dem Paar und der Familie entwickelt hat.

Aggressionshemmende Unterwürfigkeitsgebärden, die sich aus persistierenden Ausdrucksbewegungen des Jungtieres entwickelt haben, gibt es vor allem bei Hundeartigen. Dies verwundert deshalb nicht, weil bei diesen Tieren die Hemmung, Kinder zu attackieren, so sehr stark ist. R. Schenkel hat gezeigt, daß sehr viele Gebärden der aktiven Unterwerfung, das heißt des freundlichen Unterwürfig-Seins gegenüber einem zwar »respektierten«, aber nicht eigentlich gefürchteten Ranghöheren, unmittelbar aus der Beziehung des Jungen zu seiner Mutter stammen. Schnauzenstoßen, Bepföteln, Lecken am Mundwinkel, wie wir alle es von freundlichen Hunden kennen, sind nach Schenkel von Bewegungsweisen des Saugens und Nahrungsbettelns abzuleiten. Genau wie höfliche Menschen einander gegenseitig ihre Unterwürfigkeit ausdrücken können, obwohl in Wirklichkeit ein eindeutiges Rangordnungsverhältnis zwischen ihnen besteht, können auch zwei miteinander befreundete Hunde wechselseitig infantile Demutgesten ausführen, besonders bei der freundlichen Begrüßung nach längerer Trennung. Dieses gegenseitige Zuvorkommen geht auch bei wildlebenden Wölfen so weit, daß es Murie bei seinen wunderbar erfolgreichen Freilandbeobachtungen am Mount McKinley in vielen Fällen nicht gelang, aus den Ausdrucksbewegungen bei der Begrüßung das Rangordnungsverhältnis zweier erwachsener Wolfsrüden zu entnehmen. Im Nationalpark auf der im Lake Superior gelegenen Insel Isle Royal beobachteten S. L. Allen und L. D. Mech eine unerwartete Funktion der Begrüßungszeremonie. Das aus rund 200 Wölfen bestehende Pack lebt im Winter von Elchen, und zwar, wie sich herausstellte, ausschließlich von geschwächten Tieren. Die Wölfe stellen jeden Elch, dessen sie habhaft werden können, versuchen aber gar nicht, ihn zu reißen, sondern geben ihren Angriff sogleich auf, wenn er sich energisch und kraftvoll zur Wehr setzt. Finden sie aber einen Elch, der durch parasitische Würmer, Infektionen oder, was bei greisenhaften Tieren regelmäßig der Fall ist, durch Zahnfisteln geschwächt ist, so merken sie sofort, daß hier Hoffnung auf Beute besteht. In diesem Falle drängen sich plötzlich alle Mitglieder des Rudels zusammen und ergehen sich in einer gemeinsamen Zeremonie allgemeinen Schnauzenstoßens und Schwanzwedelns, kurz in den Bewegungsweisen, die wir von unseren Hunden sehen, wenn wir sie aus dem Zwinger holen, um mit ihnen auszugehen. Diese kommunale nose-to-nose conference (Nasenstoß-Konferenz) bedeutet ohne allen Zweifel die Übereinkunft, daß auf die eben entdeckte Beute allen Ernstes Jagd gemacht wird. Wer dächte hier nicht an die Tänze der Massaikrieger, die sich durch eine Zeremonie den richtigen Mut zur Löwenjagd antanzen müssen.

Ausdrucksbewegungen sozialer Unterwürfigkeit, die sich aus der weiblichen Begattungsaufforderung entwickelt haben, finden sich bei Affen, besonders bei Pavianen. Das rituelle Zuwenden des Hinterteiles, das oft zur optischen Unterstreichung dieser Zeremonie ganz unglaublich prächtig gefärbt ist, hat in seiner gegenwärtigen Form bei den Pavianen kaum noch etwas mit Sexualität und sexuellen Motivationen zu tun. Es bedeutet nur, daß der Affe, der den Ritus durchführt, den höheren Rang dessen anerkennt, an den er ihn richtet. Schon ganz junge Äffchen obliegen diesem Brauch ohne jede Anleitung. Katharina Heinroths fast von Geburt an in Obhut von Menschen großgewordenes Pavianmädchen Pia vollführte, als man es in ein unbekanntes Zimmer ließ, feierlich die Zeremonie des »Popochenzudrehens« gegenüber jedem der Stühle, die offenbar seine Furcht erweckten. Ein Pavianmann verfährt ziemlich brutal und herrschsüchtig mit Weibchen seiner Art, zwar nach Beobachtungen von Washburn und De Vore im Freien lange nicht so kraß, wie dies nach Gefangenschaftsbeobachtungen angenommen wurde, aber immerhin nicht allzu sanft im Gegensatz zu der zeremoniösen Höflichkeit von Hundeartigen und Gänsen. So ist es verständlich, daß bei diesen Affen die Gleichsetzung der beiden Bedeutungen »Ich bin dein Weibchen« und »Ich bin dein Sklave« ziemlich naheliegt. Die Herkunft der Symbolik der merkwürdigen Gebärde drückt sich außer in der Bewegungsform selbst auch noch in der Art und Weise aus, in der sie von dem Adressaten zur Kenntnis genommen wird. Ich sah einmal im Berliner Zoo, wie zwei starke alte Mantelpavianmänner für einen Augenblick im ernsten Kampfe aneinandergerieten. Im nächsten Augenblick floh der eine, hart verfolgt von dem Sieger, der ihn schließlich in eine Ecke trieb. Keinen Ausweg findend, nahm der Besiegte Zuflucht zur Demutgebärde, worauf der Sieger sich sofort abwandte und steifbeinig in Imponierstellung wegging. Da lief ihm der Besiegte keckernd nach und verfolgte ihn geradezu aufdringlich mit Zuwenden des Hinterteils, so lange, bis der Stärkere seine Unterwerfung dadurch »zur Kenntnis« nahm, daß er, gewissermaßen mit gelangweiltem Gesicht, aufritt und einige lässige Kopulationsbewegungen vollführte. Erst danach schien der Unterworfene beruhigt und überzeugt, daß ihm seine Rebellion vergeben war.

Unter den verschiedenen und aus verschiedenen Wurzeln stammenden Befriedungszeremonien bleiben uns nun noch diejenigen zu besprechen, die meines Erachtens für unser Thema am wichtigsten sind, nämlich die aus neu- oder umorientierten Angriffsbewegungen entstandenen Befriedungs- oder Begrüßungsriten, von denen schon kurz die Rede war. Sie unterscheiden sich von allen bisher besprochenen Befriedungszeremonien dadurch, daß sie die Aggression nicht unter Hemmung setzen, sondern von bestimmten Artgenossen ableiten und in der Richtung auf andere kanalisieren. Ich habe schon gesagt, daß diese Neu-Orientierung aggressiven Verhaltens eine der genialsten Erfindungen des Artenwandels ist – sie ist aber mehr als das. Überall, wo neu-orientierte Befriedungsriten beobachtet werden, ist die Zeremonie an die Individualität der an ihr beteiligten Partner gebunden. Die Aggression eines bestimmten Einzelwesens wird von einem zweiten, ebenso bestimmten abgewendet, während ihre Entladung auf alle anderen, anonym bleibenden Artgenossen nicht gehemmt wird. So entsteht die Unterscheidung zwischen dem Freund und den Fremden, und es tritt zum erstenmal die persönliche Bindung zwischen Individuen in die Welt. Wenn man mir einwendet, daß Tiere keine Personen seien, so antworte ich, daß Persönlichkeit eben dort ihren Anfang nimmt, wo von zwei Einzelwesen jedes in der Welt des anderen eine Rolle spielt, die von keinem anderen Artgenossen ohne weiteres übernommen werden kann. Mit anderen Worten, Persönlichkeit beginnt dort, wo persönliche Freundschaft zum erstenmal entsteht.

Ihrem Ursprung und ihrer ursprünglichen Funktion nach gehören die persönlichen Bindungen zu den aggressionshemmenden, befriedenden Verhaltensmechanismen. (SB)

3. Phylogenetische und kulturelle Ritenbildung

Traditionsgemäße Ritenbildung stand ganz sicher am ersten Anfang menschlicher Kultur, so wie auf einer sehr viel niedrigeren Ebene phylogenetische Ritenbildung am Urbeginn sozialen Zusammenlebens höherer Tiere gestanden hat. Die Analogien zwischen beiden, die nun zusammenfassend hervorgehoben werden sollen, lassen sich leicht aus den Forderungen erklären, die von der gemeinsamen Funktion an beide gestellt werden.

In beiden Fällen bekommt eine Verhaltensweise, mittels derer sich eine Art in dem einen Fall, eine Kulturgemeinschaft im anderen mit Gegebenheiten der äußeren Umwelt auseinandersetzt, eine völlig neue Funktion, nämlich die der Kommunikation. Die ursprüngliche Leistung kann noch weiterhin erhalten bleiben, oft aber tritt sie mehr und mehr in den Hintergrund und kann schließlich völlig verschwinden, so daß ein typischer Funktionswechsel eintritt. Aus der Kommunikation wiederum können zwei gleichermaßen wichtige Funktionen hervorgehen, die beide noch in gewissem Maße als Mitteilungen wirken. Die erste ist die Lenkung der Aggression in unschädliche Bahnen, die zweite ist die Bildung eines festen Bandes, das zwei oder mehrere Artgenossen zusammenhält. In beiden Fällen hat der Selektionsdruck der neuen Funktion analoge Änderungen der Form der ursprünglichen, nicht-ritualisierten Verhaltensweise hervorgebracht. Die Vereinigung der variablen Vielfalt der Handlungsmöglichkeiten in einen einzigen starren Ablauf vermindert ohne Zweifel die Gefahr der Zweideutigkeit in der Verständigung. Das gleiche Ziel wird durch die strenge Festsetzung von Frequenz und Amplitude der Bewegungsfolge angestrebt. Desmond Morris hat auf dieses Phänomen hingewiesen, das er bei als Signal wirksamen Bewegungen deren »typische Intensität« genannt hat. Die Balz- und Drohgesten der Tiere liefern hierfür eine Vielfalt von Beispielen, und ebenso tun dies die kulturell entwickelten menschlichen Zeremonien. Rektor und Dekane betreten »gemessenen Schrittes« die Aula; der Gesang des katholischen Priesters während der Messe ist in Tonhöhe, Rhythmus und Lautstärke durch liturgische Vorschriften genau festgelegt. Weiterhin wird die Unzweideutigkeit der Mitteilung durch ihre gehäufte Wiederholung verstärkt. Rhythmische Wiederholung einer Bewegung ist charakteristisch für viele Rituale, sowohl instinktiver als auch kultureller Natur. Der Mitteilungswert ritualisierter Bewegungen wird in beiden Fällen durch Übertreibung aller jener Elemente, die schon in der unritualisierten Urform dem Empfänger optische oder akustische Signale übermittelten, weiter gesteigert, während diejenigen Elemente, die ursprünglich in anderer, mechanischer Weise wirksam waren, vermindert oder ganz ausgeschaltet werden.

Diese »mimische Übertreibung« kann in einer Zeremonie enden, die einem Symbol tatsächlich nahe verwandt ist und die jenen theatralischen Effekt hervorbringt, der Sir Julian Huxley zuerst in die Augen fiel, als er die Haubentaucher beobachtete. Der Reichtum in Form und Farbe, der im Dienste dieser speziellen Funktion entwickelt wurde, begleitet sowohl die phylogenetische als auch die kulturelle Ritenbildung. Die wundervollen Formen und Farben der siamesischen Kampffisch-Flossen, das Gefieder eines Paradiesvogels, die erstaunlichen Farben an Vorder- und Hinterseite eines Mandrill, all dies ist entstanden, um die Wirkung einer bestimmten ritualisierten Bewegung zu verstärken. Es gibt kaum einen Zweifel, daß alle menschliche Kunst ursprünglich im Dienste eines Rituals entwickelt wurde und daß die Autonomie der Kunst, die Kunst »um ihrer selbst willen«, erst in einem zweiten Schritt im kulturellen Prozeß erreicht wurde.

Die unmittelbare Ursache aller Veränderungen, durch die phylogenetisch und kulturell entstandene Riten einander so ähnlich werden, liegt zweifellos in dem Selektionsdruck, den die Leistungsbeschränkung des Empfängers auf die Ausbildung des Reizsenders ausübt, auf dessen Signale er selektiv reagieren muß, soll das System funktionieren. Es ist um so einfacher, einen selektiv auf ein Signal antwortenden Empfänger zu konstruieren, je einfacher und dennoch unverwechselbarer das Signal ist. Selbstverständlich üben Sender und Empfänger auch aufeinander einen Selektionsdruck aus, der ihre Entwicklung beeinflußt, und beide können so, in Anpassung aneinander, sehr hoch differenziert werden. Viele instinktive Riten, viele kulturelle Zeremonien, ja selbst die Worte aller menschlichen Sprachen verdanken ihre gegenwärtige Form diesem Vorgang der Übereinkunft zwischen Sender und Empfänger; beide sind Partner in einem kommunikativen System, das sich geschichtlich entwickelt. In solchen Fällen ist es oft unmöglich, die Spur zurück zu einem unritualisierten Vorbild, dem Ursprung des Rituals, zu verfolgen, weil seine Form sich bis zur Unkenntlichkeit verändert hat. Wenn aber Zwischenstufen in der Entwicklungslinie in anderen lebenden Arten oder noch überlebenden anderen Kulturen untersucht werden können, kann es solch vergleichender Forschung doch gelingen, den Pfad zurückzuverfolgen, entlang dem sich die gegenwärtige Form einer bizarren und komplizierten Zeremonie entwickelt hat. Gerade diese Aufgabe macht vergleichende Studien so anziehend.

Sowohl in der phylogenetischen als auch in der kulturellen Ritualisation erreichen die neu entwickelten Verhaltensmuster eine ganz besondere Art von Selbständigkeit. Sowohl instinktive als auch kulturelle Riten werden zu autonomen Motivationen des Verhaltens dadurch, daß sie selbst zu neuen Endhandlungen oder Zielen werden, deren Erreichung den Organismen zum treibenden Bedürfnis wird. Es liegt im Wesen der Riten als Träger unabhängig motivierender Faktoren, daß sie ihre ursprüngliche Funktion der Kommunikation überschreiten und damit fähig werden, zwei weitere, ebenso wichtige Aufgaben zu erfüllen, nämlich die Kontrolle der Aggression und die Bildung eines Bandes zwischen Individuen einer Art. ...

Die zwei Entwicklungsschritte, die in der kulturellen Ritualisation von der Verständigung zur Kontrolle der Aggression und von hier aus zur Bildung eines Bandes führen, sind mit Sicherheit jenen analog, die in der Evolution instinktiver Riten stattfinden, wie am Triumphgeschrei der Gänse gezeigt wird. Die dreifache Funktion des Verhinderns eines Kampfes zwischen den Mitgliedern der Gruppe, ihr Zusammenhalt in einer geschlossenen Einheit und deren Abgrenzung gegen andere ähnliche Gruppen wird in den kulturell entwickelten Riten in solch auffallend gleichartiger Weise bewerkstelligt, daß dies zu wichtigen Überlegungen Anlaß gibt.

Die Existenz jeder menschlichen Gruppe, die in ihrer Größe über jene Mitgliederzahl hinausgeht, die durch persönliche Liebe und Freundschaft zusammengehalten werden kann, beruht auf diesen drei Funktionen kulturell ritualisierter Verhaltensweisen. Menschliches Sozialverhalten ist bis zu einem solchen Grade von kultureller Ritualisation durchdrungen, daß sie uns, eben wegen ihrer Allgegenwärtigkeit, meist gar nicht zum Bewußtsein kommt. Will man Beispiele menschlicher Verhaltensweisen geben, die mit Sicherheit nicht ritualisiert sind, muß man zu solchen Zuflucht nehmen, die nicht in der Öffentlichkeit ausgeführt werden, wie ungehemmtes Gähnen und Strecken, Nasenbohren oder Kratzen an unaussprechlichen Körperstellen. Alles was Manieren genannt wird, ist selbstverständlich strikt durch kulturelle Ritualisation festgelegt. »Gute« Manieren sind per definitionem jene, die die eigene Gruppe charakterisieren, und wir richten uns ständig nach ihren Anforderungen, sie sind uns zur zweiten Natur geworden. Im Alltag sind wir uns nicht bewußt, daß ihre Funktion in der Aggressionshemmung und in der Bildung eines sozialen Bandes besteht. Und doch sind sie es, die die »Gruppen-Kohäsion« bewirken, wie die Soziologen das nennen.

Die Funktion der Manieren als einer ständigen gegenseitigen Beschwichtigung zwischen den Mitgliedern einer Gruppe wird sofort klar, wenn man die Folgen ihres Ausfallens beobachtet. Ich meine dabei nicht den Effekt, der von einer groben Übertretung der Sitten ausgeht, sondern die bloße Abwesenheit all der kleinen höflichen Blicke und Gesten, durch die ein Mensch, zum Beispiel beim Betreten eines Raumes, von der Anwesenheit eines Mitmenschen Kenntnis nimmt. Wenn ein Mensch sich von Mitgliedern seiner Gruppe beleidigt glaubt und einen Raum, in dem sich solche Gruppenmitglieder aufhalten, betritt, ohne diese kleinen höflichen Rituale auszuführen, sondern so tut, als wäre der Raum leer, dann erweckt dieses Verhalten Ärger und Feindschaft, genauso wie offenes Aggressionsverhalten es tut. Tatsächlich ist solch eine absichtliche Unterdrückung der normalen Befriedungszeremonien gleichbedeutend mit offenem Aggressionsverhalten.

Da jede Abweichung von den gruppen-charakteristischen Umgangsformen Aggression hervorruft, werden auf diese Weise alle Mitglieder einer Gruppe zur genauen Einhaltung dieser Normen des Sozialverhaltens gezwungen. Der Nonkonformist wird als ein Außenseiter nachteilig behandelt und wird in einfachen Gruppen, für die Schulklassen oder kleine militärische Einheiten gute Beispiele abgeben, in der grausamsten Weise ausgestoßen. Jeder Universitätslehrer, der Kinder hat und Stellungen in verschiedenen Teilen des Landes bekleidete, hat die Gelegenheit gehabt, die ungeheure Geschwindigkeit zu beobachten, mit der ein Kind den lokalen Dialekt zu sprechen lernt, der in der Gegend, in der es zur Schule geht, gesprochen wird. Es muß ihn einfach lernen, damit es von seinen Schulkameraden nicht ausgestoßen wird. Zu Hause aber behält es den Heimatdialekt bei. Charakteristischerweise ist es äußerst schwierig, ein solches Kind dazu zu bewegen, im Familienkreis die fremde Sprache, die es in der Schule gelernt hat, einmal zu sprechen, etwa beim Aufsagen eines Gedichtes. Ich vermute, daß die heimliche Zugehörigkeit zu einer anderen als der Familiengruppe von kleinen Kindern als Verrat empfunden wird.

Kulturell entwickelte soziale Normen und Riten sind für kleinere und größere menschliche Gruppen in der gleichen Weise charakteristisch wie angeborene Merkmale, die in der Phylogenie erworben wurden, charakteristisch für Unterarten, Arten, Gattungen und größere taxonomische Einheiten sind. Ihre Entwicklungsgeschichte kann mit den Methoden der vergleichenden Untersuchung rekonstruiert werden. Ihr Verschiedenwerden voneinander während der historischen Entwicklung errichtet Schranken zwischen kulturellen Einheiten in ähnlicher Weise, wie divergierende Entwicklung dies zwischen Arten tut. Erik Erikson hat daher mit gutem Recht diesen Vorgang »pseudo-speciation«, Schein-Artenbildung genannt....

Die wichtige Funktion höflicher Manieren kann ausgezeichnet beim sozialen Zusammentreffen zwischen verschiedenen Gruppen und Untergruppen menschlicher Kulturen untersucht werden. Ein beträchtlicher Teil der Gewohnheiten, die von der guten Sitte bestimmt sind, sind kulturell ritualisierte Übertreibungen von Unterwürfigkeitsgesten, von denen wahrscheinlich die meisten ihre Wurzeln in phylogenetisch ritualisierten Verhaltensweisen gleicher Bedeutung haben. Die lokale Überlieferung von guten Sitten in verschiedenen kulturellen Untergruppen fordert nun eine quantitativ verschiedene Betonung, die auf diese Ausdrucksbewegungen zu legen ist. Ein gutes Beispiel hierfür liefert die Geste des höflichen Zuhörens, die darin besteht, daß man den Hals vorstreckt und gleichzeitig den Kopf seitlich neigt, womit man nachdrücklich dem Sprecher »sein Ohr leiht«. Diese Verhaltensweise drückt die Bereitschaft aus, aufmerksam zuzuhören und gegebenenfalls zu gehorchen. In den höflichen Sitten einiger asiatischer Kulturen ist sie offensichtlich stark mimisch übertrieben worden, in Österreich ist sie, besonders bei Damen aus gutem Hause, eine der allgemeinsten Höflichkeitsgesten, in anderen mitteleuropäischen Ländern scheint sie weniger betont zu sein. In einigen Teilen Norddeutschlands ist sie bis zu einem Minimum reduziert oder fehlt ganz. In diesen Kulturkreisen wird es als korrekt und höflich angesehen, wenn der Zuhörer seinen Kopf aufrecht hält und dem Sprecher gerade ins Gesicht schaut, so wie es von einem Soldaten erwartet wird, wenn er Befehle entgegennimmt. Als ich von Wien nach Königsberg kam, zwei Städte, in denen der Unterschied zwischen den in Rede stehenden Verhaltensweisen besonders groß ist, brauchte ich einige Zeit, bis ich mich an die Geste des höflichen Zuhörens ostpreußischer Damen gewöhnt hatte. Da ich ein Neigen des Kinns, so klein auch immer, von einer Dame, zu der ich sprach, erwartete, konnte ich nicht umhin zu denken, ich hätte etwas Ungehöriges gesagt, wenn sie gerade aufrecht saß und mir ins Gesicht schaute.

Natürlich ist die Bedeutung einer solchen Höflichkeitsgeste ausschließlich durch die Übereinkunft zwischen Sender und Empfänger in demselben Kommunikationssystem bestimmt. Zwischen Kulturen, in denen diese Übereinkunft verschieden ist, sind Mißverständnisse unvermeidbar.

Mit ostpreußischem Maßstab gemessen, ist die Geste des »Ohrleihens« eines Japaners der Ausdruck einer verächtlichen Unterwürfigkeit, während vom japanischen Standpunkt aus eine höflich zuhörende ostpreußische Dame den Eindruck kompromißloser Feindseligkeit erwecken würde.

Selbst sehr geringe Unterschiede in Konventionen dieser Art können Fehldeutungen kulturell ritualisierter Ausdrucksbewegungen herbeiführen. Südländer werden oft von Engländern oder Deutschen als »unverläßlich« betrachtet, allein deshalb, weil diese aufgrund ihrer eigenen Konvention hinter den überschwenglichen Gesten des Entgegenkommens und der Freundlichkeit mehr wirkliches soziales Entgegenkommen erwarten als dahinter steckt. Die Unpopularität von Norddeutschen und vor allem von Preußen in südlichen Ländern beruht häufig auf einem Mißverständnis in der anderen Richtung. In der höflichen amerikanischen Gesellschaft habe ich sicher oft den Eindruck von Grobheit erweckt, einfach weil ich es schwierig fand, so viel zu lächeln, wie es die amerikanischen guten Sitten verlangen.

Unzweifelhaft tragen solche kleinen Mißverständnisse beträchtlich zum Haß zwischen kulturellen Gruppen bei. Der Mann, der in der beschriebenen Art die sozialen Gesten von Mitgliedern anderer Kulturkreise mißverstanden hat, fühlt sich heimtückisch betrogen und verletzt. Schon die bloße Unfähigkeit, die Ausdrucksbewegungen und Riten einer fremden Kultur zu verstehen, erweckt Mißtrauen und Furcht in einer Art und Weise, die leicht zu offener Aggression führen kann.

Von den unbedeutenden Besonderheiten der Sprache und des Benehmens, die kleinste Einheiten zusammenhalten, geht eine ununterbrochene Stufenleiter zu den hochkomplizierten, wissenschaftlich ausgeführten und als Symbol verstandenen sozialen Normen und Riten, die die größten sozialen Einheiten der Menschheit in einer Nation, einer Kultur, einer Religion oder einer politischen Ideologie verbinden. Es wäre nun durchaus möglich, dieses System mit der vergleichenden Methode zu untersuchen, mit anderen Worten, die Gesetze der Schein-Artenbildung zu studieren, obwohl dies wegen der häufigen Überlappung der einzelnen Gruppenbegriffe, wie zum Beispiel der nationalen und religiösen Einheiten, sicher schwieriger wäre als die Untersuchung der Artenbildung.

Ich habe schon betont, daß der emotionelle Hintergrund der Werte jeder ritualisierten Norm sozialen Verhaltens die antreibende Macht gibt. Erik Erikson hat jüngst gezeigt, daß die Gewöhnung an die Unterscheidung von Gut und Böse in der frühen Kindheit beginnt und während der ganzen Entwicklungszeit eines Menschen weiter ausgebildet wird. Es gibt im Prinzip keinen Unterschied zwischen der Starrheit, mit der wir an den Geboten unserer früh empfangenen Reinlichkeits-Erziehung festhalten, und der Treue, die wir den nationalen oder politischen Normen und Riten erweisen, auf die wir im späteren Leben geprägt wurden. Die Starrheit des traditionellen Ritus und die Hartnäckigkeit, mit der wir an ihm hängen, sind wesentlich für seine unentbehrliche Funktion. Gleichzeitig braucht er aber, genauso wie die vergleichbare Funktion von starren instinktiven sozialen Verhaltensweisen, die Überwachung durch unsere verstandesmäßige, verantwortliche Moral.

Es ist ganz richtig und legitim, daß wir die Sitten, die unsere Eltern uns gelehrt haben, als »gut« betrachten, daß wir die sozialen Normen und Riten heilig halten, die uns von der Tradition unserer Kultur überliefert wurden. Wir müssen uns aber mit aller Kraft unserer verantwortlichen Vernunft davor hüten, unserer natürlichen Neigung nachzugeben, die sozialen Riten und Normen anderer Kulturen als minderwertig anzusehen. Die dunkle Seite der Scheinartenbildung ist, daß sie uns in die Gefahr kommen läßt, die Mitglieder anderer Scheinarten nicht als Menschen anzusehen, was viele primitive Stämme offensichtlich tun, in deren Sprache das Wort für den eigenen Stamm synonym ist mit »Mensch«. Von ihrem Standpunkt aus ist es nicht Kannibalismus, wenn sie die gefallenen Krieger eines feindlichen Stammes verzehren. Die moralische Konsequenz aus der Naturgeschichte der Scheinartenbildung ist, daß wir lernen müssen, andere Kulturen zu tolerieren, unsere eigene kulturelle und nationale Arroganz abzuwerfen und uns klarzumachen, daß die sozialen Normen und Riten anderer Kulturen, denen ihre Mitglieder die Treue halten wie wir den unsrigen, das gleiche Recht haben, respektiert und als heilig angesehen zu werden. Ohne die Toleranz, die aus dieser Erkenntnis entspringt, ist es nur zu einfach für einen Menschen, die Personifikation des Bösen in dem zu sehen, was für seinen Nachbarn das Heiligste ist. Gerade die Unverbrüchlichkeit der sozialen Normen und Riten, in der ihr höchster Wert liegt, kann zu dem schrecklichsten aller Kriege führen, zu dem Religionskrieg – und gerade er ist es, der uns heute droht! (SB)

VI. Über die Evolution

1. Die Vorstellung einer zweckgerichteten Weltordnung

Es erscheint vielen Menschen ganz undenkbar, daß es im Universum Vorgänge gibt, die nicht nach bestimmten Zwecken ausgerichtet sind. Weil wir bei uns selbst sinnloses Handeln für einen Unwert erachten, stört es uns, daß es ein Geschehen gibt, das jeden Sinnes entbehrt. Vor allem aber kränkt es den Menschen in seinem Selbstgefühl, daß er und seine Belange dem kosmischen Geschehen absolut gleichgültig sind. Weil er merkt, daß im Weltgeschehen das Sinnlose überwiegt, befürchtet er, das Unsinnige müsse schon rein mengenmäßig über die menschlichen Bestrebungen der Sinngebung triumphieren. Aus dieser Furcht entspringt der Denkzwang, in allem was geschieht, einen verborgenen Sinn zu vermuten. »Der Mensch will«, wie Nicolai Hartmann sagt, »der Härte des Realen als des gegen ihn absolut Gleichgültigen nicht ins Gesicht sehen. Er meint gleich, das Leben lohne sich sonst nicht.« An anderer Stelle sagt der Philosoph: »Himmelfern liegt es ihm, auch nur zu ahnen, daß Sinngebung ein Vorrecht des Menschen sein könnte, und daß vielleicht gerade er in seiner Ahnungslosigkeit sich selbst um dieses Vorrecht bringt.«

Paradoxerweise ist die Abneigung gegen ein nicht zweckgerichtetes, »final determiniertes« Weltgeschehen auch von der Furcht motiviert, der freie Wille des Menschen könne sich als eine Illusion erweisen, was nicht nur erkenntnistheoretisch unsinnig ist, sondern auch, was eine zweckgerichtete Weltordnung betrifft, völlig verkehrt: »Die widerspruchslos hingenommene Vorstellung von einer von vornherein durchgehend final determinierten Welt schließt ja ebenfalls jegliche Freiheit des Menschen aus« und läßt ihm nur das Verhalten eines Schienenfahrzeuges offen, das bloß nicht zu entgleisen braucht, um zum vorbestimmten Ziele zu gelangen. Das bedeutet selbstverständlich auch die Vernichtung des Menschen als eines verantwortlichen Wesens.

Final determinierte Vorgänge gibt es im Kosmos ausschließlich im Bereich des Organischen. Eine im Hartmannschen Sinne kategoriale Analyse des Finalnexus läßt sich nur vom Wirkungsgefüge des Gesamtverlaufes einer zweckgerichteten Geschehenskette geben, für die drei Akte charakteristisch sind. Diese kann man allerdings nicht voneinander trennen und unabhängig betrachten, denn sie bilden eine funktionelle Einheit, die aus folgenden Akten besteht: Erstens die Setzung eines Zweckes mit Überspringen des Zeitflusses als eine Antizipation von etwas Künftigem. Zweitens eine von diesem gesetzten Zweck her erfolgende Auswahl der Mittel, die also gewissermaßen rückläufig determiniert werden. Drittens die Realisation des Zweckes durch die kausale Aufeinanderfolge der ausgewählten Mittel.

Immer müssen, wie Nicolai Hartmann mit stärkster Betonung sagt, ein »Träger« der Akte, ein »Setzer« des Zweckes und ein »Wähler« der Mittel vorhanden sein, ja, es kommt dazu, daß der »dritte Akt«, die Verwirklichung des Zwecks, meist noch »überwacht« werden muß; denn in der Auswahl der Mittel können Irrtümer eingetreten sein, dann aber tritt irgendwo in der Reihe eine Abweichung von der vorgezeichneten Linie auf, die ihrerseits durch neue Mittel ausgeglichen werden muß.

Nicolai Hartmann meint, daß der Träger der Akte und Setzer der Zwecke immer nur ein Bewußtsein sein könne, denn, so sagt er, »nur ein Bewußtsein hat Beweglichkeit in der Anschauungszeit, kann den Zeitlauf überspringen, kann vorsetzen, vorwegnehmen, Mittel seligieren und rückläufig gegen die übersprungene Zeitfolge bis auf das ›Erste‹ zurückverfolgen«. Seit Nicolai Hartmann diese Sätze geschrieben hat, haben die Biochemie, die Erforschung der Morphogenese und die des tierischen Appetenzverhaltens Vorgänge aufgedeckt, in denen auch bei sicher nicht bewußtseinsbegleiteten Vorgängen die von ihm geforderten drei Akte in ihrem typischen Wirkungsgefüge gegeben sind. Die Art und Weise, in der die im Genom vorgegebene »Blaupause« die Erzeugung eines neuen Organismus vorwegnimmt, entspricht durchaus dem ersten Akt der Zielsetzung, und die Verwirklichung des Zieles, bei der in höchst regulativer Weise je nach Angebot des Milieus sehr verschiedene Mittel und Wege die endgültige Verwirklichung des Bauplanes erreichen, entspricht zweifellos genau dem von Hartmann postulierten Gefüge dreier Akte, wenn auch sicher auf einer kategorial niedrigeren Ebene als der des bewußten, menschlichen Zweckverhaltens. Zwischen diesen beiden Ebenen liegt das zweckgerichtete Verhalten von Tieren – aber auch von Menschen, das in einer stufenlosen Reihe von ungerichtetem Suchen zum komplexesten methodischen Vorgehen des Menschen reicht.

Die Evolution ist insofern geradezu das Gegenteil von zweckgerichtet, als sie überhaupt keinen Vorgriff in die Zukunft tun kann. Sie ist nicht imstande, um eines zukünftigen Vorteiles willen auch nur die geringsten gegenwärtigen Nachteile in Kauf zu nehmen, mit anderen Worten, sie kann nur solche Maßnahmen ergreifen, die einen unmittelbaren Selektionsvorteil erbringen, ebenso wie auch ein gutwilliger Politiker nur solche Maßnahmen zu ergreifen imstande ist, die ihm einen unmittelbaren »Elektionsvorteil« verschaffen.

Das Material aber, an dem die Selektion angreift, ist immer nur die rein zufällige Veränderung oder Neukombination von Erbanlagen. Es ist formal richtig und dennoch irreführend, zu sagen, daß die Evolution nur nach den Prinzipien des blinden Zufalls und der Ausmerzung vorgehe. So ausgedrückt, erscheint diese an sich unbestreitbare Tatsache jedem Fernerstehenden unwahrscheinlich, schon weil die wenigen Milliarden Jahre der Existenz unseres Planeten nicht auszureichen scheinen, um auf diesem Wege die Entstehung des Menschen aus einem virusähnlichen Vorlebewesen möglich zu machen. Der Zufall ist indessen in eigenartiger Weise »gezähmt«, wie Manfred Eigen sich ausdrückt, und zwar durch den Gewinn, den er erbringt. Wohl ist eine Mutation, welche die Überlebenschancen eines Organismus vermehrt, von einer Unwahrscheinlichkeit, die von berufenen Genetikern mit der Unwahrscheinlichkeit von 10^{-8} beziffert wird, doch macht sich diese Erbänderung, die dem Organismus eine neue Möglichkeit der Beherrschung seiner Umwelt eröffnet, in noch großzügigerer Weise bezahlt. Jede derartige Erbänderung bedeutet nicht mehr und nicht weniger, als daß eine neue Information über seine Umwelt in den Organismus gelangt ist. Anpassung ist also ein essentiell kognitiver Vorgang. Jede Anpassung bedeutet einen Wissensgewinn. Dieser Wissensgewinn seinerseits erhöht nicht nur die Chancen weiterer »Kapitalgewinnes«, das heißt des Zuwachses an Zahl der Nachkommen, die der glückliche Besitzer der neuen Anpassung in die Welt setzt, vielmehr wächst mit deren Zahl auch die Wahrscheinlichkeit, daß sich unter ihnen einer findet, der einen weiteren »Haupttreffer« macht. Es besteht also ein Verhältnis positiver Rückkopplung zwischen Kapitalgewinn und Wissensgewinn. Man macht diese doppelte Leistung des Lebendigen besser verständlich, wenn man sagt, jede Art von Lebewesen gleicht einem kommerziellen Unternehmen (wie etwa die BASF oder die IG-Farben), das stets einen erheblichen Teil seines Reingewinnes in seinen Laboratorien investiert, in der berechtigten Annahme, daß der so erreichte Wissensgewinn sich durch weiteren Kapitalgewinn bezahlt machen würde.

Welchen Weg die Entwicklung eines solchen »Unternehmens« nimmt, hängt völlig vom Zufall ab. Das Lebensgeschehen ist, um nochmals Manfred Eigen zu zitieren, ein Spiel, in dem nichts festliegt außer den Spielregeln. Der Stammbaum des Lebendigen ist ein typisches Beispiel dessen, was die Spieltheoretiker einen »Entscheidungsbaum« nennen, als dessen reales Beispiel Manfred Eigen das Mündungsdelta des Colorado-River abbildet. Milliarden von Zufälligkeiten bestimmen, welchen Verlauf ein einzelnes Rinnsal nimmt und wo es ins Meer mündet. Nur daß es dies schließlich tut und somit doch eine Allgemeinrichtung beibehält, ist in den Spielregeln bedingt.

Dieses Gleichnis hinkt in einem wesentlichen Punkte, wenn wir es auf den Stammbaum des Lebens anwenden. Das Wasser rinnt nur abwärts, die Entwicklung des Lebens jedoch geht, wie schon gesagt, keineswegs nur aufwärts, es besitzt keine inhärente Tendenz zur Höherentwicklung. Wir können es als Tatsache hinnehmen, daß die jeweils höchsten Lebewesen einer Erdepoche uns als höhere Tiere erscheinen als die der vorhergehenden. Zweifellos sind Haifische höhere Lebewesen als Trilobiten, Lurche höhere als Haifische, Reptilien höhere als Lurche usw. Es ist also gewissermaßen nur die Tangente, durch welche die höchsten Lebewesen der aufeinanderfolgenden Erdepochen miteinander verbunden werden können, welche nach aufwärts weist. Keine allgemeine Richtungstendenz, sondern ein Spiel unzähliger Wechselwirkungen ist es, welches das organische Werden kreativ werden läßt. Was nach »oben drängt«, ist die schlichte Tatsache, daß »unten« alles besetzt ist. Es ist ein weit verbreiteter Irrtum, die Vollkommenheit des Angepaßtseins irgendeines Lebewesens mit der Höhe seiner Evolution zu verwechseln. Schon Jakob von Uexküll hat gesagt: »Die Amöbe ist ebenso gut angepaßt wie das Pferd.« Wo eine Tierart durch keinen Konkurrenten in ihrem Lebensraum bedrängt wird, kann sie schier unbegrenzte Zeiten unverändert darin sitzen bleiben. . . .

Es ist die Vielzahl der ins Gefüge der Wechselbeziehungen eingreifenden Mitlebewesen, die es für jede einzelne, in dem betreffenden Biotop lebende Art nötig macht, eine entsprechende Vielzahl von Anforderungen zu berücksichtigen. Das ist es, was große Genetiker als kreative Selektion bezeichnen.

Das organische Werden vollzieht sich auch nicht, wie vereinfachte Darstellungen des Evolutionsgeschehens oft glauben lassen, in einer Reihe stufenloser fließender Übergänge. Schon auf physikalischer Ebene hat die Integration zweier präexistenter Untersysteme zu einer einzigen Funktionsganzheit die Entstehung von absolut neuen Systemeigenschaften zur Folge, die bei keinem der beiden Untersysteme vorhanden waren, und zwar auch nicht in Andeutungen oder Vorstufen. So entsteht in einem solchen historisch einmaligen Akt jeweils etwas absolut Neues, nie Dagewesenes . . .

Auf Schritt und Tritt begegnet der vergleichende Stammesgeschichtsforscher »Irrtümern« der Evolution, Fehlkonstruktionen von einer Kurzsichtigkeit, die man keinem menschlichen Konstrukteur zutrauen würde. Gustav Kramer hat in seiner Schrift über das Unzweckmäßige in der Natur viele Beispiele für dieses Phänomen gebracht, von denen hier nur eines angeführt sei. Beim Übergang vom Wasserleben zum Landleben wurde die Schwimmblase der Fische zum Atemorgan. Beim Fisch, ja schon bei den kieferlosen Zyklostomen sind im Kreislauf Herz und Kiemen hintereinander geschaltet, das heißt, das ganze vom Herzen gepumpte Blut muß zwangsläufig die Kiemen passieren, und das sauerstoffreiche Blut wird nun unvermischt in den Körperkreislauf geleitet. Da die Schwimmblase ein vom Körperkreislauf versorgtes Organ ist, läuft zunächst, auch nachdem sie zur Lunge, das heißt zum alleinigen Atemorgan, des Tieres geworden ist, das aus ihr kommende Blut in den Körperkreislauf zurück, der daher dem Herzen gemischtes, teils aus dem Körper kommendes sauerstoffarmes, teils sauerstoffreiches, aus der Lunge kommendes Blut zuführt. Dies ist eine technisch höchst unbefriedigende Lösung, wurde aber dennoch von allen Lurchen und beinahe allen Reptilien beibehalten. Alle diese Tiere sind, was selten zusammenfassend betont wird, im höchsten Grade ermüdbar. Ein Frosch, der nach einer Anzahl von Sprüngen nicht das Wasser oder Deckung erreicht hat, kann leicht gegriffen werden, das gleiche gilt auch von den gewandtesten und schnellsten Echsen. Kein Lurch und kein Reptil sind einer andauernden Muskelarbeit fähig, wie sie jeder Hai, jeder Knochenfisch und jeder Vogel zu leisten vermögen.

Unter den Reptilien sind es nur die Krokodile, die eine vollständige Scheidewand ausgebildet haben, die das rechte vom linken Herzen und damit den Lungenkreislauf vom Körperkreislauf trennt. Sie sind aber merkwürdigerweise Abkömmlinge eines auf zwei Beinen gehenden und recht bewegungsfähigen Reptilienstammes, der den Ahnenformen der Vögel in mancher Beziehung nahesteht. Außer den Krokodilen sind es nur die Vögel und die Säugetiere, bei denen der Atemkreislauf vom Körperkreislauf völlig getrennt ist, so daß das Blut beide hintereinander durchläuft, die Lungenvenen also frisch durchlüftetes, rein arterielles Blut führen, das in das linke Herz fließt und von da in den Körperkreislauf gepumpt wird, während das rechte Herz rein venöses Blut aus dem Körperkreislauf erhält und in die Lunge pumpt. Es hat also von der Entstehung der ersten Landwirbeltiere bis zu der der höchsten Reptilien und der Vögel gedauert, bis die »Notkonstruktion«, den Lungenkreislauf »im Nebenschluß« zum Körperkreislauf zirkulieren zu lassen, einer Lösung wich, die in ihrem Wirkungsgrad ebensogut war, wie das zusammen mit der Kiemenatmung verlassene Zirkulationssystem der Fische schon gewesen war!

Erwarten Sie bitte nicht, daß ich Ihnen nun eine Definition gebe, was ich im Vorangegangenen als »höher« oder »nach oben« bezeichnet habe. In diesen Worten stecken Werturteile, und Werte lassen sich nun einmal nicht in der quantifizierenden Terminologie der Naturwissenschaften ausdrücken. Eine der schwersten Geisteskrankheiten der heutigen Menschheit liegt in der weit verbreiteten Überzeugung, daß etwas, was sich nicht quantifizieren und nicht in der Sprache der sogenannten »exakten« Naturwissenschaft ausdrücken läßt, keine reale Existenz besitze. Damit wird allem, was Wert hat, der Charakter des Wirklichen abgesprochen, von einer Menschheit, die, wie Horst Stern so prachtvoll gesagt hat, »den Preis von allem und den Wert von gar nichts kennt«. Werte in der Sprache der Ratio definieren zu wollen gleicht dem Versuch, mit einem heißen Messer aus Schnee oder Eis eine bestimmte Figur zu schnitzen: Das, was man zum Ausdruck zu bringen sucht, schmilzt einem unter den Händen zu nichts zusammen.

Werte kann man nicht definieren, man kann sie nur empfinden, ihre Beschreibung ist daher legitimerweise Aufgabe der Phänomenologie. Diese Wissenschaft kann genaugenommen nur jeder für sich betreiben, und wenn der Mitmensch, dem er die erlebten Phänomene schildert, diese nicht kennt, so ist deren Existenz keineswegs widerlegt: Das zu bezweifeln, was man in sich unmittelbar vorfindet, ist, wie Wolfgang Metzger richtig betont, der größte aller erkenntnistheoretischen »Irrtümer«. Wenn ich hier meine eigenen Erlebnisse der Wertempfindung zu schildern versuche, wie »niedrigere« und »höhere« Tiere sie bei mir auslösen, und insbesondere jene, die auf das »Aufwärts« und »Abwärts« stammesgeschichtlichen Geschehens ansprechen, so erwarte ich zwar, daß einige diese Phänomene aus eigenem Erleben kennen, bin aber nicht enttäuscht, wenn viele dies nicht tun...

Der Versuch, Werte zu definieren, ist, wie gesagt, vergebens. Doch ist es legitim und vielleicht aufschlußreich, das schöpferische Geschehen im engen Raum des Menschengeistes mit jenem zu vergleichen, das sich in der außersubjektiven Welt vollzieht. Der »Geist« des Menschen, jenes überindividuelle Wissen, Können und Wollen, das mit der Entstehung des begrifflichen Denkens und der syntaktischen Sprache in die Welt gekommen ist, verdankt sein Dasein ganz sicher der kreativen Selektion. Das heißt in anderen Worten, daß er im Dienste des zweckgerichteten Verhaltens entstand, unter dem Selektionsdruck, den dieses auf die Verstandesleistungen ausübte.

Unsere wertschätzende Bewunderung wird gewiß auch von zweckgerichteten Vorgängen wachgerufen, die auf mehr oder weniger vorbestimmten Bahnen auf ein von vornherein gestecktes Ziel hin verlaufen. Aber wenn wir beispielsweise ehrfürchtig die wunderbaren Vorgänge der Embryogenese betrachten, die aufgrund der im Genom gegebenen, in Sequenzen von Nukleotiden kodierten Planskizze aus dem scheinbar so strukturlosen Inhalt eines frischen Eies ein Gänschen werden lassen, dessen Inventar angeborener Verhaltensweisen es instand setzt, den Eltern nachzulaufen, Futter zu finden, sich auf den elterlichen Warnlaut hin zu verstecken usw. usf., so gilt die Bewunderung des Wissenden wohl noch mehr dem Geschehen, das all diese Planungen werden ließ, als ihrer aktuellen Verwirklichung.

Wir können unsere wertende Bewunderung auch dem final determinierten Verhalten des Menschen nicht versagen, des Homo faber, der als aktiver Arbeiter seine Umwelt fast ebensosehr bestimmt, wie er von ihr bestimmt wird. Ich gestehe, daß klug ausgedachtes Menschenwerk, auch wenn es rein »utilitaristisch« vom Zwecke eines Lebensvorteils her bestimmt ist, meine Bewunderung, wenn auch nicht meine Ehrfurcht erwecken kann. Immer aber hängt dem rein zweckgerichteten Verhalten von Mensch und Tier die Neigung an, sich zur Gewohnheit zu konsolidieren, zur »Routine« zu erstarren.

Nun aber kommt der springende Punkt – im wahrsten Sinne

147

des Wortes –, denn es handelt sich um das Auftreten von etwas Niedagewesenem, um das, was ich als »Fulguration« bezeichnet habe: Es ist fraglich, ob es beim Menschen ein »rein« zweckgerichtetes Verhalten überhaupt gibt, ob sich nicht in alle seine Arbeit ein anderes Geschehen einschleicht, dessengleichen sich im vormenschlichen Bereich niemals im Verhalten des Individuums abgespielt hat und das dem Spiel der Faktoren analog ist, von denen die kreative Selektion bewirkt wird.

Die mannigfachen Untersysteme des Könnens und Erkennens, der einzeln erlernten, gekonnten Bewegungsweisen und der in Tradition kumulierten Fähigkeiten des Wissenserwerbs, erlangen im Menschen eine Selbständigkeit, die sie bei keinem anderen Lebewesen besitzen, und werden damit dem zweckstrebenden Menschen unabhängig verfügbar und damit frei kombinierbar. Sie alle werden begrifflich faßbar, und der Mensch beginnt mit ihnen zu spielen. Schon bei der Herstellung einfachster zweckdienlicher Gegenstände können Menschen einfachster Kulturstufen nicht umhin, Schönes zu schaffen. Als einziges Beispiel eines rein zweckmäßigen, völlig unverzierten und nicht einmal über die Erfordernisse der Zweckmäßigkeit hinaus regelmäßig gestalteten Werkzeugs vermag ich den Bumerang der australischen Ureinwohner zu nennen. Es ist die Kunst, die allmählich in alle Herstellung zweckmäßiger Werkzeuge einschleicht und die sich offenbar schon sehr früh, zu prähistorischer Zeit, verselbständigt hat – vielleicht unterstützt von Zauber und Ritus.

Im Erkennen des Menschen spielt sich Analoges ab wie in seinem Können. Kognitive Leistungen verschiedener Art, alle jene, aus deren Integration das begriffliche Denken einst erwuchs, und viele neue besonderer Art treten miteinander in eine vielfache Wechselwirkung, die in engerem Sinne als die, in der Manfred Eigen das Weltgeschehen als solches bezeichnet, ein Spiel genannt zu werden verdient. Getrieben von der Neugier, von der Hauptmotivation des Spiels in seinem ursprünglichsten und speziellsten Sinn, die schon bei Tieren eine wesentliche Rolle spielt und die entscheidend zur Entstehung des begrifflichen Denkens beigetragen hat, erblüht im denkenden Menschen ein Spiel der Gedanken, das merkwürdig ähnlichen

Regeln gehorcht wie das große Spiel der Wechselwirkungen, das den Menschen geschaffen hat. So schöpferisch wie in diesem wirken Zufall und Gesetz auch in dem Spiel des Erkenntnisstrebens zusammen, die Regeln, denen es folgt, sind ähnlich. Das Prinzip von Versuch und Irrtum, das im stammesgeschichtlichen Werden die Form von Erbänderung und Selektion annimmt, findet sich auf der höheren Integrationsebene des menschlichen Erkenntnisstrebens als Hypothesebildung und Falsifikation wieder. Vor allem aber ist der Modus, in dem neue Gedanken, neue Erkenntnisse entstehen, prinzipiell identisch mit jenem, der im Evolutionsgeschehen Niedagewesenes entstehen läßt. Fast immer ersteht die neue Erkenntnis daraus, daß zwei bereits existente Gedankengänge zu einer Einheit integriert werden, die neue Systemeigenschaften besitzt. Die Ausdrücke der gewachsenen Sprache, wie »Gedankenblitz« oder »es ist mir ein Licht aufgegangen«, sind, wie ich nachträglich festgestellt habe, meinem mühsam gesuchten Terminus »Fulguration« sehr ähnlich.

Im Geist des Menschen spielen sich also echt schöpferische Vorgänge ab, die genausowenig final determiniert sind, wie die im kosmischen Geschehen sich vollziehenden. Nichts von »finaler Determination«! Finis bedeutet Ende, determinare beendigen, jedes Ende aber würde Verzweiflung sein!

Das Schöpferische im Menschengeist ist nicht nur wesensverwandt mit dem großen organischen Werden, es ist ein spezieller Fall von ihm, doch erhebt es sich auf eine kategorial höhere Ebene dadurch, daß es reflektiert wird. »Im Menschen wird sich die Evolution ihrer selbst bewußt« – so lautet die schöne Formulierung, die Hans Tuppy für diese Erkenntnis gefunden hat. Erst mit diesem Bewußtsein erwacht, als Vorrecht und Verpflichtung des Menschen, die Sinngebung: Es besteht für ihn die Welt der Werte. Gleichzeitig aber bürdet sich auf seine Schultern die Last der Verantwortung, nicht nur für seine Spezies oder gar nur für seine Person, sondern für das gesamte organische Geschehen im Gesamtbereich seiner gefährlich groß gewordenen Macht. (WN)

2. Funktionswechsel

Die Frage, ob eine genetisch programmierte Struktur oder Funktion »zweckmäßig« sei, kann selbstverständlich immer nur in bezug auf ganz bestimmte Umweltbedingungen gestellt werden. Geringe Veränderungen des Lebensraumes können Einrichtungen unzweckmäßig werden lassen, die eben noch von größtem Arterhaltungswert gewesen waren. Aber auch die primär vom Organismus selbst bewirkten Veränderungen, beispielsweise die Eroberung einer neuen ökologischen Nische, können viele strukturelle und funktionelle Eigenschaften, die bis dahin arterhaltend wirkten, indifferent oder schädlich werden lassen. Zum Glück für den Stammesgeschichtsforscher wird die »Anpassung von gestern« mit großer Konservativität lange mitgeschleift. Das »Gerümpel« nicht mehr gebrauchter Strukturen wird dann oft in einer Weise benutzt, die seinem ursprünglichen Zweck »entfremdet« ist, was man als »Funktionswechsel« zu bezeichnen pflegt.

Die Ausnutzung von Möglichkeiten, die durch brachliegende »Strukturen von gestern« geboten werden, erscheint oft geradezu genial. Ein schönes Beispiel ist der »Umbau« der ersten Kiemenspalte primitiver Fische zum äußeren Gehörgang von Fröschen, Reptilien, Vögeln und Säugetieren. Als unsere Vorfahren vom Wasserleben zum Landleben, von der Kiemenatmung zur Lungenatmung übergingen, wurden die Kiemenspalten funktionslos, durch die bisher Atemwasser geströmt war. Der Skelettapparat, der die Kiemenbögen stützte, fand zum Teil im Zungenbein und im Kehlkopf Verwendung, die Spalten aber wurden geschlossen und verschwanden – bis auf eine: Die vorderste Kiemenspalte, das sogenannte Spritzloch, das bei den Rochen und bei vielen Haien als Einatmungsöffnung funktioniert, führte nahe am Labyrinth vorbei, am Organ der Schwere- und Beschleunigungswahrnehmung. Im buchstäblichen Sinn »lag es nahe«, den früher wasserführenden Kanal mit diesem ohnehin erschütterungsempfindlichen Apparat in Verbindung zu bringen und ihn, nunmehr mit Luft gefüllt, als ein Schallwellen leitendes »Hörrohr« zu verwenden.

Ein zweites, noch erstaunlicheres Beispiel von Funktionswechsel hängt ebenfalls mit der Entstehung des Ohres zusammen. Das Kiefergelenk der Fische, Lurche, Vögel und Reptilien wird aus zwei Knochen gebildet: erstens aus dem mit dem Schädelskelett ziemlich fest verbundenen Os quadratum und zweitens aus dem den hintersten Teil des Unterkiefers bildenden Os articulare. Als aus Reptilien Säuger wurden, löste sich das Articulare vom Kiefer und das Quadratum aus seiner festen Verbindung mit der Schädelbasis. Das erste trat mit dem Trommelfell, das zweite mit dem inneren Ohr in Verbindung, und beide wurden zu Schallwellen übertragenden Organen, den sogenannten Gehörknöchelchen. Gleichzeitig bildete sich weiter vorne ein neues Kiefergelenk aus. In dieser Gleichzeitigkeit liegt ein schwieriges mechanisches Problem, da zwei an denselben Skelettelementen hintereinanderliegende Gelenke einander blockieren müssen.

Der Funktionswechsel verschleiert ein wenig die Häufigkeit, mit der Organe ihre ursprüngliche Zweckmäßigkeit verlieren, weil eine nicht mehr in ihrer ursprünglichen Funktion gebrauchte Struktur fast immer zu irgendeinem anderen Zwecke verwendet werden kann, etwa so, wie man aus einem alten Kleidungsstück einen Putzlappen macht. Selbst der Blinddarmfortsatz des Menschen dient als Basis für Lymphgewebe (abgesehen davon, daß er, wie mein Vater zu sagen pflegte, in »fremddienlicher Zweckmäßigkeit« zur Ernährung der Chirurgen beiträgt). Was alles aus einem nicht mehr gebrauchten Organ entstehen kann, ist schier unglaublich. Aus einer Kiemenspalte wird ein Ohr, aus einem Kiefergelenk werden Gehörknöchelchen, aus dem Scheitelauge alter Vertebraten ist unsere Zirbeldrüse, ein Organ innerer Sekretion, geworden und aus dem Endostyl, einem mit Flimmerhärchen bekleideten Filterapparat der allerersten Wirbeltiere, die Schilddrüse, um nur einige Beispiele zu nennen. Manchmal hat man geradezu den anthropomorphen Eindruck, als würde dem funktionslos gewordenen Organ wie einem unbrauchbar gewordenen Beamten als »Gnadenbrot« irgendeine Funktion zugewiesen, die, vom ganzen Organismus her gesehen, eigentlich entbehrt werden könnte. In Wirklichkeit ist es natürlich so, daß das Vorhandensein ungebrauchten Gewebes, ja, schon das des Raumes, den das zwecklos gewordene Organ einnahm, einen Selektionsvorteil bietet, der die Phylogenese dazu »verführt«, diese »billige Gelegenheit« einem anderen Zwecke nutzbar zu machen, zu dem man bei besserer Voraussicht ein von Grund auf neu geschaffenes Organ verwenden würde. Vorausschauen aber kann die Phylogenese nicht; auch kann der Organismus seine Lebensfunktion nicht für die Zeit unterbrechen, die zur Umkonstruktion nötig wäre, und ein Schild aufstellen: »Wegen Umbau geschlossen«.

Diese für die gesamte Stammesgeschichte kennzeichnenden Vorgänge bringen es mit sich, daß ein Organismus niemals einem Gebäude gleicht, das von einem menschlichen Intellekt vorausschauend geplant wurde und in dem von vornherein alle nötigen Teile zweckmäßig entworfen wurden. Er gleicht vielmehr dem Haus eines Siedlers, der sich, um überhaupt einen Unterschlupf zu haben, zuerst eine einfache Blockhütte baute, dann aber, dem Anwachsen seiner Familie und seines Wohlstandes entsprechend, ein größeres Haus errichtete, die alte Hütte aber keineswegs abriß, sondern als Lagerschuppen, Stall oder sonstwie verwendete. Der Stammesgeschichtler kann vorgehen wie ein Kunsthistoriker, der beim Studium einer alten Kathedrale die Etappen ihres Baus und ihrer Geschichte analysiert. Aber der Kulturgeschichtler wird nur selten finden, daß die Zielsetzung des Bauens, während es im Gange war, so weitgehend verändert wird, wie dies der Stammesgeschichtler bei seinem vergleichbaren Forschen so oft feststellen muß.   (AM)

3. Zickzackwege der Phylogenese

Es mag bei menschlichen Planvorhaben vorkommen, daß plötzlich eintretende unvorhergesehene Umstände dazu zwingen, die schon hergestellten Strukturen zu einem völlig anderen Zweck zu verwenden, als vorgesehen war. Man hat aus Schlössern Schulen oder Altersheime gemacht oder aus alten Schiffen Kasernen. In der Stammesgeschichte aber finden sich Kurswechsel, die eine unvergleichlich schärfere Abweichung von der vorherigen und schon durch lange Zeiträume verfolgten Anpassungsrichtung bedeuten. Solche Kurswechsel sind manchmal durch »Erfindungen« erklärbar, die in einem bestimmten Lebensraum gemacht wurden und die betreffenden Tiere befähigten, andere und neue ökologische Nischen zu besiedeln. Eine interessante »Erfindung« dieser Art ist die Schwimmblase der Fische. Ihre primäre Funktion war die eines Atemorgans, und sie entstand wahrscheinlich in sumpfigem Süßwasser von niedrigem und wechselndem Sauerstoffgehalt. Die Schwimmblase war die Voraussetzung für die Eroberung des trockenen Landes durch die Vorfahren von Lurchen und Reptilien, gleichzeitig aber eröffnete sie als ein hydrostatisches Organ die Möglichkeit, in Fische ein festes Knochenskelett einzubauen, dessen Gewicht ohne den Auftrieb der Luftblase im wahrsten Sinne des Wortes »untragbar« gewesen wären. Um zu verstehen, warum Knochenfische und nicht Knorpelfische wie die Haie in gewaltiger Überzahl die Meere bevölkern, muß man selbst einen kleinen Hai und einen Knochenfisch von vergleichbarer Größe in Händen gehalten haben, um die Überlegenheit der Körperkräfte zu ermessen, die dem Knochenfisch aus der Hebelwirkung seiner festen Knochen erwächst.

Einen der merkwürdigsten und radikalsten Kurswechsel, den wir in der Geschichte höherer Tiere kennen, ist die Rückkehr von vierfüßigen und landlebenden Reptilien und Säugetieren ins Weltmeer. Ich denke hier nicht an die Entstehung von wasserbewohnenden Vierfüßlern, die, wie etwa Meeresschildkröten, Krokodile, Seehunde und Seelöwen, die allgemeine Form der Vierfüßler beibehalten haben, sondern an die Tiere, die in ihrer Körperform und in der Mechanik ihrer Fortbewegung wieder völlig fischartig geworden sind: die Ichthyosaurier unter den Repitilien und die Wale unter den Säugern. Schon das althergebrachte Wort Walfisch zeigt, daß man diese Tiere lange Zeit für Fische gehalten hat.

Man muß sich vergegenwärtigen, wie viele Schritte der Phylogenese getan werden mußten, um Wirbeltiere von Wasserbewohnern zu Landbewohnern werden zu lassen, wie weit der Weg vom Fisch zum Säugetier ist, um die ganze Erstaunlichkeit eines »Unternehmens« zu würdigen, das aus einem Säuger wieder einen »Fisch« macht. Verglichen mit menschlicher Zwecksetzung käme das dem Verfahren eines Technikers gleich, der ein Automobil zu bauen beginnt und, wenn der Wagen fast oder ganz fertig ist, ein Motorboot daraus macht.

Die Fischform und die fischähnliche Bewegungsweise waren für die Reptilien begreiflicherweise leichter zu erreichen als für die Säuger. Die meisten Reptilien hatten und haben auch heute noch eine lange, seitlich biegsame Wirbelsäule, die sich auch beim Laufen auf trockenem Lande noch merklich schlängelt, und alle diese Formen schwimmen, wenn man sie ins Wasser wirft, »wie die Fische«. Zur vollendeten Anpassung an diese Art der Fortbewegung war es nur nötig, vertikale Flächen, vor allem eine Flosse an den vortreibenden Teilen des Schwanzes, sowie eine reibungsmindernde Stromlinienform des Körpers herzustellen. Als viele Millionen Jahre früher die Fische eine Schwanzflosse »erfanden«, entwickelten die meisten von ihnen diese Flosse an der Bauchseite des Schwanzendes, das sich ein wenig nach oben abwinkelte. Die Morphogenese der Schwanzflosse aller Knochenfische und deren erwachsene Form bei Haien und Stören zeigen diese Konstruktion noch heute. Die Ichthyosaurier »wählten« das umgekehrte Verfahren, was bei Betrachtung der heute lebenden, ans Schwimmen angepaßten Reptilien begreiflich erscheint: Bei diesen wird die vertikale Ruderfläche des Schwanzes durch Hautkämme, hohe Schuppen und dergleichen nach oben hin verbreitert, während seine ventrale Fläche – die ja beim Kriechen auf dem Land meist am Boden schleift – flach bleibt. Wahrscheinlich war dies der Grund, warum den Ichthyosauriern die Schwanzflosse auf der Rückseite ihres Schwanzendes gewachsen ist.

Der Rückweg der Säugetiere zur Fischform war viel weiter: Ihre Wirbelsäule war kürzer geworden, ihr Schwanz hatte sich verdünnt und seine Muskulatur weitgehend eingebüßt. Bei der Lokomotion bewegt sich ihr Rumpf nicht mehr seitlich schlängelnd, als Rest dieser Bewegungsweise ist nur noch die Koordination der Beinbewegungen beim Schritt und beim Trab übriggeblieben: Das Hinterbein der einen Seite wird in beiden Gangarten gleichzeitig mit dem Vorderbein der anderen bewegt, wie sich dies aus der Rumpfschlängelung uralter Vorfahren ergeben hat. Wenn Säugetiere schwimmen – und das können fast alle –, »gehen« die meisten von ihnen auch im Wasser einen raschen Schritt, dessen Bewegungskoordination sich nicht merklich von der des Gehens auf festem Boden unterscheidet. Nur stark wasserangepaßte Formen wie Fischotter, Biber und Nutria paddeln bei lässigem Vorwärtsschwimmen nur mit den Hinterpfoten.

Die Säugetiere verfügen neben dem Schritt aber noch über eine andere Bewegungskoordination des Laufens: über den »Galopp«, der in verschiedenen Varianten, vom einfachen »Frontstützwechsel«, bei dem beide Vorder- und beide Hinterbeine gleichzeitig bewegt werden, bis zu der komplizierten Bewegung von Huftieren, fast immer der möglichst *schnellen* Ortsveränderung dient. »Langsam Galoppieren«, meist als »Hoppeln« bezeichnet, findet sich bei den Hasenartigen (Lagomorphae) und bei den Känguruhs. Schritt und Trab sind bei diesen Tieren verschwunden, Hasen benutzen die beidbeinige Sprungbewegung auch zum Schwimmen, so daß sie stoßweise durchs Wasser gleiten, Känguruhs hat anscheinend noch niemand schwimmen gesehen.

Je kürzer die Extremitäten eines Säugetieres sind, desto mehr tritt bei ihm das Traben vor dem Galoppieren zurück, bei desto geringeren Geschwindigkeiten »fällt es in Galopp«. Wie aus dem Bild des galoppierenden Hundes sehr schön hervorgeht, spielt bei dieser Gangart die Bewegung des Rumpfes, nämlich seine Krümmung und Streckung in der Mittelebene (Sagittalebene) des Tieres, eine große Rolle; der große Vorteil des Galoppierens liegt darin, daß die Rumpfmuskulatur, die bei Schritt und Trab kaum gebraucht wird, für die Lokomotion nutzbar gemacht wird.

Die Säugetier-Wirbelsäule ist – angepaßt an die verschiedenen Gangarten – in der lotrechten Ebene beweglicher, und die Muskulatur, die solche Bewegungen bewirkt, ist stärker ausgebildet als die zur seitlichen Bewegung. Wenn Säuger zu Wassertieren werden und aufs neue die zur Lokomotion in diesem Medium so dienliche Schlängelbewegung ausbilden, so liegt es näher, die Wellen in der Lotrechten verlaufen zu lassen als in der Waagrechten. Mit anderen Worten: Das »undulierende« Schwimmen von Wassersäugern ist wohl vom Galopp abgeleitet. Demgemäß entstehen auch die vortreibenden, dem Wasser Widerstand leistenden Flächen, die notwendigerweise rechtwinkelig zur Ebene der Bewegung stehen müssen, in der Waagrechten: Der verbreiterte Schwanz mancher Fischottern, der Ruderschwanz des Bibers und die Schwanzflosse der Wale sowie die der Seekühe bilden horizontale Flächen. Auch die Seelöwen, die sogenannten Ohrenrobben (Otariidae), »schwimmen im Galopp«, nicht aber die Seehunde (Phocidae): diese führen mit ihrem Hinterende und mit den Hinterbeinen seitlich schlängelnde Bewegungen aus; die Flächen ihrer vortreibenden Ruderfüße stehen lotrecht.

Es ist eine ganze Reihe von Säugetierstämmen ins Wasser gegangen. Die Marderähnlichen (Mustelidae) unter den Raubtieren (Carnivora) scheinen dazu besonders begabt, wegen der Kürze und Breite ihrer Beine und der Beweglichkeit ihres Rückgrats. So finden sich unter ihnen alle nur denkbaren Übergangsformen zwischen dem den Iltissen nahestehenden, gut tauchfähigen Nerz über Fischotter, Meerotter bis zum südamerikanischen Riesenotter, der den echten Robben in so vielen Punkten ähnelt, daß man kaum daran zweifeln kann, daß diese aus gleicherweise ans Wasserleben angepaßten Marderartigen entstanden seien. Gegen diese Annahme spricht allerdings, daß Ohrenrobben (Otariidae) und Seehunde (Phocidae) auf verschiedene Weise schwimmen, was meines Erachtens dazu zwingt, für diese Gruppen getrennte Ursprünge anzunehmen. Bei beiden Gruppen ist der Schwanz, der bei den *Ottern* flossenartig verbreitert und für das »Galoppschwimmen« wesentlich ist, auf einen kurzen Stummel reduziert. Bei beiden funktionieren die Hinterfüße als »Schwanzflosse«; sie stehen aber, wie gesagt, bei den Otariiden waagrecht und bei den Phociden lotrecht. Otariiden und Phociden sind wahrscheinlich unabhängig voneinander entstanden.

Bei den Seekühen (Sirenia) und den Walen (Cetacea) sind die Hinterbeine völlig verschwunden, dem Vortrieb dient eine aus Haut und Bindegewebe aufgebaute Schwanzflosse – ein für Säugetiere völlig neues, nur im Dienste der Wasseranpassung entstandenes Organ. Die Sirenen stammen von Säugetieren ab, die den Elefanten und den Schliefern (Hyracoidea) nahestanden. Den Ursprung der Wale suchte man früher ebenfalls in dieser Gruppe; neuerdings neigen die vergleichenden Anatomen dazu, die Ahnen der Wale in Raubtieren, etwa in primitiven Marderartigen, zu sehen. Dafür spricht, daß die Wale – im Gegensatz zu den ausschließlich pflanzenfressenden Sirenen – fast durchwegs reine Fleischfresser sind; lediglich einige Flußdelphine nehmen auch etwas vegetabilische Nahrung auf.

Wenn man in Rechnung stellt, welche offensichtlichen Nachteile der Konstruktion einem Lebewesen anhängen, das schon zum warmblütigen und luftatmenden Landtier geworden war, wenn es wieder zum Meerestier wird, so wundert man sich, daß sich dies »lohnt«. Man kann jede Tier- oder Pflanzenart als ein sich selbsterhaltendes »Unternehmen« auffassen. Schon die Heizung kostet bei den oft in polaren Regionen lebenden Walen gewaltige Energiemengen, wenn auch die dicke Specklage, die gleichzeitig als hydrostatisches Organ der Schwebefähigkeit und konturausgleichend der Stromlinienform dient, eine sehr gute Wärmeisolierung darstellt. Dafür verliert das Fett die Funktion der Energiereserve, denn es darf ja nicht angegriffen werden. Die Ernährung der Wale ist auch aus einem zweiten Grund eine nicht ganz problemlose Angelegenheit: Sie müssen nicht nur ihren Energie-, sondern auch ihren Wasserbedarf aus ihren Beutetieren gewinnen. Man weiß von gefangengehaltenen Delphinen, daß sie, wenn sie aus irgendwelchen Gründen die Nahrung verweigern, viel schneller verdursten, d. h. an Entwässerung zugrunde gehen, als sie verhungern würden. Eine andere Schwierigkeit, die durch hochinteressante Spezialanpassungen teilweise, aber nie ganz überwunden wurde, liegt für die Wale in der Notwendigkeit, zum Atmen an die Oberfläche des Wassers zu kommen. Wale können zwar sehr lange den Atem anhalten, ertrinken aber, wenn man sie in Netzen zu fangen versucht, ungemein leicht, wovon die Fänger und Tierpfleger der modernen großen Ozeanarien ein recht trauriges Lied zu singen wissen.

Besondere Schwierigkeiten bereitet auch die Geburt. Wale und Sirenen sind die einzigen Säuger, die überhaupt nie an Land gehen, also auch im Wasser gebären. Die augenfällige Gefahr, daß das Neugeborene ertrinkt, wird bei Walen durch hochinteressante Instinkthandlungen gebannt: Ein anderes, mit der Gebärenden befreundetes Weibchen, sehr häufig ihre erwachsene Tochter, steht schon während der Geburt bereit, um das Junge, sowie es erscheint, an die Meeresoberfläche zu tragen. Sie balanciert dabei das Baby auf ihrem Kopf, und zwar in der richtigen Lage, um seine Atemöffnung, das sogenannte Spritzloch, über das Wasser zu heben.

Wenn man sich die vielen Hilfsmechanismen von Struktur und Verhalten vor Augen hält, mit deren Hilfe Schwierigkeiten umgangen und Probleme gelöst werden, die sich aus der Umkonstruktion eines landbewohnenden Säugetiers zu einem Wasserbewohner ergeben, so bewundert man, wie so oft, die »Genialität« der »wohldurchdachten« Maßnahmen und Zusatzerfindungen; andererseits kann man aber nicht umhin, zu staunen, daß ein so einschneidender Wechsel der Anpassungsrichtung überhaupt »lohnt«, mit anderen Worten, daß der Wassersäuger sich in Konkurrenz mit den »berufenen« Wassertieren, den Fischen, halten kann. (AM)

4. Die positive Rückkoppelung des Energiegewinns

Die wunderbarste Leistung des Lebendigen und gleichzeitig diejenige, die einer Erklärung am meisten bedarf, besteht darin, daß es sich, in scheinbarem Widerspruch gegen die Gesetze der Wahrscheinlichkeit, in der Richtung vom Wahrscheinlicheren zum Unwahrscheinlicheren, vom Einfacheren zum Komplexeren, von Systemen niedrigerer zu solchen höherer Harmonie entwickelt. Es gibt indessen keine Verstöße gegen die allgegenwärtigen Gesetze der Physik, und auch der zweite Hauptsatz der Wärmelehre wird vom Lebendigen nicht durchbrochen. Alle Lebensvorgänge werden vom Gefälle der im Weltraum verströmenden, wie die Physiker sagen, *dissipierenden* Energie unterhalten. Das Leben »frißt negative Entropie«, wie ein Wiener Freund von mir einmal drastisch gesagt hat.

Alle lebenden Systeme sind so beschaffen, daß sie Energie an sich zu reißen und zu speichern vermögen. Otto Rössler hat in einem hübschen Gleichnis gesagt, das Leben wirke im Strome der dissipierenden Weltenergie ähnlich wie eine Sandbank in einem Flusse, die sich quer zur Strömungsrichtung gebildet hat und desto mehr Sand zurückzuhalten vermag, je mehr sie schon angehäuft hat. Daß lebende Systeme um so mehr Energie schlucken können, je mehr sie schon geschluckt haben, ist selbstverständlich: Wenn es einem Lebewesen gut geht, so wächst es, und es pflanzt sich fort. Viele große Tiere fressen eben mehr als wenige kleine. Organismen sind also Systeme, die in einem Kreise sogenannter *positiver Rückkoppelung* Energie gewinnen.

In der Welt des Anorganischen gibt es Systeme, die dasselbe tun. (RS)

5. Die Anpassung als Wissenserwerb

Organische Systeme unterscheiden sich von den erwähnten anorganischen in einem wesentlichen Punkte: Sie verdanken ihre Fähigkeit zum Energieerwerb bestimmten, oft hochkomplizierten *Strukturen* ihres Körpers. Die Strukturen sind von den Lebewesen im Laufe ihrer Stammesgeschichte oder Phylogenese ausgebildet worden, und zwar durch einen Vorgang, der sie zum Gewinnen und Speichern von Energie besonders geeignet macht.

Dank alter Erkenntnisse von Charles Darwin und neuer Ergebnisse der Biochemie können wir uns heute bestimmte und wahrscheinlich zutreffende Vorstellungen über die Vorgänge machen, durch welche die Zweckmäßigkeit organischer Strukturen zustande kommt. Der Bauplan jeder Art von Lebewesen ist in den Doppelschräubchen der Nukleinsäure-Kettenmoleküle niedergelegt, »codiert« in der Reihenfolge der Nukleotide. Dieser Code wird bei jeder Zellteilung dadurch redupliziert, daß der Doppelfaden des Nukleinsäure-Moleküls in zwei Hälften zerfällt, deren jede sich alsbald dadurch wieder zu einem Doppelfaden ergänzt, daß er freie Nukleotide »zusammensucht« und in jener Reihenfolge an sich bindet, die der des abgespaltenen Halbfadens entspricht. So entsteht aufs neue je ein Doppelfaden, der aus einem alten und einem komplementären neuen Anteil zusammengesetzt ist. Die erbliche Kontinuität beruht also auf einer materiellen Kontinuität, jedoch, wie Weidel sagt, »mit der Einschränkung, daß es eine bestimmte, materiegebundene *Struktur* ist, die von Generation zu Generation weitergegeben wird«. Bei der Weitergabe, das heißt bei der Reduplikation der Nukleinsäurefäden, passieren manchmal »kleine Fehler«, was zur Folge hat, daß der Code der neugebildeten Doppelschraubenhälfte in kleinen Einzelheiten von dem der vorgegebenen abweicht. Dies nennt man eine *Mutation* des Gens.

Bei allen Lebewesen, die echte Zellkerne besitzen, den sogenannten Karioten, zu denen alle höheren Tiere und Pflanzen zählen, sind die Gene zu größeren Baueinheiten, den Chromosomen zusammengefaßt. Diese sind in jedem Zellkern, jeder Körperzelle in *Paaren* vorhanden. In jedem Chromosom eines solchen Paares aber sind gleiche oder einander entsprechende Gene in annähernd gleicher Reihenfolge angeordnet. Vor der geschlechtlichen Fortpflanzung werden in der sogenannten Reduktions- oder Reifeteilung die Chromosomenpaare getrennt, so daß die befruchtungsreifen Fortpflanzungszellen nur einen halben Satz von Chromosomen besitzen, was man als den haploiden Zustand bezeichnet. Bei der Befruchtung finden sich die Chromosomen wieder zu Paaren zusammen, in denen je ein Partner vom mütterlichen und einer vom väterlichen Elternteil stammt. Hierdurch sowie durch besondere an den Chromosomen sich abspielende Vorgänge kann es zu Neukombinationen von Erbanlagen kommen. Die hier in äußerster Kürze und Vereinfachung skizzierten Vorgänge der Mutation und Neukombination von Erbanlagen haben zur Folge, daß das äußere Erscheinungsbild höherer Organismen, der sogenannte Phänotypus, nie völlig invariant ist.

Häufigkeit und Ausmaß dieser Veränderungen sind so bemessen, daß sie die Überlebensfähigkeit der Art nicht durch die Produktion lebensunfähiger Monstrositäten gefährden, aber sie wirken sich keineswegs immer zum Vorteil der betroffenen Individuen aus – im Gegenteil: Da alle diese kleinen und kleinsten Veränderungen, die durch Mutation und Neukombination von Erbanlagen verursacht werden, *völlig ungerichtet* vor sich gehen, haben sie in den allermeisten Fällen eine Verminderung der Aussichten zur Folge, die das betreffende Individuum auf Energiegewinn und Überleben hat. Nur in seltenen Ausnahmefällen – aber gerade auf sie kommt es hier an – setzt eine Mutation oder Neukombination von Erbanlagen einen Organismus in den Stand, seine Umwelt *besser* auszunutzen, als seine Vorfahren es konnten. Dies aber bedeutet immer, daß das neue Wesen irgendeiner Gegebenheit seiner Umwelt »besser gerecht wird«, wodurch sich seine Aussichten auf Energiegewinn vermehren oder die Wahrscheinlichkeit des Energieverlustes vermindert wird. In gleichem Maße steigen die Überlebens- und Fortpflanzungsaussichten des begünstigten Organismus und sinken die seiner nicht in gleicher Weise neuausgestatteten Brüder, die durch die Konkurrenz zum Aussterben verurteilt sind. Den Vorgang dieser natürlichen Auslese nennt man *Selektion*, die durch ihn bewirkte Veränderung der Lebewesen *Anpassung*.

Durch seine Einsicht in das Wesen dieser beiden Vorgänge ist der Biologe zu der Bildung zweier Begriffe gezwungen, die dem Physiker wie dem Chemiker fremd sind. Der erste dieser beiden Begriffe ist derjenige der *arterhaltenden Zweckmäßigkeit* oder *Teleonomie*. Da durch die Selektion Strukturen »herausgezüchtet« werden, die eine bestimmte arterhaltende Funktion besonders gut erfüllen, sehen sie im Enderfolg so aus, als wären sie von einem weise voraussehenden und klug planenden Geist zu eben diesem Zwecke erschaffen. ...

Schlechterdings *alle* komplexen Strukturen sämtlicher Organismen sind unter dem Selektionsdruck bestimmter arterhaltender Leistungen entstanden. Wenn der Biologe auf eine Struktur stößt, deren Funktion er nicht kennt, ist es für ihn selbstverständliche Pflicht zu fragen, worin ihre Leistung bestehe. Wenn wir z. B. fragen: »Wozu hat die Katze spitze, krumme Krallen?« – und darauf antworten: »zum Mäusefangen«, so sind Frage und Antwort Kurzfassungen für das Stellen und die Lösung eines Problems. Colin Pittendrigh hat die Frage nach dem Arterhaltungswert die *teleonomische* genannt, in der Hoffnung, durch diese Wortneubildung die Teleonomie so weit von der Teleologie abzurücken, wie die Astronomie von der Astrologie geschieden ist.

Der zweite Begriff, den unsere Kenntnis des Anpassungsgeschehens uns anzuführen zwingt, ist der des *Wissens*. Schon im Worte »anpassen« steckt implizite die Annahme, daß durch diesen Vorgang eine Entsprechung zwischen dem Angepaßten und dem, woran es sich anpaßt, hergestellt wird. Dasjenige, was das lebende System auf diese Weise von der äußeren Realität erfährt, was es »aufgeprägt« oder »eingeprägt« bekommt, ist *Information über* die betreffenden Gegebenheiten der Außenwelt. Information heißt wörtlich Einprägung! (RS)

6. Die Fulguration

Theistische Philosophen und Mystiker des Mittelalters haben für den Akt einer Neuschöpfung den Ausdruck »Fulguratio«, Blitzstrahl, geprägt. Sie wollten damit zweifellos die unmittelbare Einwirkung von oben, von Gott her, zum Ausdruck bringen. Durch einen etymologischen Zufall, wenn nicht aufgrund tieferer unvermuteter Zusammenhänge, trifft dieser Terminus den Vorgang des In-Existenz-Tretens von etwas vorher nicht Dagewesenem viel besser als alle die vorerwähnten Ausdrücke. Der Donnerkeil des Zeus ist für uns Naturforscher ein elektrischer Funke wie jeder andere, und wenn wir an einer unerwarteten Stelle eines Systems einen Funken aufblitzen sehen, so ist das erste, woran wir denken, ein Kurzschluß, eine neue Verbindung.

Wenn z. B. zwei voneinander unabhängige Systeme zusammengeschaltet werden, so entstehen damit schlagartig *völlig neue Systemeigenschaften*, die vorher nicht, und zwar *auch nicht in Andeutungen* vorhanden gewesen waren. Genau dies ist der tiefe Wahrheitsgehalt des mystisch klingenden, aber durchaus richtigen Satzes der Gestaltpsychologen: »Das Ganze ist mehr als seine Teile.«

Ein besonderer Fall der Entstehung neuer Systemeigenschaften (von der wir noch viele weitere Beispiele kennenlernen werden) ist der folgende: In einer Reihe von Untersystemen, die in einer linearen Kette von Verursachungen aneinandergeknüpft sind, in der also das erste nur verursachend, das letzte nur als Wirkung fungiert, kann eben dieses letzte durch Entstehung einer neuen ursächlichen Verbindung Einfluß auf das erste gewinnen, so daß die Ursachenkette sich zum Kreise schließt. Beispiele solcher Wirkungskreise, und zwar solcher mit positiver Rückwirkung, haben wir schon bei der Besprechung des Erwerbs von Energie und von Information kennengelernt. Von mindestens ebenso großer Bedeutung ist der Kreisprozeß mit negativer Rückkoppelung. Wenn in einem Kreis von Verursachungen an irgendeiner Stelle ein »negatives Vorzeichen« eingebaut ist, wenn also die Wirkung eines Vorgangs in der Kette um so mehr gemindert wird, je stärker die Wirkung des ihm vorangehenden Vorganges wird, so hat dies den Effekt einer Regelung. Je höher z. B. die Flüssigkeit im Reservoir eines Vergasers oder einer Toilettenspülungsanlage steigt, desto mehr hebt sie den Schwimmer und drosselt dadurch die weitere Flüssigkeitszufuhr. Die Folge des Vorganges ist *Konstanz* des Flüssigkeitsspiegels.

Kybernetik und Systemtheorie haben die plötzliche Entstehung neuer Systemeigenschaften und neuer Funktionen von dem Odium befreit, Wunder zu sein. Es ist durchaus nichts Übernatürliches, wenn eine lineare Ursachenkette sich zu einem Kreise schließt und wenn damit ein System in Existenz tritt, das sich in seinen Funktionseigenschaften keineswegs nur graduell, sondern grundsätzlich von denen aller vorherigen unterscheidet. Eine »Fulguratio« dieser Art kann im wahrsten Sinne des Wortes epochemachend wirken, wenn sie in der Stammesgeschichte als historisch einmaliges Ereignis auftritt.

Viele Denker, Philosophen wie Naturforscher, haben erkannt, daß der Fortschritt im organischen Werden fast immer dadurch erzielt wird, daß eine Anzahl von einander verschiedener und bis dahin unabhängig von einander funktionierender Systeme zu einer Einheit höherer Ordnung integriert wird und daß, im Verlaufe dieser Integration, Veränderungen an ihnen auftreten, die sie zur Mitarbeit in dem neu entstehenden übergeordneten System-Ganzen geeigneter machen. Goethe definierte bekanntlich Entwicklung als Differenzierung und Subordination der Teile. Ludwig van Bertalanffy hat in seiner theoretischen Biologie diesen Vorgang mit großer Exaktheit dargestellt und viele Beispiele gebracht. W. H. Thorpe hat in seinem Buch ›Science, Man and Morals‹ sehr überzeugend dargetan, daß die Entstehung einer Ganzheit aus einer Vielheit von verschiedenen Teilen, die dabei einander noch unähnlicher werden, das wichtigste schöpferische Prinzip in der Evolution ist: »Unity out of diversity«. Teilhard de Chardin schließlich hat dasselbe in die kürzeste und poetisch schönste Form gebracht: »Créer, c'est unir.« Schon bei der ersten Entstehung von Leben muß dieses Prinzip am Werke gewesen sein.

Die schöpferische Vereinigung von Verschiedenem zur funktionellen Ganzheit bedeutet an und für sich eine Komplikation des lebenden Systems. Im Laufe der weiteren Evolution vereinfacht sich aber oft das neue System dadurch, daß jedes der in ihm vereinigten Untersysteme sich »spezialisiert«, d. h. sich auf die eine Leistung beschränkt, die ihm im Namen der neuen Arbeitsteilung zugewiesen ist, während es andere Funktionen, die es zur Zeit seiner Selbständigkeit ebenfalls erfüllen mußte, anderen Gliedern der Ganzheit überläßt. Selbst die Ganglienzellen unseres Gehirns, die im Vereine die höchsten geistigen Leistungen vollbringen, sind, jede für sich genommen, einer Amöbe oder einem Pantoffeltierchen weit unterlegen und zwar ebensosehr, was die Einzelleistung der Zelle anbelangt, als auch, was die relevante Information betrifft, die dieser Leistung zugrunde liegt. Eine Amöbe oder ein Paramaecium verfügt über eine ganze Reihe von sinnvollen Antworten auf Außenreize und »weiß« eine ganze Anzahl wichtiger Dinge über die Umwelt. Die Ganglienzelle aber »weiß« nur, wann sie feuern soll, und selbst dies kann sie nicht stärker oder schwächer tun, sondern nur entweder ganz oder gar nicht, dem »Alles-oder-nichts-Gesetz« gehorchend. Diese »Verdummung« des in eine höhere Ganzheit eingebauten Gliedes hat natürlich ihren guten Sinn: Sie ist unerläßlich für die Funktion der Ganzheit, weil sie der Unzweideutigkeit der Nachrichtenübermittlung dient. Die »Meldung«, die von der Zelle weitergegeben wird, darf nicht in Abhängigkeit von deren zufälligem, augenblicklichem Zustand stärker oder schwächer ausfallen, ähnlich wie es nicht dem Ermessen des wohldisziplinierten Soldaten anheimgestellt ist, ob er einen Befehl mit größerer oder geringerer Energie ausführt.

Diese Vereinfachung des ursprünglich unabhängigen Untersystems im Zuge seiner Integration in ein übergeordnetes Ganzes ist eine Erscheinung, die auf jeder Stufe der Evolution zu finden ist. Auf der Ebene der psycho-sozialen Entwicklung des Menschen und seiner Kultur stellt sie uns vor schwere Probleme. Die unvermeidliche Entwicklung kultureller Arbeitsteilung führt in allen menschlichen Berufen, am schlimmsten in der Wissenschaft, unaufhaltsam zu fortschreitender Spezialisierung. Am Ende dieses Prozesses weiß der Spezialist, wie es in dem alten Witz so schön heißt, mehr und mehr über weniger und weniger, und schließlich weiß er alles über ein Nichts. Es besteht die ernste Gefahr, daß der Spezialist, dem die Konkurrenz mit Berufsgenossen ein immer umfangreicheres und immer spezielleres Wissen aufzwingt, weniger und weniger über andere Wissenszweige orientiert ist, bis er zuletzt jegliches Urteil darüber verliert, welcher Rang und welche Rolle seinem eigenen Gebiet im Rahmen des größeren Bezugssystems des über-individuellen, kultureigenen Gesamtwissens der Menschheit zufallen. In einem weiteren Band werde ich auf die Probleme des Spezialistentums zurückkommen müssen.

Eine andere Art der Vereinfachung eines höher organisierten Systems ist das, was wir im menschlichen Gesellschaftsleben als »bessere Organisation« zu bezeichnen pflegen. So wie jede vom Menschen konstruierte Maschine in ihren ersten, versuchsweise hergestellten Exemplaren komplizierter gebaut ist, als sie es in ihrer endgültigen Ausführung sein wird, so ist dies auch bei lebenden Systemen häufig der Fall. Wechselwirkungen, insbesondere der Austausch von Informationen zwischen Untersystemen, werden vereinfacht oder in direktere Bahnen gelenkt, unnötige historische Reste werden abgebaut, »rudimentiert«, wie der Biologe zu sagen pflegt. Besonders typisch ist die Vereinfachung durch »bessere Organisation« in den überindividuellen, kulturbedingten Gemeinschaften des Menschen. (RS)

7. Der Weg zum Höheren

Der Weg, den die Entwicklung eines lebenden Systems nimmt, hängt von äußeren und inneren Zufällen ab. Die Evolution, obwohl grundsätzlich nicht zweckgerichtet, ist ein Erkenntnisvorgang. Unsere Einsicht in das Fehlen jeglicher Prädeterminiertheit darf uns indessen nicht der Erkenntnis einer Tatsache verschließen: Die jeweils höchsten Lebewesen einer bestimmten Erdepoche sind ausnahmslos »höhere« Tiere als die der vorangehenden. Wir müßten unserem Wertempfinden Gewalt antun, wollten wir daran zweifeln, daß die Haifische des Devons höhere Lebewesen waren als die Trilobiten des Kambriums, die Lurchreptile der Steinkohlenzeit höhere als die Haifische und die Reptilien des Erdmittelalters höhere als die Lurche.

Diesem nichtrationalen Bewerten steht zweifellos etwas Wirkliches in unserer Außenwelt gegenüber, und dieses Wirkliche verlangt nach einer Erklärung, die wir vorläufig nur in Form einer recht unsicheren Hypothese zu geben vermögen. Die Anpassung ist an sich nur ein kognitiver und kein schöpferischer Vorgang, doch wird nicht nur das Objekt der Kognition – das »zu Wissende« – im Laufe der Epochen immer vielfältiger, sondern auch das wissende Subjekt. Das Spiel von allem mit allem spielt sich ja nicht nur zwischen Lebewesen und anorganischer Umwelt, sondern auch zwischen den unzähligen Arten existierender Lebewesen ab, und der Charakter dieses Spieles ist durchaus nicht immer und überall ein Kampf um das Dasein, sondern ebenso oft, und vor allem in den großen Zügen, ein Zusammenspiel, eine Symbiose. Ein Ökosystem ist ein ungemein kompliziertes Gebilde mit unzähligen fördernden wie hemmenden Wechselwirkungen. Unsere Hypothese besagt, daß es dieses Spiel unzähliger organismischer Wechselwirkungen ist, das die Evolution kreativ werden läßt. Es ist nicht ein allumfassendes Prinzip, sondern die Wechselwirkung von nahe verwandten und oft sehr ähnlichen Formen, die zu nie dagewesenen »Erfindungen« führt.

Ein Beispiel aus der Technik zeigt, daß der Selektionsdruck, der zur größeren Differenzierung und Komplikation eines Systems führt, vor allem von nahe verwandten Systemen ausgeübt wird. Henry Fords erstes, weltweit verbreitetes Produkt, die sogenannte »Tin Lizzie«, war von durchschlagendem Erfolg in der Konkurrenz mit Pferdefahrzeugen. Ihre Benützer waren mit dem Zweigang-Planten-Getriebe zufrieden, bei dem man notabene einen harten Druck auf das eine Pedal ausüben mußte, solange der erste Gang in Funktion bleiben sollte. (Die allgemeine Zufriedenheit drückte sich in dem bekannten Ausspruch einer frommen Großmutter aus: »If God had intended the Ford car to have a three speed gear, He would have fitted it with one.« – »Wenn Gott gewollt hätte, daß der Fordwagen ein Dreiganggetriebe habe, hätte er eines eingebaut.«) Nicht das Pferdefuhrwerk war es, das Ford später gezwungen hat, Mehrgang-Getriebe einzubauen, sondern die Konkurrenz anderer Autofirmen.

Ein Argument für die Annahme, daß das Spiel von allem mit allem, wie es sich zwischen der Vielzahl zusammenlebender Systeme abspielt, ein wesentlicher Faktor ist, der die Evolution »hinan«-treibt und schöpferisch werden läßt, liegt in der Tatsache, daß die stammesgeschichtliche Entwicklung einzelner Lebensformen nahezu stillsteht, wenn die Auseinandersetzung mit ähnlichen Wesen fortfällt. Dies kann besonders in isolierten ökologischen Nischen der Fall sein; »lebende Fossilien« kennen wir vor allem aus tieferen Meeresschichten. Ein besonders eindrucksvolles Beispiel ist der zu den Phyllopoden gehörige Süßwasserkrebs *Triops cancriformis*. Er hat sich eine wahrhaft »ausgefallene« ökologische Nische errungen, er lebt in Überschwemmungstümpeln, die nur kurze Zeit und keineswegs jedes Jahr mit Wasser gefüllt sind. Die Zwischenzeit überdauert die Art im Ei, das weder durch Trockenheit noch durch Frost geschädigt wird. Der Krebs kommt auf den Überschwemmungswiesen meiner engeren Heimat vor. Dank meiner früh erwachten Leidenschaft für Aquarienhaltung und dem aus dieser erwachsenden Spezialinteresse für phyllopode Krebse kann ich mit Sicherheit angeben, daß *Triops cancriformis* im Jahre 1909, das nächste Mal 1937 und wieder im Jahr 1949 aufgetaucht ist (zwischen 1940 und 1949 liegt eine kriegsbedingte Beobachtungslücke). Die wichtige Tatsache ist nun, daß diese Art bereits in der mittleren Trias nachgewiesen ist, und zwar durch den gut erhaltenen fossilen Abdruck des aus Fiederborsten gebauten Filterapparates ganz sicher dieselbe Art, nicht etwa nur dieselbe Gattung.

Was im Lauf der Zeit nach »oben« drängt, mag der Umstand sein, daß im Lauf der Evolution jeder Organismus immer wieder eine neue ökologische Nische schaffen muß, da vorhandene »schon besetzt« sind. Ähnliche Umstände scheinen vorzuliegen, wenn ein Organismus zwei verschiedenen funktionellen Anpassungen gerecht wird, also gewissermaßen zwei ökologische Nischen besetzt. Dies ist schon der Fall, wenn einem Lebewesen mehrere Verhaltensformen zur Verfügung stehen, deren jede in einer ganz bestimmten Umweltsituation angewendet werden muß. In diesem Fall ist eine höhere »Kommandostelle« nötig, die imstande ist, mehrere potentiell mögliche Verhaltensweisen total unter Hemmung zu setzen, um eine bestimmte – nämlich die der augenblicklichen Situation adäquate – zu enthemmen. Der übliche Ausdruck, sich zu etwas »entschließen«, bezeichnet einen analogen Vorgang auf höherer Ebene. Eben dies ist aber, wie Erich von Holst am Regenwurm demonstriert hat, die ursprünglichste und wichtigste Leistung einer gehirnähnlichen Organisation, wie sie beim Regenwurm und anderen Anneliden im Oberschlundganglion gegeben ist. Eine solche »Kommandostelle« hält die dauernd von der endogenen Reizproduktion des Tieres »angebotenen« Bewegungsweisen unter Hemmung und läßt nur derjenigen freien Lauf, die unter den augenblicklich obwaltenden Umständen ihre arterhaltende Leistung entfalten kann. Die Kommandostelle wird von den Sinnesorganen darüber informiert, welche besondere Umweltsituation zur Zeit gegeben ist, und sie besitzt genetisch programmierte Information darüber, welche von den zur Verfügung stehenden Bewegungsweisen auf welche Umweltsituation »paßt«. Je mehr diskrete Verhaltensmöglichkeiten einem Tier zur Verfügung stehen, desto vielseitigere und höhere Leistungen werden von dem Zentralorgan verlangt, das sie gewissermaßen verwaltet.

Wir kennen schon auf ziemlich einfacher Stufe Tiere, die sich in räumlich komplizierter Umgebung gut zurechtfinden, wie

Seesterne und manche Schnecken. Sie sind fähig, Weggewohnheiten auszubilden und nach recht komplizierten Weidegängen auf ihren angestammten Sitzplatz zurückzufinden. Bei manchen Napfschnecken *(Patella)* paßt sich das Wachstum der Schale an die besonderen Unebenheiten des Sitzplatzes an, von dem das Tier auch mit großer Gewalt nicht losgerissen werden kann. Der besondere teleonomische Wert des Zurückfindens ist hier offenkundig. Andere einfache Tiere vermögen im freien Wasser ungemein schnell zu schwimmen: Die Pfeilwürmer (Chaetognatha) sind wahrscheinlich die im Verhältnis zu ihrer Eigenlänge schnellsten freischwimmenden Tiere, die es gibt. Sie sind jedoch nicht fähig, sich mit festen Hindernissen auseinanderzusetzen, die ihre Schwimmbahn begrenzen.

Wenn wir nun aber nach Tieren suchen, die ebensowohl komplexe Raumstrukturen durch Lernen zu beherrschen vermögen, als auch im freien Wasser blitzschnell zu schwimmen, so müssen wir zu einer sehr viel höheren Ebene von Lebewesen emporsteigen, nämlich bis zu gewissen stachelflossigen Fischen. Es sind dies Formen, die durch räumliches Lernen Wege in dem räumlich reich strukturierten Biotop der Korallenriffe beherrschen. Diese Wegdressuren werden durch exploratives Verhalten erworben. Territoriale Fische »wissen« von jedem möglichen Punkt ihres Reviers den kürzesten Weg zur sicheren Deckung. Die Entwicklungsstufe dieser Fische ist erstaunlich hoch, sie verblüffen immer wieder durch ihre Neugierde und ihre »unfischhafte« Intelligenz. (AM)

8. Struktur und Veränderlichkeit

In der zweifachen Wirkung jeglicher Struktur liegt ein Problem, dem jegliches lebende System, sei es nun eine Spezies oder eine menschliche Kultur, gegenübersteht: Ihre stützende Funktion muß durch ein Steifwerfen, d. h. mit einem Verlust an Freiheitsgraden, erkauft werden! Der Regenwurm kann sich krümmen, wo er will, wir können unsere Körperhaltung nur dort verändern, wo Gelenke vorgesehen sind. Wir aber können aufrecht stehen, und der Regenwurm nicht. Die invarianten

Strukturen einer Art machen ihre Angepaßtheit aus und stehen gleichzeitig in einem merkwürdigen Verhältnis zum Wissen. Einerseits enthält jede angepaßte Struktur Wissen; Wissen kann gar nicht anders als in angepaßter Struktur festgehalten werden, sei es nun in den Kettenmolekülen des Genoms, in Ganglienzellen des Gehirns oder in den Buchstaben eines Lehrbuches. Struktur ist Angepaßtheit im fertigen Zustande, sie muß, zumindest teilweise, wieder ab- und umgebaut werden, wenn weitere Anpassung vor sich gehen, neues Wissen erworben werden soll.

Ein schönes Beispiel für diesen Vorgang ist das Wachstum eines Knochens: Es beruht keineswegs nur darauf, daß knochenbildende Zellen, »Osteoblasten«, neue alsbald verkalkende Knochensubstanz anlagern, es müssen gleichzeitig auch Zellen am Werke sein, die imstande sind, alte Knochensubstanz zu vernichten, nämlich die Osteoklasten. Durch das harmonische Zusammenwirken dieser Antagonisten wird der wachsende Knochen als Ganzes dauernd der Größe des heranwachsenden Tieres angepaßt und steht auf jedem Stadium des Wachstums in voller Harmonie mit der Ganzheit des Organismus.

Alles Kumulieren von Wissen, wie es für den Geist des Kulturmenschen konstitutiv ist, beruht auf dem Entstehen fester Strukturen. Es bedarf einer verhältnismäßig hohen Invarianz dieser Strukturen, um sie überhaupt von Generation zu Generation vererbbar und eine Kumulation des Wissens über längere Zeiträume möglich zu machen. Das Gesamtwissen einer Kultur, das in allen ihren Sitten und Gebräuchen, in ihren Verfahrensweisen von Ackerbau und Technik, in der Grammatik und dem Vokabular ihrer Sprache und erst recht in dem »gewußten« Wissen der sogenannten Wissenschaft enthalten ist, muß in relativ formkonstante Strukturen gegossen sein, um kumuliert und weitergegeben werden zu können.

Nicht einen Augenblick aber darf man vergessen, daß Struktur nur Angepaßt-*heit* und nicht Anpassung, nur Wissen und nicht Erkennen ist... So wenig das Wachstum des Knochens ohne Abbau möglich ist, so wenig kann das lebendige Wachstum menschlichen Wissens weiterschreiten, wenn nicht Schritt für Schritt schon Angepaßtes, schon Gewußtes abgebaut wird, um Neuerem und Höherem Platz zu machen. Nicht anders, als im Genom einer Tier- oder Pflanzenart Konstanz und Veränderlichkeit der Vererbung in einem harmonischen Gleichgewicht stehen müssen, müssen dies auch die Invarianz und die Veränderlichkeit kulturellen Wissens tun. (RS)

9. Nichts ist schon dagewesen

Die Tatsache, daß sich in der physiologischen Ontogenese eines Lebewesens ein echtes Finalgeschehen – die Verwirklichung eines vorgegebenen Planes – vollzieht, verführt allzuleicht zu der Meinung, daß Gleiches für die stammesgeschichtliche Entwicklung der Lebewesen gelte. Schon das Wort Entwicklung oder Evolution legt diese Vorstellung nahe. Uns allen sind wunderschöne schematische Darstellungen vom Stammbaum der Lebewesen bekannt, der bei Einzellern beginnt, in unzähligen Verzweigungen über niedrige zu höheren Organismen emporzustreben scheint und schließlich im Menschen als Zweck und Krönung endet. Und damit finis! Dabei wird über die Phylogenese, die sich allerdings tatsächlich auf diesen Bahnen vollzogen hat, post festum ein Richtungspfeil angebracht, der den Menschen als von Anfang an vorherbestimmtes Ziel des Weltgeschehens erscheinen läßt – und das hören die Menschen nur allzu gerne.

Der Versuch, Sinn und Richtung in das evolutive Geschehen hineinzuinterpretieren, ist genauso verfehlt wie die Bestrebungen so vieler durchaus wissenschaftlich denkender Leute, aus geschichtlichen Ereignissen Gesetzlichkeiten zu abstrahieren, die es erlauben, den weiteren Verlauf der Geschichte vorauszusagen, etwa in dem Sinne, wie die Kenntnis gewisser Gesetze der Physik eine Voraussage physikalischer Geschehnisse ermöglicht. Die Meinung, daß theoretische Geschichtswissenschaft in gleichem Sinne möglich sein müsse wie theoretische Physik, ist immer noch nicht ganz ausgestorben. Karl Popper hat diese Ansicht als Aberglauben entlarvt: Ohne Zweifel beeinflußt menschliches Wissen den Gang der Menschheitsgeschichte, und da gerade der Zuwachs an Wissen völlig unvoraussagbar ist, ist es auch der zukünftige Verlauf der Geschichte. Wie Karl Popper in seinem Buch »The Poverty of Historicism« unwiderleglich zeigt, kann kein zu Voraussagen befähigter kognitiver Apparat – Menschenhirn oder Rechenmaschine – je seine eigenen Ergebnisse voraussagen. Alle dahingehenden Versuche liefern ein Ergebnis immer nur nach dem Ereignis und verlieren damit den Charakter der Voraussage. »Weil dieses Argument rein logisch ist«, sagt Karl Popper, »ist es auch auf alle wissenschaftlichen ›Voraussager‹ von beliebiger Komplikation anwendbar, einschließlich von ›Sozietäten‹ miteinander in Wechselwirkung stehender ›Voraussager‹.« (»This argument, being purely logical, applies to scientific predictors of any complexity, including ›societies‹ of interacting predictors.«)

All dies gilt für den Verlauf der Phylogenese ebenso wie für den der Menschheitsgeschichte. Auch die Stammesgeschichte wird entscheidend vom Erwerb von Information beeinflußt, der noch in einem anderen Sinne, als es menschlicher Wissensgewinn ist, unvoraussagbar ist. Die winzigste Erbänderung, die einen Gewinn an anpassender Information bedeutet, verändert den weiteren Verlauf der Phylogenese für alle Zukunft und auf irreversible Weise. Der Weg des Werdens der Organismenwelt seit Entstehung des Lebens *kann* also gar nicht schicksalhaft vorausbestimmt sein. Ben Akibas berühmter Aphorismus, alles sei schon dagewesen, ist das Gegenteil historischer Wahrheit: Nichts ist schon dagewesen. (AM)

VII. Zielgerichtete Anpassung und Lernen

1. Allgemeines über adaptive Modifikation

Modifikation nennt man jede durch äußere Umstände im individuellen Leben des Organismus hervorgerufene Veränderung seiner Beschaffenheit. Modifikation bedingt auf der Basis der erblichen Anlagen, des Genotypus, das äußere Erscheinungsbild, den Phänotypus jedes Lebewesens. Modifikation ist ein allgegenwärtiger Vorgang. Es ist kaum eine Übertreibung, zu behaupten, daß jede kleine Verschiedenheit der Umweltbedingungen, unter denen zwei genetisch gleiche Individuen heranwachsen, eine kleine Verschiedenheit in ihren Eigenschaften – eben in ihrem Phänotypus – zur Folge hat.

Wenn also beispielsweise das Blut des Menschen in sauerstoffarmer, unter geringem Druck stehender Höhenluft reicher an Hämoglobin und roten Blutkörperchen wird oder wenn ein Hund in kaltem Klima ein dichteres Fell bekommt oder wenn eine Pflanze, die in schwachem Licht wächst, sich in die Länge streckt und so ihren Blättern bessere Beleuchtung verschafft, so sind alle diese adaptiven Modifikationen keineswegs *nur* die Folge des Umwelteinflusses, der sie hervorbringt, sondern ebenso die eines eingebauten genetischen Programms, das durch die Versuchs- und Erfolgsmethode des Genoms erarbeitet worden ist und nun als fertige Anpassung für diese besonderen Fälle bereitliegt. In Worte gefaßt würde die der Pflanze mitgegebene Anleitung etwa lauten: Bei ungenügender Beleuchtung soll der Stengel so weit in die Länge gezogen werden, bis erträgliche Lichtverhältnisse erreicht sind. Diese Art genetischer Information nennen wir mit Ernst Mayr *offenes Programm*.

Ein offenes Programm ist ein kognitiver Mechanismus, der imstande ist, nicht im Genom enthaltene Information über die

Umwelt nicht nur zu erwerben, sondern auch zu speichern. Mit anderen Worten: Die ontogenetische Verwirklichung der passendsten unter den vom offenen Programm gegebenen Möglichkeiten *ist ein Anpassungsvorgang*.

Die Tatsache, daß das offene Programm in dieser Weise Information erwirbt und bewahrt, darf nicht vergessen machen, daß es zu dieser Leistung einer Menge an genetischer Information bedarf, *die nicht kleiner, sondern größer ist als die für ein geschlossenes Programm nötige*. Ein Gleichnis mag dies illustrieren. Ein Mann will ein Fertigteil-Häuschen aufstellen, an dem keinerlei anpassende Veränderungen vorgenommen zu werden brauchen – ein Beispiel eines völlig geschlossenen Programms. Der einzige Baugrund, auf dem dieses Vorhaben durchführbar wäre, ist eine absolut ebene Fläche, etwa eine der genau horizontalen Lavaterrassen, wie sie auf vulkanischen Inseln vorkommen. In diesem Fall benötigt der Erbauer nur sehr wenig Instruktion. Nun stelle man sich vor, daß ein ähnliches Häuschen auf unebenem oder abschüssigem Gelände aufgestellt werden solle, und vergegenwärtige sich, welche Menge an zusätzlicher Instruktion dem Bauenden erteilt werden müßte, um ihn in den Stand zu setzen, diese für jeden Baugrund etwas verschiedene Aufgabe zu lösen. Dieses Denkmodell illustriert gut, wie abwegig die disjunktive Begriffsbildung von »angeboren« und »erlernt« ist (nature and nurture). Alle Lernfähigkeit gründet sich auf offenen Programmen, die nicht weniger, sondern mehr im Genom festgelegte Information voraussetzen als eine sogenannte angeborene Verhaltensweise. Daß dies für so viele sonst scharfsinnige Denker so schwer zu verstehen ist, liegt wohl an der allgemeinen menschlichen Neigung, in Gegensätzen zu denken.

Adaptive Modifikation gibt es auf allen Stufen organischer Entwicklungshöhe, von den allerniedrigsten Lebewesen aufwärts. So vermehren z. B. manche Bakterien, wenn man sie in phosphorartigem Milieu kultiviert, jene chemischen Strukturen der Zelle, die der Aufnahme dieses Stoffes dienen. Die Bakterien brauchen einige Zeit, um diese Umstellung zu bewerkstelligen; wenn man sie aber, nachdem dies geschehen ist, plötzlich in eine phosphorreiche Umgebung zurückbringt, so

»überfressen« sie sich zunächst an Phosphor, bis sie die adaptive Modifikation ihrer Zellstrukturen der Nährstoffaufnahme wieder rückgängig gemacht haben. Die kognitive Funktion des beschriebenen Vorganges gleicht insofern der eines Regelkreises, als der Organismus durch ihn Information über eine »gegenwärtige Marktlage« erhält.

Die eben besprochene Leistung der Bakterien läßt an einen Lernvorgang denken. Im allgemeinen nennen wir allerdings nur solche adaptive Modifikationen Lernvorgänge, die das *Verhalten* betreffen. Den Gewinn von Augenblicksinformation, die nicht gespeichert wird, also alle kognitiven Vorgänge, bezeichnen wir nicht als Lernen. Als Kennzeichen für alle Lernvorgänge betrachten wir den Umstand, daß eine anpassende Veränderung in der »Maschinerie« vor sich geht, d. h. also in den Strukturen der Sinnesorgane und des Nervensystems, deren Funktion das Verhalten ist. Eben in dieser Veränderung der Struktur liegt ja der Gewinn der Information, und, da die Veränderung mehr oder weniger permanent ist, auch ihre Speicherung.   (RS)

2. Die Prägung

Eine irreversible Fixierung einer Reaktion auf eine Reizsituation, der das Individuum nur wenige Male in seinem Leben begegnet ist, wird von dem Vorgang bewirkt, den wir *Prägung* nennen. Das physiologisch Merkwürdige an diesem Geschehen liegt darin, daß die unlösbare Assoziation der Verhaltensweise mit ihrem Objekt zu einer Zeit hergestellt wird, in der sie noch gar nicht funktionsfähig ist, in den meisten Fällen nicht einmal in Spuren nachweisbar. Die *sensitive Periode* der Prägbarkeit liegt oft sehr früh in der Ontogenese des Individuums und ist in manchen Fällen auf Stunden beschränkt, immer aber ziemlich scharf umschrieben. Die einmal vollzogene Determination des Objektes kann nicht rückgängig gemacht werden. So sind z. B. sexuell auf fremde Arten geprägte Tiere für immer und unheilbar »pervers«.

Die meisten der bekannten Prägungsvorgänge betreffen *soziale* Verhaltensweisen. Geprägt werden z. B. die Nachfolgereaktion junger Nestflüchter, der Rivalenkampf vieler Vögel und vor allem sexuelles Verhalten. Es ist irreführend zu sagen, dieser Vogel oder jenes Säugetier sei geprägt, etwa »auf den Menschen geprägt«. Das was in dieser Weise determiniert ist, ist immer nur das Objekt einer ganz bestimmten Verhaltensweise. Ein sexuell auf eine fremde Art fixierter Vogel braucht dies in bezug auf andere Belange, auf Rivalenkämpfe oder sonstiges soziales Verhalten, durchaus nicht zu sein. Bei der Graugans sind, sehr zum Vorteil unserer Untersuchungen, die kindlichen Nachfolgereaktionen und andere soziale Verhaltensweisen sehr leicht auf den Menschen zu prägen, ohne daß dabei eine sexuelle Prägung auf diesen stattfindet.

Es sind auch Fälle bekannt, in denen das Verhalten von Parasiten auf die Art ihres Wirtstieres geprägt wird, z. B. legen, wie W. H. Thorpe zeigen konnte, Schlupfwespen ihre Eier in diejenige Art von Mottenraupen, in der sie selbst geschlüpft sind. Durch »Transplantation« der Larven kann man Schlupfwespen, die normalerweise an Wachsmotten parasitieren, auf Mehlmotten prägen. Bei Ameisen hat Bruns gezeigt, daß jedes Individuum seine sozialen Reaktionen auf diejenige Ameisenart fixiert, deren Vertreter ihm beim Ausschlüpfen aus der Puppe behilflich waren. Hierauf basiert das sogenannte Sklavenhalten mancher Ameisenarten. Von Eulen hat Monika Holzapfel gezeigt, daß das Verhalten des Beutefangs auf eine bestimmte Art von Beutetieren geprägt wird, ja, daß nach ungenutztem Verstreichen der sensitiven Periode ein Individuum für immer unfähig werden kann, Beute zu schlagen.

Prägung ist durch mancherlei Übergänge mit anderen Prozessen assoziativen Lernens verbunden. So ist z. B. das Lernen des arteigenen Gesanges, wie M. Konishi zeigt, bei manchen Singvögeln ebenso an eine sensitive Periode gebunden und ebenso irreversibel wie typische Prägungsvorgänge.

Wie Gewöhnung und Angewöhnung ist auch die Prägung mit komplexen Wahrnehmungsvorgängen »assoziiert«, und wie bei jenen beiden Vorgängen wird bei ihr »in einen angeborenen Auslösemechanismus hinein« gelernt. Dieser wird daher durch den Prägungsvorgang selektiver gemacht. (RS)

3. Lernvorgänge

Wenn der Hund I. P. Pawlows es lernt, auf ein Klingelzeichen zu speicheln, so wird dabei nur ein unbedingter Reiz durch einen bedingten ersetzt, nämlich der Fleischgeschmack durch ein Klingelzeichen. Wenn dagegen ein Zirkuselefant auf ein Signal hin die Trompete bläst, vollbringt er damit eine Bewegungsweise, deren er in undressiertem Zustande nicht fähig ist. Schon niedere Säugetiere, und erst recht Primaten, sind imstande, eine ganze Menge solcher erlernter, »gekonnter« Bewegungen zu meistern. Das Herumprobieren mit verschiedenen Bewegungsweisen und das schließliche Erlernen der einen, zum Ziele führenden, wird als »operant conditioning« (instrumentelles Lernen, Lernen am Erfolg) bezeichnet. Die Übersicht über die Lernliteratur zeigt deutlich, daß sehr viele Lernpsychologen unter Lernen schlechthin »operant conditioning« verstehen, d. h. einen Vorgang, in dem *eine Bewegungsfolge erworben wird*, und daß dieser Vorgang für die häufigste und typische Form des Lernens angesehen wird.

Es ist daher sicherlich nötig, festzustellen, daß es das Erlernen gekonnter Bewegungsweisen bei Graugänsen wohl nicht gibt. Graugänse lernen Wegdressuren, die in ihrer Gesamtheit der Geographie von Kontinenten gleichkommen, sie lernen Dutzende, vielleicht Hunderte von den Physiognomien ihrer Artgenossen zu unterscheiden, sie lernen ebenso viele Pflanzenarten und deren geschmackliche Qualitäten kennen, sie lernen, daß man auf dünnem Eis nicht landen kann, kurz, sie lernen eine ganze Menge, *aber keine gekonnten Bewegungsweisen*. Martina lernte es nie, beim Treppabgehen ihre Schrittlänge um ein Weniges zu vergrößern. Die einzige Bewegungsweise, die ich an einer anderen Graugans nie gesehen habe und die vielleicht wirklich durch instrumentelles Lernen zustande kam, war das Durchfliegen meines Mansardenfensters, das enger war als die Flügelspannweite einer Gans.

Als *exploratorisches Verhalten* möchte ich nur das Beknabbern erwähnen, mittels dessen die Gans feststellt, welche der verschiedenen Bewegungsweisen, Rupfen, Abstreifen etc., auf die vorliegende Nahrung paßt. Diese Bewegungsweisen sind jedoch nicht erlernt, sondern sicher programmiert. Alles andere Lernen bestimmt nur die auslösende Reizsituation und formt nicht das ausgelöste Verhalten. Das Erlernte kann zwar einen gewaltigen Umfang gewinnen, eine Gans kann, wie gesagt, eine Unzahl von Individualmerkmalen ihrer Artgenossen erlernen und sich dauernd erinnern, wie sie sozial zu ihnen steht, aber die Bewegungen, die sie ihnen gegenüber ihrer Rangstellung gemäß beobachten läßt, bestehen durchwegs aus programmierten Ausdrucksbewegungen. (HBI)

4. Die Rückmeldung des Erfolges und die Dressur durch Belohnung

Bei allen animalischen Wesen, deren Zentralnervensystem eine bestimmte Differenzierungshöhe erreicht hat, d. h. bei Kopffüßern, Krebsen, Spinnentieren, Insekten und Wirbeltieren einschließlich des Menschen, findet sich eine Fähigkeit des Wissenserwerbes, die an Leistungsfähigkeit alle bisher besprochenen kognitiven Mechanismen übertrifft, nämlich die Fähigkeit zum Lernen im engeren Sinn des Wortes. Ihr Vorhandensein bei so vielen verschiedenen Lebewesen hat Psychologen, die der Biologie fernstanden und die von konvergenter Anpassung nichts wußten, zu der Meinung verführt, daß es sich um ein Urphänomen, um die Grundform allen Wissenserwerbs, ja um das einzige Element des Verhaltens überhaupt handle. In Wirklichkeit haben die fünf genannten Tierstämme die nervliche Apparatur, die der in Rede stehenden Leistung zugrunde liegt, ebenso unabhängig voneinander durch konvergente Anpassung ausgebildet, wie sie Augen und Extremitäten entwickkelt haben, die ebenfalls bei jedem dieser Stämme unabhängig entstanden sind.

Das Lernen durch Erfolg und Mißerfolg ist als eine typische Fulguration dadurch entstanden, daß eine neue Verbindung zwischen schon vorhandenen und unabhängig voneinander funktionsfähigen nervlichen Mechanismen zustande gekommen ist. ...

Der Verhaltenskomplex, den Heinroth als arteigene Trieb-handlung bezeichnet hat, besteht aus Appetenzverhalten, An-sprechen eines angeborenen Auslösemechanismus und dem Ablauf einer genetisch programmierten Verhaltensfolge mit schließlichem Erreichen einer triebbefriedigenden Endsitua-tion. Diese aus drei gesonderten Vorgängen bestehende Kette ist die Grundlage, auf der alles Lernen durch Erfolg und Mißer-folg (conditioning) entstanden ist. Die lineare Sequenz der Pro-zesse erhält ungeahnte neue Systemeigenschaften durch die im wahrsten Sinne des Wortes epochemachende »Erfindung«, *den Enderfolg des Ablaufes modifizierend auf die ihn einleitenden Verhaltensweisen rückwirken zu lassen.*

Die Bewegungsweisen des Suchens, die im Appetenzverhal-ten mehr oder weniger zufällig aufgetreten waren, werden durch diese Rückwirkung *verstärkt*, wenn der arterhaltende Er-folg des Gesamtablaufes erreicht wird, im gegenteiligen Falle aber abgeschwächt. Mit anderen Worten: Der Erfolg wirkt als das, was man im allgemeinen als »Belohnung« bezeichnet, der Mißerfolg als das, was man »Strafe« nennt. ...

Am besten wird man dem, was durch den in Rede stehenden Lernvorgang bewirkt wird, dadurch gerecht, daß man sagt, das Tier werde durch den Erfolg in jenem Verhalten *bestärkt*, das zu ihm führt.

Mit der neuen Rückkoppelung entsteht ein kognitiver Vor-gang, der dem Individuum in einem einzigen Ablauf mehr blei-benden Wissensgewinn bringt, als die Methode des Genoms im günstigsten Falle im Verlauf einer Generation zu tun vermag, und zwar mindestens doppelt so viel, weil er nicht nur, wie das Genom, aus dem Erfolg, sondern auch aus dem Mißerfolg In-formation zu gewinnen imstande ist.   (RS)

5. Einsicht und zentrale Repräsentation des Raumes

Wenn ein Anthropoide vor ein durch Einsicht zu lösendes Problem gestellt wird, so verhält er sich ganz anders als ein Waschbär oder ein Rhesusaffe in der gleichen Lage. Jene lau-fen unruhig suchend auf und nieder und probieren motorisch verschiedene Möglichkeiten durch. Der Menschenaffe aber setzt sich ruhig hin und läßt seine Blicke aufmerksam über die Versuchsanordnung schweifen. Seine innere Anspannung äußert sich in sogenannten Übersprungbewegungen, er kratzt sich z. B. sehr häufig wie ein nachdenkender Mensch am Kopfe. Auch er »probiert« verschiedene Möglichkeiten, dies verrät das Wandeln seines Blickes, der rastlos von einem Punkte der Versuchsanordnung zum anderen springt. Sehr schön zeigt dies ein Film, der in Suchum, in der Sowjetunion, von Versuchen mit einem Orang-Utan hergestellt wurde. Der Affe wird vor die Aufgabe gestellt, eine Kiste, die in einer Ecke des Raumes steht, unter eine Banane zu schieben, die in der gegenüberliegenden Ecke an einem Faden von der Decke herabhängt. Zunächst durchwandern die Blicke des Affen ziemlich ratlos die Raumdiagonale zwischen der links unten stehenden Kiste und der rechts oben hängenden Banane. Dann wird der Orang böse, weil er keine Lösung findet; er versucht, sich der peinlichen Lage durch Wegwenden – cut-off behaviour im Sinne von Chance – zu entziehen. Das Problem läßt ihm aber keine Ruhe, er wendet sich der Versuchsanordnung wieder zu. Da plötzlich beginnen seine Blicke andere Wege einzuschlagen. Sie gehen zur Kiste, von dort zu dem Ort am Fußboden genau unter der Banane, von da empor zum lockenden Ziel, wieder lotrecht hinab zum Boden und zurück zur Kiste. Dann folgt blitzartig der erlösende und problemlösende Einfall, der an dem ausdrucksvollen Gesicht des Orang eindeutig abzulesen ist, und sogleich begibt er sich, vor Freude einen Purzelbaum schlagend, zur Kiste, schiebt sie unter die Banane und holt sich diese. Er braucht zu dem noch nötigen einsichtigen Verhalten kaum ein paar Sekunden. Niemand, der eine solche Problemlösung an einem Affen beobachtet hat, kann ernstlich daran zweifeln, daß das Tier im Augenblick der Lösungsfindung ein dem unseren analoges Aha-Erlebnis im Sinne von Karl Bühler hat.

Was spielt sich nun objektiv und subjektiv in dem Affen ab, während er still, aber innerlich schwer arbeitend, dasitzt und sich durch Umherblicken über die gebotene Situation informiert? Was er erlebt, wissen wir nicht, aber wir können mit erheblicher Sicherheit annehmen, daß der Gesamtvorgang dem analog ist, den wir bei uns selbst *Denken* nennen. Ich persönlich bin davon überzeugt, daß er nichts anderes tut als ich selbst, daß er nämlich in einem *vorgestellten*, d. h. in seinem Zentralnervensystem modellmäßig repräsentierten Raum eine repräsentierte Kiste verschiebt und »sich vorstellt«, wie er dann auf diese klettern und die Banane erreichen kann.

Ich sehe nicht, was Denken grundsätzlich anderes sein soll als ein solches probeweises und nur im Gehirn sich abspielendes Handeln im vorgestellten Raum. Zumindest behaupte ich, daß Vorgänge dieser Art auch in unseren höchsten Denkoperationen mit enthalten sind und ihre Grundlage bilden.   (RS)

6. Tradition

Es ist bei hochentwickelten und sozial lebenden Tieren eine Anzahl von Fällen bekannt, in denen sich individuell erworbenes Wissen über die Lebensdauer des erwerbenden Individuums hinaus in der Sozietät fortvererbt. Wir sind so daran gewöhnt, an genetische Vorgänge zu denken, wenn ein Biologe das Zeitwort »erben« gebraucht, daß wir allzuleicht die ursprüngliche, juridische Bedeutung dieses Wortes vergessen. Den Vorgang, durch den erlerntes Wissen von einem Individuum auf ein anderes, von einer Generation auf die nächste weitergegeben wird, nennen wir Tradition.

Solche Weitergabe von Wissen kann in zweierlei Weise vor sich gehen: Erstens kann eine fluchtauslösende Reizkombination, wie etwa der Warnlaut oder die »ansteckend« wirkende Flucht eines erfahrenen Artgenossen, durch Assoziation des Schreckreizes mit der gesamten Umweltsituation verknüpft werden, in der er einmal oder einige wenige Male wirksam wurde. Zweitens können Lernvorgänge höherer Ordnung dazu führen, daß ein jüngeres Tier Verhaltensweisen eines erfahreneren nachvollzieht. Dies braucht nicht echte Nachahmung zu sein, es genügt, daß das explorative Verhalten des unerfahrenen Tieres durch das Beispiel des erfahrenen in bestimmte Richtung gelenkt wird.

Bei Gänsen spielt Tradition in anderer Hinsicht eine wichtige Rolle, nämlich für die Kenntnis des Zugweges. Elternlos aufgezogene Gänse pflegen als echte Standvögel am Orte ihrer Aufzucht zu bleiben.

Nach diesen [unseren] Beobachtungen ist es durchaus glaubhaft, daß nicht nur der allgemeine Verlauf des Zugweges von Generation zu Generation überliefert wird, sondern auch die Kenntnis jedes einzelnen Rastplatzes. Für diese Annahme spricht nicht nur alles, was wir aus anderen Quellen über das dauerhafte Gedächtnis dieser Vögel wissen, sondern auch die von holländischen Feldornithologen beobachtete Tatsache, daß an bestimmten Gewässern Jahr für Jahr am annähernd gleichen Datum Graugansscharen von annähernd gleicher Kopfzahl eintreffen, die nach Ansicht der Beobachter stets die gleichen Vögel mit ihren Jungen waren.

Bei der Wanderratte hat Steiniger eine über mehrere Generationen wirksame Tradition festgestellt. Das überlieferte Wissen betraf die Gefährlichkeit gewisser Gifte. Erfahrene Ratten signalisieren die Gefahr, indem sie auf den betreffenden Köder urinieren; es scheint aber auch schon als Warnung zu wirken, wenn sie ihn nur verschmähen. Ratten und andere euryphage, d. h. von vielerlei Nahrung lebende Tiere pflegen von ihnen unbekannten Futterarten zunächst nur minimale Quantitäten zu fressen. Das Mißtrauen der Tiere allem Unbekannten gegenüber unterstützt offenbar die Traditionsbildung.

An Makaken haben japanische Forscher, wie S. Kawamura, M. Kawai und J. Itani, echte Tradition von motorischen Verfahrensweisen beobachtet, die von einem bestimmten Individuum erfunden worden waren und sich, da sie sich als »lohnend« erwiesen, alsbald über die gesamte Sozietät verbreiteten. Diese Verbreitung konnte genau verfolgt werden. Interessanterweise war es in einem Falle dasselbe Individuum, ein jüngeres Weibchen, das mehrere Erfindungen machte. Zuerst erfand dieses Tier, erdige Süßkartoffeln in einem Bach abzuwaschen. Als eine ganze Anzahl Affen sich dieses Verfahren zu eigen gemacht hatten, versuchten einige es mit Seewasser und merkten, daß die Speise dabei in angenehmer Weise gewürzt wurde. Sie tauchten nun auch während des Fressens die Kartoffeln immer wieder ein. Als die Makaken mit Weizen gefüttert wurden, den man ihnen einfach auf den Sand des Meeresstrandes streute, begann ein Affe, und zwar bedeutsamerweise die Erfinderin des Kartoffelwaschens, den Weizen samt dem Sand, auf dem er lag, ins Wasser zu werfen. Wahrscheinlich war dies zunächst eine einsichtslose Anwendung des Verfahrens, das sich den Süßkartoffeln gegenüber bewährt hatte. Wie so oft brachte auch hier die Anwendung einer falschen Hypothese einen Zufallserfolg: Der Sand ging unter, die Körner schwammen, und im Nu war ein Verfahren entwickelt, das dem der Goldwäscher im Prinzip gleich ist und von einer größeren Zahl der Affen – zur Zeit der Publikation 19 – übernommen wurde.

Alle diese bekannten Fälle von tierischer Tradition unterscheiden sich von der menschlichen in einem wichtigen Punkte: Sie alle sind von der Gegenwart des Objektes abhängig, auf das sie sich beziehen. Daß Katzen gefährlich sind, kann eine erfahrene Dohle der unerfahrenen nur dann mitteilen, wenn ein solches Raubtier als »Demonstrationsobjekt« vorhanden ist, die erfahrene Ratte kann ihren unerfahrenen Artgenossen nur dann beibringen, daß ein Köder giftig ist, wenn dieser zur Verfügung steht. Analoges scheint für alle tierische Tradition zu gelten, für das einfachste Übertragen bedingter Reaktionen ebenso wie für das komplizierteste Lernen durch echte Nachahmung.

Diese *Objektgebundenheit* aller tierischen Tradition ist wahrscheinlich der Grund dafür, daß sie niemals in bemerkbarer Weise zur *Anhäufung* von überindividuellem Wissen geführt hat. Eine spezielle Tradition wie die Katzenkenntnis der Dohlen wird ja notwendigerweise unterbrochen, wenn einmal ihr Objekt durch den Zeitraum einer Generation nicht in Erscheinung tritt, und es ist gut vorstellbar, daß die so bedingte verhältnismäßige Kurzlebigkeit jeder Tradition bei Tieren verhindert, daß sich die eine zu der anderen gesellt und sich so allmählich ein Hort überindividuellen Wissens ansammelt.

Erst das begriffliche Denken und die mit ihm zugleich auftretende Wortsprache machen die Tradition *vom Objekt unab-*

hängig, indem sie das freie Symbol schaffen, das die Möglichkeit gibt, Tatsachen und Zusammenhänge ohne das konkrete Vorhandensein des Objektes weiter zu vermitteln. (RS)

7. Die Vererbung erworbener Eigenschaften

Das Ausmaß und die Bedeutung des Lernens, die schon bei den höchsten Tieren nicht unerheblich sind, steigern sich beim Menschen um ein Vielfaches. Die Reflexion und das begriffliche Denken machen es möglich, die Meldungen der Mechanismen, die ursprünglich nur dem Gewinn kurzfristiger Information dienten, dauerhaft zu machen und dem Schatz des erlernten Wissens einzuverleiben. Einsichten des Augenblicks werden so behalten, Vorgänge rationaler Objektivierung werden auf eine höhere Ebene des Erkennens gehoben und bekommen eine neue Bedeutung. Vor allem aber nimmt fortan die durch das begriffliche Denken ermöglichte objektunabhängige Tradition einen gewaltigen Einfluß auf die Funktion aller Lernvorgänge.

Die Entstehung der vom Objekt unabhängigen Tradition macht alles Erlernte potentiell erblich. ... Kumulierbare Tradition bedeutet nicht mehr und nicht weniger als die *Vererbung erworbener Eigenschaften*.

Die Weitergabe und Verbreitung des menschlichen Wissens ist so schnell und so wunderbar, daß es beinahe verzeihlich erscheint, wenn so manche vergessen, daß auch der menschliche Geist Organisches, Materielles zur Grundlage hat. Ein glücklicher Einfall eines einzelnen kann den Wissensbesitz der Menschheit für immer um ein Wesentliches vermehren.

Durch die Vererbbarkeit erworbener Eigenschaften entsteht aber auch ein neuer kognitiver Apparat, dessen Leistungen denen des Genoms insofern streng analog sind, als die Vorgänge des Erwerbens und die des Festhaltens von Information von zweierlei verschiedenen Mechanismen geleistet werden, die zueinander in einem Verhältnis von Antagonismus und von Gleichgewicht stehen. (RS)

VIII. Von den Menschen

1. Die Wurzeln des begrifflichen Denkens

Jede der kognitiven Leistungen, die in diesem Kapitel besprochen werden sollen, kommt bei Tieren vor, und jede von ihnen hat ihren eigenen, von dem jeder anderen unabhängigen Arterhaltungswert, in dessen Dienst und unter dessen Selektionsdruck sie entstanden ist. Wenn man diese Leistungen nur an Tieren kennen würde, käme man kaum auf den Gedanken, daß sie überhaupt der Integration in ein System höherer Ordnung fähig seien. Wie schon gesagt, ist das höhere System aus den prä-existenten Teilsystemen so wenig deduzierbar wie das höhere Tier aus seinen niedriger stehenden Vorfahren. Am wenigsten aber würde man aus der Kenntnis der Teilfunktionen die wahrhaft epochemachenden neuen Leistungen voraussagen, die sich als spezifische Systemeigenschaften der aus ihrer Integration entstandenen Ganzheit ergeben haben: die Fähigkeiten zum begrifflichen Denken und zur Wortsprache, zur Anhäufung überindividuellen Wissens, zur Voraussicht der Folgen eigenen Handelns und damit zur verantwortlichen Moral.

Ich habe schon vor Jahren erkannt, welche hohe Bedeutung die Abstraktionsleistung der Wahrnehmung, die Raumorientierung samt der zentralen Repräsentation des Raumes und das Neugierverhalten für die Entstehung des Menschen gehabt haben. Was ich damals noch nicht voll erfaßt hatte, war, daß es einer Integration dieser drei kognitiven Fähigkeiten miteinander und mit mindestens zwei weiteren bedurfte, um jenes einzigartige Systemganze zu schaffen, dessen Leistung das begriffliche Denken ist und dessen Entstehen die sogenannte »Menschwerdung« bedeutet.

Die beiden damals vernachlässigten und hier neu zu besprechenden kognitiven Leistungen sind erstens die Willkürbewegung, die im Verein mit den Rückmeldungen, die sie hervorruft, eine kognitive Funktion sui generis ist, zweitens die Nachahmung, die in engem Zusammenhang mit der reafferenzreichen Willkürbewegung die Voraussetzung für das Erlernen der Wortsprache und damit der objektunabhängigen Tradition darstellt. (RS)

2. Die abstrahierende Leistung der Wahrnehmung

Die Nachrichten, die von der außersubjektiven Wirklichkeit auf dem Wege über unsere Sinnesorgane in unser Zentralnervensystem gelangen, dringen niemals oder doch nur ausnahmsweise in ihrer ursprünglichen Form als gesondert von einzelnen Rezeptoren aufgenommene Sinnesdaten bis zur Ebene unseres Erlebens vor. Höchstens bei den sogenannten »niederen« Sinnen kann es geschehen, daß beispielsweise eine Einzelreizung eines Tastkörperchens oder eine bestimmte Geruchsqualität den Weg vom Rezeptor bis zum Ich durchläuft, ohne besonderen Vorgängen der Bearbeitung, Auswertung und Interpretation unterworfen zu werden. Was unser sensorischer und nervlicher Apparat auf optischem wie auf akustischem Gebiet unserem Erleben präsentiert, ist immer schon das Ergebnis von höchst komplizierten Verrechnungsvorgängen, die aus den Sinnesdaten auf jene Gegebenheiten der außersubjektiven Realität zu schließen trachten, die ihnen zugrunde liegen und die das hinter allen Erscheinungen stehende Wirkliche sind – wie wir als hypothetische Realisten annehmen.

Bei diesen selbstverständlich unbewußten »Schlüssen« unseres Verrechnungsapparates kommt es darauf an, ein durch die Zeit invariantes Zueinander und Miteinander von Reizdaten wiedererkennbar zu machen. Ich habe schon erklärt, daß jegliches Erkennen und Wiedererkennen realer Gegebenheiten darauf beruht, daß äußere in den Sinnesdaten obwaltende Konfigurationen oder »Muster« mit solchen zur Deckung gebracht werden, die, entweder aus der individuellen Erfahrung oder aus der Stammesgeschichte gewonnen, als Grundlage weiterer Erkenntnis bereitliegen – »pattern matching« im Sinne von Karl Popper. Konstante Konfigurationen räumlicher Natur bedeuten meist das, was wir gemeinhin als Gegenstände bezeichnen. Jakob von Uexkülls einfache Definition lautet: Ein Gegenstand ist das, was sich zusammen bewegt.

Die realen Dinge unserer Umwelt wären für uns nicht wiedererkennbar, wenn wir darauf angewiesen wären, immer genau dieselben Reizdaten in genau derselben Konfiguration von ihnen zu empfangen, wenn etwa das Bild eines Gegenstandes immer genau auf derselben Stelle unserer Netzhaut in gleicher Form, Farbe und Größe entstehen müßte. Die wunderbare Leistung unseres Wahrnehmungsapparates besteht gerade darin, mit Hilfe der schon erwähnten Verrechnungsmechanismen das Wiedererkennen der Dinge von dieser unerfüllbaren Bedingung unabhängig zu machen.

Auf dem Prinzip des »pattern matching« baut sich ein Großteil unserer Erkenntnis auf. In den Vorgängen aber, die uns die Wahrnehmung aller uns in der Außenwelt entgegentretenden »Muster« vermittelt, steckt eine Leistung, die echter Abstraktion durchaus gleichkommt. Nichts anderes als Abstraktion ist es, wenn die Meldungen der Sehzellen in der Froschretina zu den oben besprochenen Nachrichten vereinigt werden und wenn dieser Vorgang unabhängig von den absoluten Reizgrößen funktioniert: Es kommt dabei nur auf Relationen und Konfigurationen an.

Die Fähigkeit, eine konstante Beziehung zwischen Reizdaten unabhängig von deren quantitativen und qualitativen Veränderungen wahrzunehmen, wurde von dem Gestaltpsychologen Christian von Ehrenfels entdeckt, der diese *Transponierbarkeit* der Gestaltwahrnehmung als eines ihrer wichtigsten Kriterien herausstellte. Sein klassisches Beispiel ist die Wahrnehmung einer Melodie, die in jeder Tonhöhe und auf jedem denkbaren Instrument gespielt als dasselbe wiedererkannt wird. Keineswegs aber ist die Fähigkeit, transponieren zu können, ausschließlich jenen hochintegrierten Vorgängen der Wahrnehmung zu eigen, die man als Gestaltwahrnehmung bezeichnet. . . . Jene Transpositionsleistung, die ein Absehen vom Akzidentellen und einer Abstraktion des Wesentlichen gleichkommt, [ist] eine Grundleistung der Wahrnehmung überhaupt und damit auch die Basis der *Objektivation*.

Was dabei abstrahiert wird, sind immer Eigenschaften, *die dem Gegenstand invariant anhaften*. Dies läßt sich sehr gut an jenen einfacheren Leistungen der Wahrnehmung demonstrieren, die man herkömmlicherweise als die Konstanzphänomene bezeichnet. Dieser Terminus bezieht sich auf einen ausschließlich nach einer Funktion bestimmten Begriff, denn die physiologischen Mechanismen, die für so verschiedene Leistungen wie etwa Farbkonstanz und Formkonstanz verantwortlich sind, unterscheiden sich grundsätzlich in ihrem ursächlichen Zustandekommen. Sie alle aber zielen darauf hin, die Dinge unserer Umwelt auch dann als »dasselbe« wiedererkennbar zu machen, wenn die begleitenden Umstände ihres Wahrgenommenwerdens so stark schwanken, daß die absoluten Reizdaten, die unsere Sinnesorgane treffen, in jedem Einzelfall völlig andere sind.

Wir alle verstehen ohne weiteres, wenn man von der Farbe eines Gegenstandes spricht, und legen uns dabei gar nicht Rechenschaft davon ab, daß dieses Ding je nach Beleuchtung völlig verschiedene Wellenlängen des Lichtes reflektiert. Ich sehe das Papier in meiner Schreibmaschine als weiß, obwohl es im Augenblick das stark gelbliche Licht einer elektrischen Lampe zurückstrahlt; in der roten Beleuchtung des Sonnenunterganges würde ich es ebenfalls als weiß wahrnehmen. Der Apparat meiner Konstanzwahrnehmung bewirkt dies, indem er ohne mein bewußtes Zutun die Gelb- oder Rotkomponente der Beleuchtung von der Farbe »subtrahiert«, die das Papier im Augenblick tatsächlich zurückstrahlt. Die Farbe der Beleuchtung, die er zum Zwecke dieser Berechnung sehr wohl »wissen« muß, übergeht er in seiner Meldung, denn sie interessiert den wahrnehmenden Organismus im allgemeinen nicht. Auch eine Biene, die einen weitgehend analogen Apparat der Farbkonstanz besitzt, ist durchaus uninteressiert an der Farbe der herrschenden Beleuchtung; was sie können muß, ist, eine honigreiche Blüte an »ihrer Eigenfarbe«, d. h. an den ihr konstant anhaftenden Reflexionseigenschaften, wiederzuerkennen, gleichgültig, ob sie vom bläulichen Morgenlicht oder rötlichen Abendlicht bestrahlt wird.

Andere, analoge Leistungen vollbringende Apparate ermöglichen es uns, die *Größe* eines Gegenstandes als eines seiner konstanten Merkmale wahrzunehmen, obwohl die Ausdehnung des Bildes, das auf unserer Netzhaut von ihm entworfen wird, mit dem Quadrat seiner Entfernung abnimmt. Wieder andere Mechanismen bringen das bewunderungswürdige Kunststück zuwege, uns den *Ort*, an dem sich ein Sehding befindet, als konstant wahrnehmen zu lassen, obwohl sein Bild auf unserer Netzhaut bei jeder kleinsten Bewegung unseres Kopfes und erst recht unserer Augen die wildesten Zickzacksprünge vollführt. Die Physiologie dieser beiden Konstanzleistungen ist besonders von Erich v. Holst untersucht worden, auf dessen Schriften hier verwiesen sei.

Weit komplexer und in seiner physiologischen Verursachung kaum erforscht ist jener Verrechnungsapparat, der uns erlaubt, die dreidimensionale *Form* eines Gegenstandes als konstant wahrzunehmen, während er sich vor unseren Augen bewegt, z. B. dreht, so daß die Form seines Netzhautbildes weitgehenden Veränderungen unterworfen wird. Es sind ganz ungeheuer komplizierte stereometrische oder darstellend-geometrische Operationen nötig, um die uns allen selbstverständliche Leistung zu vollbringen, die darin besteht, alle diese Veränderungen des Netzhautbildes – ja selbst die eines Schattenbildes – als Bewegungen eines formkonstanten Gegenstandes im Raum zu interpretieren und nicht als Veränderungen seiner Form.

Wie wir wissen, sind sie [die Konstanzleistungen der Wahrnehmung] alle im Dienste der Ding-Konstanz entwickelt worden; der Selektionsdruck, unter dem dies geschah, wurde von der Notwendigkeit ausgeübt, bestimmte Gegenstände der Umwelt verläßlich wiederzuerkennen. Dieselben physiologischen Mechanismen, die uns dazu befähigen, sind nun erstaunlicherweise auch imstande, konstante Eigenschaften herauszuheben, zu *abstrahieren*, die nicht nur *ein* Ding, sondern vielmehr eine bestimmte *Gattung* von Dingen kennzeichnen. Sie vermögen von den Eigenschaften abzusehen, die nicht gattungskonstant sind, sondern nur einzelne Individuen auszeichnen. Mit anderen Worten, sie behandeln diese individuellen Merkmale als

den akzidentellen Hintergrund, von dem sich eine allen individuellen Vertretern der Gattung gemeinsam anhaftende und für
sie alle konstante Gestaltqualität abheben läßt. Diese wird
dann unmittelbar als Qualität der Gattung wahrgenommen.

Diese höchste Leistung der Konstanzmechanismen ist ursprünglich von rationaler Abstraktion durchaus unabhängig,
sie ist höheren Säugetieren und Vögeln ebenso zu eigen wie
kleinen Kindern. Wenn ein Einjähriger alle Hunde richtig als
»Wauwau« bezeichnet, hat er keineswegs die Bestimmungsfor-
mel von Canis familiaris L. abstrahiert, noch weniger hatte der
kleine Sohn von Eibl-Eibesfeldt die Begriffe »Säugetier« und
»Vogel« gebildet, als er die Angehörigen dieser Klassen als
»Wauwau« und »Pipi« ansprach, wobei er eine große Gans und
einen winzigen Laubsänger ebenso richtig in die Klasse der Vögel einordnete wie seine neugeborene Schwester in die der Säugetiere. Ganz sicher wird in solchen Fällen vom kleinen Adam
ein Name einer unmittelbar wahrgenommenen Gattungsquali-
tät verliehen. Alle diese von der Gestaltwahrnehmung voll-
brachten Leistungen der Abstraktion und der Objektivierung
sind anderen und einfacheren Funktionen der Konstanzwahrnehmung nicht nur verwandt, sondern bauen auf ihnen auf,
d. h. sie enthalten sie als unentbehrliche Teilfunktionen. Die
Gestaltwahrnehmung besitzt als höher intergrierte Ganzheit
selbstverständlich neue Systemeigenschaften, wozu noch der
Umstand hinzutritt, daß sie auch mit Lernen und Gedächtnis in
Beziehung tritt.

Die Gestaltwahrnehmung scheint sogar ihren eigenen, besonderen Mechanismus des Informationsspeicherns zu besitzen. In meiner schon erwähnten Arbeit über Gestaltwahrnehmung habe ich ausführlich geschildert, wie sich der Vorgang
des Herausgliederns einer Gestalt, ihres Abhebens vom akzidentellen Hintergrund, über sehr lange Zeiträume, ja über
viele Jahre erstrecken kann. Der Verhaltensforscher wie der
Arzt machen immer wieder die Erfahrung, daß eine in sehr vielen Einzelerfahrungen wiederkehrende Gesetzlichkeit, wie
etwa eine Aufeinanderfolge von Bewegungen oder ein Syn-
drom von Krankheitserscheinungen, erst dann als invariante
Gestalt wahrgenommen wird, wenn die Beobachtung sehr oft,

in manchen Fällen buchstäblich Tausende von Malen wiederholt worden war.

Mit diesem Geschehen gehen ganz eigenartige subjektive Erscheinungen einher. Lange, ehe man die Gründe dafür formulieren könnte, merkt man schon, daß ein Komplex beobachteter Erscheinungen interessant und anziehend wirkt. Erst etwas später taucht die Vermutung auf, daß Regelhaftes in ihm enthalten sei. Beides drängt natürlich zu Wiederholungen der Beobachtungen. Das Ergebnis dieses erstaunlichen, aber keineswegs übernatürlichen Vorganges wird dann häufig einer »Intuition«, wenn nicht gar einer »Inspiration« zugeschrieben.

Was in Wirklichkeit geschieht, ist wunderbar genug. Offensichtlich besitzen wir einen Verrechnungsapparat, der imstande ist, schier unglaubliche Zahlen einzelner »Beobachtungsprotokolle« aufzunehmen und über lange Zeiträume festzuhalten, und der dazu noch die Fähigkeit besitzt, echte Statistik mit ihnen zu treiben. Diese beiden Leistungen müssen angenommen werden, um die unbezweifelbare Tatsache zu erklären, daß unsere Gestaltwahrnehmung fähig ist, aus einer Vielzahl von Einzelbildern, deren jedes mehr akzidentelle als essentielle Daten enthält und die sie über große Zeiträume gesammelt hat, die essentielle Invarianz zu errechnen. ...
Wir müssen einem System, das solches vollbringt, eine sehr hohe Komplikation zuschreiben. Dennoch wundern wir uns nicht über die Tatsache, daß sich all diese sensorischen und nervlichen Vorgänge trotz ihrer so weitgehenden Analogie zu rationalem Geschehen in jenen Regionen unseres Nervensystems abspielen, die unserem Bewußtsein, unserer Selbstbeobachtung völlig unzugänglich sind. Egon Brunswik hat für sie den Terminus *ratiomorph* eingeführt, um anzudeuten, daß sie in formaler wie in funktioneller Hinsicht logischen Verfahrensweisen streng analog sind, mit bewußter Vernunft aber sicherlich nichts zu tun haben. ...
Auch die Fähigkeit der Gestaltwahrnehmung, Informationen zwecks späterer Auswertung zu speichern, ist unserem rationalen Gedächtnis analog, beruht aber wahrscheinlich auf andersartigen physiologischen Vorgängen. In der Fähigkeit, Einzeldaten zu behalten, *übertrifft* die ratiomorphe Leistung die

rationale um ein Vielfaches, dagegen mangelt uns die Fähigkeit, die von ihr gespeicherten Inhalte willkürlich abzurufen. ...

Meine Ausführungen über die Analogien zwischen den rationalen und den ratiomorphen Leistungen sollen keineswegs besagen daß die abstrahierende und objektivierende Leistung unseres begrifflichen Denkens beziehungslos neben der der Gestaltwahrnehmung stehe. Die ratiomorphen Leistungen sind unabhängig vom begrifflichen Denken funktionsfähig, sie sind erdgeschichtlich uralt, denn man darf mit Sicherheit annehmen, daß die Netzhaut bei den Stegocephalen der Steinkohlenzeit prinzipiell gleiche Abstraktionsleistungen vollbracht hat, wie wir sie von der Netzhaut unserer Frösche kennen. Funktionell sind die Abstraktions- und Objektivationsleistungen der Wahrnehmung Vorläufer der entsprechenden Funktionen unseres begrifflichen Denkens. Sie sind aber, wie dies bei der Integration präexistenter Systeme zu höherer Ganzheit der Fall zu sein pflegt, durch die Fulguration des begrifflichen Denkens keineswegs überflüssig geworden, sondern bilden nach wie vor seine unentbehrlichen Voraussetzungen und Bestandteile. (RS)

3. Gedanken über angeborene Verhaltensweisen

Bei unserer phylogenetisch-vergleichenden Erforschung der angeborenen arteigenen Verhaltensweisen von Tieren und Menschen sind wir auf Grund eines sehr breiten, konkreten Tatsachenmaterials zu der Überzeugung gekommen, daß sehr vieles im gesellschaftlichen Verhalten des Menschen, was von der philosophischen Ethik auf Grund einer irrtümlichen, sekundären Rationalisierung für einen Ausfluß vernunftmäßiger Verantwortlichkeit gehalten wird, in Wirklichkeit aus arteigenen und viel primitiveren Reaktionsnormen entspringt, als wir gemeinhin annehmen, aus Reaktionen, die als solche noch nicht einmal spezifisch menschlich sind. Auf die gleiche Induktionsbasis gründet sich unsere Behauptung, daß die heutige wissenschaftliche Soziologie eine ganze Reihe von Erscheinungen, insbesondere von Störungen gesellschaftlichen Verhaltens, für ausschließliche Auswirkungen einer gesellschafts- und klassenbedingten Moral hält, bei denen ganz sicher auch Leistungen und insbesondere auch Fehlleistungen derselben uralten arteigenen Aktions- und Reaktionsnormen eine Rolle spielen. Die vergleichende Forschung hat nicht nur bei Tieren, sondern auch beim Menschen im gesellschaftlichen Verhalten höchst komplizierte Systeme angeborener, d. h. unbedingt reflektorischer und endogen automatischer Verhaltensweisen nachgewiesen, die in ihrer individuellen Unveränderlichkeit gewissermaßen ein – in groben Zügen – artkonstantes Stützskelett der menschlichen Gesellschaftsstruktur darstellen. Wie Organe sind derartige Reaktionsnormen von Individuum zu Individuum nur in bestimmten Grenzen variabel, und wie Organe vermögen sie sich veränderten Umweltbedingungen nur in dem langsamen Tempo des phylogenetischen Artenwandels anzupassen. Mit allen anderen starren Strukturen des Organismus teilen sie die zwiespältige Eigenschaft, einerseits zu stützen und andererseits starr zu machen. Eben diese Starrheit angeborener sozialer Verhaltensweisen des Menschen führt in vielen Fällen zu ihrem Konflikt mit den Anforderungen, die von der in unermeßlich rascherem Tempo sich entwickelnden Gesellschaftsordnung an das Individuum gestellt werden, führt zu einer gewaltigen Kluft zwischen der »Neigung« des ererbten Triebes und dem von der Kultur diktierten Sollen. Aus der allen »Instinkten« eigenen Doppelfunktion von Stützen und Steifmachen ergibt sich auch die folgenschwere zweifache Wirkung, welche die Domestikation des Menschen auf seine Kulturfähigkeit ausübt. Die durch Domestikation verursachten erheblichen Ausfälle ganz bestimmter arteigener Verhaltensweisen sind einerseits die unabdingbare Voraussetzung gewisser, für unser Menschentum geradezu konstitutiver Freiheitsgrade des Handelns. Andererseits können gleichartige und gleichen Ursachen entspringende Erbänderungen mit jener zufallsgegebenen Blindheit, die allen Mutationen eigen ist, ebensogut solche Reaktionsweisen betreffen, die als Stützelemente gesellschaftlichen Verhaltens auch beim Kulturmenschen unentbehrlich sind. Dadurch können schwerste Störungen entstehen. (RM)

4. Die phylogenetischen Grundlagen

Die Parallelen und Analogien phylogenetischen und kulturellen Werdens könnten leicht zu der Vorstellung führen, daß es sich um zwei Prozesse handele, die vikariierend füreinander eintreten können, aber sonst beziehungslos nebeneinander herlaufen und ursächlich nichts miteinander zu tun hätten. Damit wäre wieder einmal der irreführenden disjunktiven Begriffsbildung Tür und Tor geöffnet. Eine solche liegt auch der weitverbreiteten Meinung zugrunde, daß die kulturelle Entwicklung sich mit einer gewissermaßen horizontalen Abgrenzung scharf von den Ergebnissen der vorangegangenen Stammesgeschichte absetze, die man sich als mit der »Menschwerdung« abgeschlossen vorstellt.

Auf dieser falschen Vorstellung beruht auch die Meinung, daß alles »Höhere« im menschlichen Leben, vor allem alle feineren Strukturen des sozialen Verhaltens kulturbedingt seien, während dagegen alles »Niedrige« auf instinktiven Reaktionen beruhe. In Wirklichkeit ist der Mensch durch ein typisches stammesgeschichtliches Werden zu dem Kulturwesen geworden, das er heute ist. Die Umkonstruktion, die das menschliche Gehirn unter dem Selektionsdruck des Kumulierens von traditionellem Wissen erfahren hat, ist kein kultureller, sondern ein phylogenetischer Vorgang. Sie hat sich *nach* der Fulguration des begrifflichen Denkens vollzogen. Wahrscheinlich geschah gleichzeitig damit die völlige Aufrichtung des Körpers und die feinere Differenzierung der Muskulatur von Hand und Fingern.

Es ist auch nicht anzunehmen, daß die stammesgeschichtliche Veränderung unserer Art zum Stillstand gekommen sei. Die rasche Veränderung des menschlichen Lebensraumes und die von ihm gestellten Anforderungen lassen im Gegenteil vermuten, daß Homo sapiens zur Zeit in einem raschen genetischen Wandel begriffen sei. Für diese Annahme sprechen auch Beobachtungen wie zum Beispiel die rasche Zunahme der Körpergröße und andere domestikationsbedingte Merkmale des Menschen. Wir müssen uns damit abfinden, daß sich in der Entwicklung des Menschen zwei Arten von Vorgängen abspielen, die zwar in sehr verschiedenem Tempo vor sich gehen, aber in engster Wechselwirkung miteinander stehen: die langsame evolutive und die um ein Vielfaches schnellere kulturelle Entwicklung.

Es ist eine der wichtigsten Aufgaben der Verhaltensforschung, die Wirkungen dieser beiden Vorgänge voneinander zu unterscheiden und auf die richtigen Ursachen zurückzuführen. Phylogenetisch programmierte Normen sozialen Verhaltens von kulturell bestimmten zu unterscheiden ist erstens deshalb von höchster praktischer Wichtigkeit, weil bei pathologischen Störungen völlig andere therapeutische Maßnahmen angezeigt sind, je nachdem es sich um die eine oder die andere Art von Verhaltenselementen handelt. Zweitens aber ist es auch von grundlegender theoretischer Bedeutung, die Herkunft der anpassenden Information festzustellen, auf die sich der Arterhaltungswert einer bestimmten Verhaltensweise gründet.

Die vergleichende Methodik gibt uns mehrere Mittel zu der geforderten Analyse an die Hand. Eines davon ist die Bestimmung der relativen Geschwindigkeit, mit der sich ein bestimmtes Merkmal oder eine Gruppe von Merkmalen im Laufe der Zeit verändert. Schon ehe mit der Fulguration des begrifflichen Denkens die Vererbbarkeit erworbener Merkmale auf den Plan trat und das Tempo ihrer Veränderung um ein Vielfaches erhöhte, vollzog sich der Wandel einzelner Bauelemente und Strukturprinzipien mit sehr verschiedenen Geschwindigkeiten. Das Strukturprinzip des Zellkerns z. B. ist vom Einzeller bis zum Menschen dasselbe geblieben, die Mikrostruktur des Genoms ist noch älter. Der makroskopische Bau der verschiedenen Stämme von Lebewesen hat dagegen in der gleichen Entwicklungszeit alle nur denkbaren Formen angenommen. Ein Fliegenpilz und ein Hummer, ein Eichbaum und ein Mensch sind so verschieden voneinander, daß man, wenn man nur diese »Vegetationsspitzen« des lebendigen Stammbaumes kennen würde, nicht so leicht auf den Gedanken käme, daß sie aus einer gemeinsamen Wurzel entsprossen seien, was sie indessen ohne Zweifel sind. Eben diese verwirrende Mannigfaltigkeit der Formen ist es, die dazu verführt, das verzweifelte Ordnungsverfahren reiner Typologie anzuwenden.

In der vergleichenden Stammesgeschichtsforschung ist es heute von großer Bedeutung, die Geschwindigkeit des Merkmalflusses zu ermitteln. Merkmale, die großen Gruppen gemeinsam sind, können aus guten Gründen als »konservativ« betrachtet werden. Wenn z. B. der Zellkern bei Zellkern-Wesen (»Eukarioten«) in gleicher Form vorhanden ist, kann man mit Recht schließen, daß diese Struktur sehr alt und daher von größter »taxonomischer Dignität« ist. Je kleiner die taxonomische Gruppe, die durch ein bestimmtes Merkmal vereint wird, ist, desto jünger ist im allgemeinen das betreffende Merkmal. Zwischen den schnellsten und den langsamsten Formen phylogenetischer Merkmalveränderung bestehen alle denkbaren Übergänge. Das Zeitmaß der schnellsten unter ihnen reicht immerhin an dasjenige kulturgeschichtlicher Vorgänge heran. So sind beispielsweise viele Haustiere in geschichtlicher Zeit ihrer wilden Ahnenform gegenüber so stark verändert worden, daß man sie als neue Arten auffassen kann.

Dennoch bleibt die Schnelligkeit dieser raschesten unter allen uns bekannten phylogenetischen Vorgängen so weit hinter dem Tempo von kulturgeschichtlichen Veränderungen zurück, daß dieser Geschwindigkeitsunterschied zum Erkennen beider herangezogen werden kann. Wenn wir finden, daß gewisse Bewegungsweisen und gewisse Normen des sozialen Verhaltens *allgemein menschlich* sind, d. h., daß sie sich bei allen Menschen aller Kulturen in genau gleicher Form nachweisen lassen, so dürfen wir mit einer an Sicherheit grenzenden Wahrscheinlichkeit annehmen, daß sie phylogenetisch programmiert und erblich festgelegt sind. Mit anderen Worten: Es ist von erdrückender Unwahrscheinlichkeit, daß nur durch Tradition fixierte Verhaltensnormen über so große Zeiträume unverändert bleiben. Diese Form des Nachweises der phylogenetischen Programmiertheit menschlicher Verhaltensweisen ist in überraschender Übereinstimmung von zwei Forschungszweigen erbracht worden, die einander scheinbar ferne stehen.

Der erste der beiden ist die auf den Menschen angewandte vergleichende Verhaltensforschung. Man hat in dieser Wissenschaft gute Gründe anzunehmen, daß in der emotionellen Sphäre, die eine so wesentliche Rolle bei der Motivation unseres sozialen Verhaltens spielt, besonders viele phylogenetisch fixierte, ererbte Elemente enthalten sind. Wie schon Charles Darwin wußte, enthält der Ausdruck der Gemütsbewegungen besonders viele angeborene, dem Menschen arteigene Bewegungsweisen. Aufgrund dieser Voraussetzungen machte I. Eibl-Eibesfeldt die Ausdrucksbewegungen des Menschen zum Gegenstand einer vergleichenden Untersuchung, die sich über sämtliche erreichbaren Kulturen erstreckte. Er filmte eine Anzahl typischer Ausdrucksbewegungen, die in bestimmten standardisierbaren Situationen, wie Begrüßung, Abschied, Streit, Liebeswerben, Freude, Angst, Schreck usw., in voraussagbarer Weise auftreten. Die Kamera hatte ein vor das Objektiv eingebautes Prisma, so daß die Richtung der Aufnahme im rechten Winkel zur scheinbaren Einstellung lag und die gefilmten Menschen sich unbefangen benahmen. Das Ergebnis war ebenso einfach wie überraschend: Die Bewegungsformen des Ausdrucks erwiesen sich auch bei genauester Analyse durch den Zeitdehnungsfilm bei den Papuas in Zentral-Neuguinea, den Waika-Indianern am oberen Orinoko, bei den Buschleuten in der Kalahari, bei Otj-Himbas des Kaoko-Feldes, bei australischen Ureinwohnern, bei hochkultivierten Franzosen, Südamerikanern und sonstigen Vertretern unserer westlichen Kultur als identisch.

Der zweite Forschungszweig, der in voller Unabhängigkeit völlig übereinstimmende Ergebnisse erzielte, ist überraschenderweise die Linguistik, d. h. die vergleichende Untersuchung der Sprache und ihrer Logik. Bei einer Diskussion über allgemeine Probleme der sprachlichen Verständigung hat einmal meine Frau ihre Verwunderung darüber geäußert, daß sich Sprachen überhaupt übersetzen lassen. Die Frage, was z. B. »schon« oder »obwohl« oder »allerdings« auf japanisch oder auf ungarisch heiße, stellt jeder Lernbeflissene ganz zuversichtlich und wundert sich, wenn es ausnahmsweise einmal in der fremden Sprache kein genau entsprechendes Wort gibt. Tatsächlich sind, wie man heute weiß, allen Menschen aller Völker und Kulturen gewisse Strukturen des Denkens angeboren, die nicht nur dem logischen Aufbau der Sprache zugrunde liegen, sondern auch die Logik des Denkens schlechthin bestimmen.

Noam Chomsky und R. H. Lenneberg haben diese Tatsachen aus einem vergleichenden Studium der Sprachstruktur erschlossen; Gerhard Höpp ist auf anderem Wege zu ähnlichen Anschauungen über die Einheit von Sprache und Denken gekommen und zeigt in seinem Buche ›Evolution der Sprache und Vernunft‹, »wie fehlerhaft die Zweiteilung des Geistes in einen äußeren Teil der Sprache und einen inneren Teil des Denkens ist, während beide in Wirklichkeit zwei Seiten einer und derselben Sache sind.« Unter den Geisteswissenschaftlern hat nur der österreichische Privatgelehrte Dr. F. Decker verwandte Meinungen geäußert.

Niemand wird leugnen, daß sich im Laufe ihrer Höherdifferenzierung das begriffliche Denken und die Wortsprache gegenseitig beeinflußt haben. Schon die Selbstbeobachtung lehrt, daß man bei schwierigen Denkvorgängen die sprachliche Formulierung zu Hilfe nimmt, und sei es auch nur als ein mnemotechnisches Mittel, ähnlich wie man beim Rechnen Bleistift und Papier gebraucht. Zweifellos waren die Strukturen des logischen Denkens schon vor der syntaktischen Sprache gegeben, aber ebenso zweifellos hätten sie ihre heutige Differenzierungshöhe nie erreicht, wenn nicht eben diese Wechselwirkung zwischen Denken und Sprechen zustande gekommen wäre.   (RS)

5. Der Spezialist auf Nichtspezialisiertsein

Noch in einer anderen Hinsicht ist die Domestikation die Voraussetzung für die Entstehung einer wesentlichen und einzigartigen Eigenheit des Menschen. Mit Gehlen sehen wir eine der konstitutiven Eigenschaften des Menschen, ja vielleicht die wichtigste von ihnen, in seiner dauernden neugierig forschenden Auseinandersetzung mit der Welt der Dinge, in der spezifisch menschlichen Tätigkeit des aktiven Weiterbauens an der eigenen Umwelt. Ein prinzipiell gleichartiges aktives Erarbeiten einer individuellen Umwelt durch aktive, neugierige Forschung kommt jedoch – im Gegensatz zu der Ansicht Gehlens – ganz sicher auch gewissen Tieren zu. Alle Tierarten, bei denen dies in nennenswertem Maße der Fall ist, haben eines gemeinsam: Es sind durchweg Formen, die der hochgetriebenen, differenzierten Spezialanpassung an einen bestimmten Lebensraum und eine bestimmte Lebensweise entbehren, gewissermaßen Durchschnittsvertreter der betreffenden zoologischen Verwandtschaftsgruppe, die in diesem Sinne »urtümlicher« sind als spezialisierte Verwandte. Die Wanderratte, ein typisches Beispiel eines solchen Wesens, entfernt der wundervollen Schwimmanpassung des Bibers, klettert schlechter als das Eichhorn, gräbt schlechter als die Wühlmaus und läuft nicht entfernt so gut wie die Wüstenspringmaus, aber sie übertrifft jeden der genannten vier Ordnungsverwandten in den drei Tätigkeiten, die *nicht* seine »Spezialität« sind. Während Gehlen den Menschen das »Mängelwesen« nennt, weil er aller besonderen Spezialanpassungen entbehrt, möchte ich den Kernpunkt derselben Erscheinung in der *Vielseitigkeit* derartiger unspezialisierter Wesen sehen, zumal man ja auch das gewaltige Menschen-*Hirn* als somatisches Organ durchaus nicht außer acht lassen darf. Auch in anderer, rein körperlicher Hinsicht schneidet der Mensch durch seine Vielseitigkeit im Vergleich zu anderen Säugetieren gar nicht so schlecht ab. Wenn wir als allgemeine körperliche Leistungsprüfung einen »Dreikampf« ausschreiben, dessen Bedingungen in einem Tagesmarsch von 30 km, dem Erklettern eines 4 m langen, frei aufgehängten Seiles und in einer Tauchleistung von 20 m Länge und 4 m Tiefe, mit zielgerichtetem Heraufholen irgendeines versenkten Gegenstandes bestehen, so findet sich kein einziges Säugetier, das die jedem durchschnittlichen Stadtmenschen möglichen Leistungen vollbringt.

Allen typischen »Spezialisten auf Nichtspezialisiertsein« ist neben der Vielseitigkeit der körperlichen Eigenschaften eine sehr kennzeichnende Struktur der angeborenen Verhaltensdispositionen zu eigen: Bei ihnen allen ist die jugendliche Neugier und Lernfähigkeit auf die Spitze getrieben. Ein derartiges Jungtier wird von allem unwiderstehlich angezogen, was *gestaltet wahrzunehmen im Bereich seiner Fähigkeiten liegt*. Jeder Organismus kann nur das als dressurauslösendes Merkmal erwerben, was er gestaltet wahrzunehmen vermag, und es ist daher verständlich, wenn die Appetenz zum Lernen bei derartigen

Jungtieren ganz besonders durch solche Gegenstände erregt wird, die reich an prägnant gestaltbaren Merkmalen sind. An jeder durch ihre Prägnanz irgendwie auffallenden Reizsituation probieren nur die Jungtiere der unspezialisierten Neugierwesen buchstäblich sämtliche in ihrem arteigenen Aktionssystem vorhandenen Verhaltensweisen durch. Ein junger Rabe bringt jedem ihm neuen Gegenstand gegenüber das ganze Inventar seiner angeborenen Bewegungsweisen, indem er hintereinander versucht, diesen zu zerhacken, durch »Zirkeln« zu zerreißen, wenn er groß und schwer ist, durch dieselbe Bewegungsweise umzuwenden, ihn durch Anwendung gewisser angeborener Bewegungsweisen zu verstecken usw. Eine junge Ratte beschnuppert und benagt versuchsweise schlechterdings alles, versucht alle Winkel zu durchkriechen, alles Bekletterbare zu beklettern und alle in ihrem Gebiet überhaupt möglichen Wege »auswendig zu lernen«.

Der arterhaltende Sinn dieser Appetenz nach Unbekanntem und dieses Durchproben aller dem Tiere möglichen Verhaltensweisen ist leicht zu durchschauen. Der Spezialist auf Nichtspezialisiertsein baut sich seine Umwelt aktiv auf, während sie ein Tier mit weitergehenden Spezialanpassungen der körperlichen Organe und des angeborenen Verhaltens großenteils mit auf die Welt bringt. In der Umwelt eines »Spezialisten«, etwa eines Haubentauchers, ist so ziemlich alles, worauf er überhaupt Bezug nimmt, die Wasserfläche, die Beute, der Geschlechtspartner, das Nistmaterial usw., durch hochdifferenzierte angeborene auslösende Mechanismen artmäßig festgelegt. Sein Lernen beschränkt sich hauptsächlich auf das Auffinden der für ihn bedeutungsvollen Reizsituationen. Es steht nicht im Machtbereich seiner Fähigkeit, zur Eigendressur, an diesen ererbten und arteigenen, für ihn »apriorischen« Gegebenheiten seiner Umwelt irgend etwas zu verändern.

Die neugierigen Nichtspezialisten dagegen bringen stets nur sehr wenige und sehr weite, d. h. merkmal*arme*, auslösende Mechanismen und verhältnismäßig wenige angeborene Bewegungsweisen mit. Für letztere ist es sehr bezeichnend, daß sie gerade wegen ihrer verhältnismäßig geringen Spezialisierung besonders vielfältige Möglichkeiten der Anwendung haben.

Dadurch, daß solche Tiere zunächst alles ihnen Neue so behandeln, als ob es für sie von größter biologischer Wichtigkeit wäre, finden sie in den verschiedensten und extremsten Lebensräumen unfehlbar jede Kleinigkeit heraus, die zur Erhaltung ihres Lebens beitragen kann. *Buchstäblich alle höheren Tiere, die zu Kosmopoliten geworden sind, sind typische unspezialisierte Neugierwesen.*

Ohne allen Zweifel ist die Art und Weise, in der der Mensch die Probleme der Arterhaltung meistert, grundsätzlich gleichartig mit dem eben beschriebenen Anpassungstypus der Spezialisten auf Nichtspezialisiertsein. Die Stärke, der der Mensch in allererster Linie seinen biologischen Erfolg und sein Kosmopolitentum verdankt, liegt ganz sicher in jener dialogischen, aktiven Auseinandersetzung mit der Umwelt, die wir kurzweg als die Forschung bezeichnen können. Das Wesentliche in der Funktion des Neugierlernens der besprochenen Tiere liegt ja eben in dem *sachlichen* Interesse für alles Neue. Wenn ein junger Rabe oder eine junge Ratte einen neuen Gegenstand »untersucht«, d. h. alle nur denkbaren Verhaltensweisen seines Aktionssystems hintereinander an ihm durchprobiert, so sind unter diesen Verhaltensweisen natürlich auch solche, deren arterhaltende Funktion direkt oder indirekt dem Nahrungserwerb dient, ja derartige Bewegungsweisen überwiegen häufig über andere. Dennoch wäre es grundsätzliches Mißverstehen der Triebziele des Tieres, nun etwa zu meinen, es handle sich letzten Endes doch nur um ein nach Nahrung gerichtetes Appetenzverhalten. Bei der großen Kategorie des rein räumlichen Neugierverhaltens, das durch Auswendiglernen aller möglichen Wege zu einer sehr genauen *Raumrepräsentation* führt, schaltet sich diese Deutung von vornherein aus, aber auch bei dem neugierigen Ausprobieren von Bewegungsweisen, deren arterhaltender Sinn wirklich im Nahrungserwerb liegt, kann man im Wahlversuch stets ohne weiteres feststellen, daß es die Appetenz nach dem Neuen und nicht nach dem Fressen ist, die den Organismus zu seinem Verhalten treibt: Der allerbeste dem Tier bekannte Leckerbissen vermag nicht, es von der Untersuchung eines neuen Gegenstandes abzulenken, auch dann nicht, wenn unter den Bewegungsweisen, die es gerade durchprobiert, solche des Fressens sind. Um es anthropomorph auszudrücken: Das Tier will nicht fressen, sondern es will »wissen«, was es in dem betreffenden Lebensraume »theoretisch« alles zu fressen gibt!

Die aktive Forschung des Tieres ist insofern im buchstäblichen Sinne des Wortes sachlich, als durch sie eine Umweltrepräsentation entsteht, deren Schwerpunkt in *objektbezogenen* Kenntnissen liegt und deren Reichtum an »gewußten« Einzelheiten diejenige anderer vor-menschlicher Lebewesen um ein Vielfaches übertrifft. Ebendiese reiche »theoretische« Kenntnis der umgebenden Welt ist es ja, die es derartigen Tieren ermöglicht, in so ungeheuer verschiedenen Lebensräumen alles biologisch Relevante, zur Lebenserhaltung Verwendbare herauszufinden. Gehlen stellt es als eine spezifisch menschliche Leistung hin, wenn das Subjekt durch die forschende, aktive Auseinandersetzung mit jedem neuen und deshalb anziehenden Gegenstand sich diesen von allen nur irgend zugänglichen Seiten her »intim« macht und ihn dann »dahingestellt« sein läßt, d. h. in jenem buchstäblichen Sinne ad acta legt, daß es im Bedarfsfalle jederzeit auf ihn zurückgreifen kann. Eben das ist aber in durchaus gleicher Weise bei allem Neugierlernen der tierischen Spezialisten auf Nichtspezialisiertsein in grundsätzlich gleicher Weise der Fall. Hierfür nur ein Beispiel: Die angeborene Verhaltensweise des Nahrungsversteckens beim Kolkraben und anderen Corviden besteht darin, daß der zu versteckende Gegenstand mit einer artgemäß festliegenden Bewegungskoordination in einen dunklen Winkel, womöglich in eine Spalte gestopft und dann mit indifferentem Material bedeckt wird. Voraussetzung des glatten Ablaufes dieser Handlung ist, daß bereits intimgemachtes und daher »uninteressantes« Material verfügbar ist. Versteckt ein Rabe etwa einen Fleischbrocken in einer Sofaecke, sieht sich dann nach etwas zum Bedecken Verwendbarem um und hat nichts dergleichen zur Hand oder besser »zum Schnabel«, so kann man ihm nicht dadurch helfen, daß man ihm einen Papierfetzen oder sonst einen ihm neuen Gegenstand hinwirft. Dies zerbricht regelmäßig seine Handlungsintentionen, da die Untersuchung des neuen Objektes den Vogel zunächst völlig gefangennimmt.

Höchstens kann es vorkommen, daß er nach gründlicher, sachlicher Untersuchung des Papieres mehr oder weniger zufällig von neuem an das Fleisch gerät und es nun damit bedeckt. Hat der Vogel dagegen vorher das Papier bis zum völligen Uninteressantwerden untersucht, so wird er sofort darauf zurückgreifen, wenn er es als Versteckmaterial benötigt.

Selbstverständlich läßt sich die Scheidung in »Spezialisten« und »Spezialisten auf Nichtspezialisiertsein« im Tierreiche nur an extremen Typen scharf durchführen. Es gibt alle nur denkbaren Übergänge zwischen beiden und eine echte Appetenz nach Lernsituationen findet sich bei so ziemlich allen höheren Tieren während gewisser Stadien der Jugendentwicklung. Die meisten jener uns so »menschlich« anmutenden Verhaltensweisen der Jungen höherer Säugetiere, die man unter dem wenig scharf definierten Begriff des *Spielens* zusammenzufassen pflegt, erweisen sich bei näherem Zusehen als ein neugieriges Durchprobieren arteigener Verhaltensweisen an neuen und durch prägnante Gestaltbarkeit reizenden Objekten. Überall dort, wo weite angeborene Auslösemechanismen eine gewisse Variationsbreite des Objektes gestatten und gleichzeitig einer Einengung durch Erwerbung bedingter Reaktionen bedürfen, pflegt in der »Konstruktion« des arteigenen Aktionssystems an der betreffenden Stelle eine Appetenz nach Neuem und Gestaltbarem »vorgesehen« zu sein. Die junge Katze, die mit ihren wundervoll graziösen Bewegungen des Beute-Erwerbs alles, was nur einigermaßen in das »Mäuseschema« paßt, zu fangen versucht und immer neue Objekte für ihr Spiel findet, ist ein allbekanntes Beispiel dieses Vorganges. Junge Hunde verhalten sich prinzipiell ebenso.

Die Wichtigkeit der Rolle, die das Neugierlernen in der Verhaltensbiologie einer Tierart spielt, steht selbstverständlich nicht nur mit der Abwesenheit spezifischer Anpassungen, sondern ebenso auch mit der absoluten geistigen Organisationshöhe, insbesondere der Lernfähigkeit des Tieres, in enger Korrelation. Daher ist das neugierige Forschen des Jungtieres bei den geistig am höchsten stehenden Säugern, bei den Menschenaffen, sehr ausgeprägt, mindestens so intensiv wie etwa bei Wanderratten oder Rabenvögeln, obwohl sämtliche heute

lebenden Anthropoiden in viel höherem Maße »Spezialisten«
sind als jene. Die sachliche, objektbezogene Neugier junger
Schimpansen und Orangs ist deshalb immer wieder besonders
eindrucksvoll, weil durch ihr Zusammenspiel mit der guten
Raum-Repräsentation dieser Greifhandkletterer ungemein
komplizierte »Spiele« zustande kommen, die dem »Experi-
mentierspiel« (Charlotte Bühler) kleiner Menschenkinder sowohl formal als inhaltlich völlig gleichkommen. Was schon die
Jungtiere niedriger Affen, etwa der Kapuziner (*Cebus*), bei
diesen Spielen im Aufeinanderbauen und Ineinanderschach-
teln von Objekten, im Benutzen von Hebelwirkungen und dergleichen leisten, ist ganz erstaunlich. Man wundert sich immer
wieder, daß bei diesen intensiven und in ihrer sachlichen Ob-
jektbezogenheit so ungemein menschlich wirkenden Forschungen schließlich doch nicht mehr herauskommt als ein geschickt
kletternder Affe, der weiß, welche Äste brüchig und daher zu
meiden sind, welche Früchte durch Draufschlagen mit einem
Stein geöffnet werden können usw. Bei der Beobachtung junger Anthropoiden erreicht dieses Erstaunen seinen Gipfel-
punkt. Die Diskrepanz zwischen dem so ungemein menschlich
anmutenden neugierigen Forschen des Jungtieres und dem so
wenig menschenähnlichen Verhalten des erwachsenen Affen
ist hier so groß, daß sich mir immer wieder die Vermutung auf-
drängen will, es hätten die Vorfahren der heutigen Menschenaffen weit höhere Fähigkeiten des Neugierlernens und der sinnvollen Objektbehandlung besessen als die rezenten Formen,
bei denen diese höheren Leistungen nur mehr im Spiel des
Jungtieres schattenhaft auftauchen.   (A II)

6. Homo ludens

Im Kapitel über die Vorgänge des schöpferischen Werdens
müssen auch jene besprochen werden, die sich im Gehirn des
Menschen und – auf kollektiver, sozialer Ebene – im Menschengeist abspielen. In einem ganz besonderen Sinne sind
nämlich die kreativen Vorgänge, die im Menschen, und nur im
Menschen, vor sich gehen, ein Spiel. Friedrich Schiller hat

gesagt, daß der Mensch nur dann ganz Mensch ist, wenn er spielt. Wenn Manfred Eigen sein bahnbrechendes Werk »Das Spiel« genannt hat, so bedeutet dies eine Gleichsetzung des schöpferischen Prinzips mit einer Auseinandersetzung von sehr vielen Einzelsystemen, aus deren Mannigfaltigkeit und nach den unbegreiflicherweise vorgegebenen Spielregeln etwas geschaffen wird, das wir als etwas Höheres empfinden – empfinden müssen –, als es die Elemente waren, aus denen es entstanden ist.

Das Neugierverhalten ist schon auf der Ebene des Tieres nur sehr schwer vom Spielen zu trennen, und die nahe Verwandtschaft von Forschen und Spielen wurde mir niemals klarer vor Augen geführt als in jenem glücklichen Sommer, in dem Niko Tinbergen in Altenberg war und in dem wir mit dem Eiroll-Verhalten der Graugans spielten, über das wir dann eine wissenschaftliche Arbeit geschrieben haben. Als Benjamin Franklin elektrische Funken aus der feuchten Drachenschnur gezogen hat, war das ganz sicher kein zweckgerichtetes Verhalten, das die Erfindung des Blitzableiters zum Ziel hatte.

Die stark anziehende Wirkung eines Zieles hemmt die Fähigkeit des »Herumspielens« mit Faktoren, aus deren Kombination sich eine Problemlösung ergeben könnte. Wolfgang Köhler erzählt von seinem Schimpansen Sultan, wie er sich von dem Problem, zwei Teile einer Angelrute zusammenzustecken, um eine Banane herauszuholen, die mit keinem der Teile allein erreichbar war, abwandte und »ziellos« mit den beiden Stöcken spielte. Als er dabei herausfand, daß sie sich ineinanderstecken ließen, erkannte er allerdings sofort, daß er nun ein Werkzeug besaß, mit dem er sein Ziel erreichen konnte.

Ähnliche Vorgänge haben sich wahrscheinlich bei jeder Erfindung eines Werkzeugs abgespielt. Danach aber stellte sich bei der Herstellung des nunmehr bekannten Werkzeugs ein rein zweckgerichtetes Verhalten ein, das wir Arbeit nennen. Arbeit kann durch die »Funktionslust«, die Freude am eigenen Können, zu einem Selbstzweck werden, was gewisse Gefahren heraufbeschwört. Hier aber, im Kapitel über schöpferische Vorgänge, beschäftigt uns eine andere Freude am Können: Der Mensch, der über verschiedenartige gekonnte Bewegungen verfügt, kann gar nicht umhin, mit ihnen zu spielen und aus Können und Spielen entsteht die Kunst. Die ursprünglichste Kunst war wohl der Tanz, dessen Urformen sich schon beim Schimpansen andeuten. Aber auch bei jeder zweckgerichteten Handlung kann sich das Spielen in die Kette der Geschehnisse einschalten, und bei der Herstellung eines Gebrauchsgegenstandes mag der Arbeitende sich nicht davon zurückhalten lassen, unnötige, aber schöne Verzierungen an seinem Erzeugnis anzubringen. Der vom Homo faber hergestellte Gegenstand gewinnt durch die schöpferische Kraft des Homo ludens ein merkwürdiges Eigenleben. In religiöser Hinsicht verselbständigt er sich zum Kultobjekt, wie Hans Freyer es beschrieben hat. Allerfrüheste Kunstgegenstände sind ganz offensichtlich sakraler Natur.

Karl Bühler hat immer betont, daß Wahrnehmen eine Aktivität ist. Jede kognitive Leistung ist es im gleichen Sinne wie auch jedes explorative Verhalten. Die Abbildung der realen Außenwelt, die in jedem Organismus zustande kommt, ist unvollkommen und verschieden, gibt aber dem Organismus – sei es nun ein Pantoffeltierchen oder ein Mensch – Informationen, die einander, wenn man sie vergleicht, nie widersprechen und die sich nur durch ihren größeren oder geringeren Gehalt an Einzelheiten unterscheiden. Immer aber erhält der Organismus diese Informationen, indem er etwas tut.

Aus dem explorativen oder Neugierverhalten entwickelt sich beim Menschen phylogenetisch wie ontogenetisch die Wissenschaft. Sie ist der Kunst wesensmäßig so nahe verwandt wie das Neugierverhalten dem Spiel. Beiden gemeinsam ist eine sehr wesentliche Vorbedingung ihres Funktionierens: Beide bedürfen, wie Gustav Bally es in der Terminologie von Kurt Lewin ausgedrückt hat, des »entspannten Feldes«. Anders ausgedrückt: Spiel und Neugierverhalten haben jeweils eigene Motivationen; weder Spielen noch Explorieren kommt je im Dienste einer anderen spezifischen Motivation vor. Der Rabenvogel, der an einem ihm unbekannten Gegenstand hintereinander ein reiches Repertoire von Verhaltensweisen abhandelt, ist von keiner der dabei ins Spiel kommenden und im »Ernstfall« die betreffenden Bewegungsmuster aktivierenden

Motivationen bewegt. Er würde ganz im Gegenteil mit der spielerischen Exploration sofort aufhören, würde eine solche in ihm aufquellen.

All dies gilt im Prinzip für die menschliche Kunst und die menschliche Forschung genauso wie für das Spielen und das Neugierverhalten der Tiere. So betrachtet, gibt es, genau genommen, keine »angewandte Kunst« und noch weniger eine angewandte Wissenschaft – es gibt nur eine Anwendung der Kunst oder der Wissenschaft. (AM)

7. Kulturelle Evolution

Über die Richtung, in der die Evolution von Kulturen verläuft, wissen wir aus der Menschheitsgeschichte, daß sie analoge Zickzackwege beschreiten kann wie die genetische Evolution von Tier- und Pflanzenarten. Eine weitere Tatsache, deren wir sicher sind, ist die, daß die kulturelle Evolution – die psychosoziale, wie Julian Huxley sie genannt hat – um ein Vielfaches schneller verläuft als die phylogenetische. Ich habe in meinem Buch »Die Rückseite des Spiegels« den Versuch einer natürlichen Erkenntnistheorie unternommen und die Hypothese aufgestellt, daß das begriffliche Denken des Menschen durch eine Integration mehrerer, vorher schon existenter Erkenntnisleistungen zustande kam. Unter diesen ist die Fähigkeit der Raumvorstellung als erste zu nennen. Die Anschauungsformen von Raum und Zeit sind, meiner Meinung nach, in Wirklichkeit nur eine, nämlich die Anschauungsform von Bewegung in Raum und Zeit.

Die zweite wichtige Leistung, die mit der Raumvorstellung zusammen die neue Systemfunktion des begrifflichen Denkens möglich macht, ist die Abstraktionsleistung der Gestaltwahrnehmung, ohne die wir uns in sich konstante Gegenstände gar nicht vorstellen könnten; eine dritte aber ist das explorative Verhalten mit seinem sachlichen Interesse an Gegenständen. Sicherlich hat die sachliche Exploration von Umweltdingen dazu geführt, daß das Einzelwesen auf der Schwelle der Menschwerdung die Tatsache entdeckte, daß seine tastende

Hand ein Gegenstand derselben realen Außenwelt ist wie der explorierte Gegenstand. In diesem Augenblick war der erste Brückenschlag vom Greifen zum Be-greifen vollzogen. ...

Die Entstehung des begrifflichen Denkens und der Wortsprache hat unabsehbare biologische Folgen. Es wurde zwischen Biologen seit der Entdeckung der Evolution viel darüber diskutiert, ob erworbene Eigenschaften vererbt werden könnten oder nicht. Ich habe schon vor Jahren einen sarkastischen Aphorismus geprägt, der besagt: »Daß etwas im allgemeinen nicht vorkommt, wird dem Forschenden oft erst klar, wenn ein Ausnahmefall ihm zeigt, wie es aussehen würde, wenn es regelmäßig vorkäme.« Das neu entstandene, nie dagewesene begriffliche Denken des Menschen macht die – selbstverständlich nicht genetische – Vererbung erworbener Eigenschaften möglich. Wenn ein Mensch Pfeil und Bogen erfindet, so hat zunächst seine Familie und sein Stamm, bald aber die ganze Menschheit dieses nützliche Werkzeug, und die Wahrscheinlichkeit, daß es wieder vergessen wird, ist nicht größer als die, daß ein körperliches Organ von vergleichbarer Wichtigkeit rudimentär wird. Die ungeheure Anpassungsfähigkeit des Menschen, der in denkbar verschiedenen Lebensräumen sein Fortkommen findet, ist ein Ausdruck der hohen Geschwindigkeit, mit der sich die kulturelle Evolution vollzieht.

Eine zweite, vielleicht noch wesentlichere Folge des begrifflichen Denkens und der Wortsprache ist das Band, durch das sie Individuen miteinander verbindet. Die schnelle Verbreitung von Wissen, die Angleichung der Meinungen innerhalb einer sozialen Gruppe schafft eine Einigkeit und Brüderlichkeit, wie sie nie vorher existiert hatte. Bänder dieser Art umschlingen größere und kleinere Scharen von Menschen. Gemeinsames Wissen, Können und Wollen schafft eine kulturelle Einheit. Geist ist für mich eben diese durch begriffliches Denken, Wortsprache und gemeinsame Tradition verursachte Grundleistung der menschlichen Gesellschaft. Geist ist ein sozialer Effekt. Ich habe schon gesagt, daß ein Mensch, für sich genommen, gar kein Mensch ist: nur als Mitglied einer geistigen Gruppe kann er voll Mensch sein. Geistiges Leben ist

grundsätzlich überindividuelles Leben; die individuelle konkrete Verwirklichung geistiger Gemeinsamkeit nennen wir
Kultur.   (AM)

8. Vererbung und Veränderung in der Kultur

Man ist heute so daran gewöhnt, unter Vererbung den genetischen, d. h. biologischen Vorgang zu verstehen, der stammesgeschichtlich erworbene Information den Nachkommen über-
mittelt, daß man den ursprünglichen, juristischen Sinn des
Wortes Vererbung zu vergessen geneigt ist. An ihn zu erinnern
ist deshalb nötig, weil im Werden einer Kultur die unveränderte Weitergabe gewisser zur Tradition gewordener, also
nicht genetisch fixierter Verhaltensnormen eine sehr ähnliche
Rolle spielt wie die unveränderte Weitergabe genetischer Information in der Phylogenese. In der Kultur ist das Abweichen
von diesen Normen für das Fortschreiten der Entwicklung
ebenso unentbehrlich wie die Veränderungen des Erbbildes in
der Phylogenese.

   Die ritualisierten Normen sozialen Verhaltens, die uns durch
die Tradition unserer Kultur überliefert werden, stellen ein
kompliziertes, stützendes »Skelett« der menschlichen Gesellschaft dar, ohne das keine Kultur zu bestehen vermag. Wie alle
Skelettelemente können auch die der Kultur ihre »stützende«
Funktion nur um einen hohen Preis ausüben: Sie müssen nämlich stets gewisse Grade der Freiheit ausschließen. Ein Wurm
kann sich an jeder Stelle seines Körpers biegen; wir können
unsere Glieder nur an jenen Stellen bewegen, an denen Gelenke vorhanden sind. Jede Änderung der stützenden Struktur
hat einen Abbau gewisser Teile zur Voraussetzung, bevor ein
Aufbau in neuer und erhofftermaßen besser angepaßter Weise
möglich ist. Zwischen Abbau und Wiederaufbau liegt notwendigerweise eine Phase vergrößerter Verwundbarkeit.
(Eine Illustration dieses Prinzips ist die Häutung der Krebse,
die ihr Außenskelett abwerfen müssen, damit ein größeres
wachsen kann.)

   Unsere Spezies hat, wie ich glaube, einen eingebauten Mechanismus, dessen lebenserhaltende Wirkung darin besteht, kulturelle Strukturveränderungen möglich zu machen, ohne die gesamte, in der Kulturtradition enthaltene Information dadurch zu gefährden. Ähnlich wie die Mutationsrate genau bemessen sein muß, um die Stammesentwicklung einer Spezies nicht zu gefährden, so muß auch in jeder Kultur das Maß möglicher Veränderungen begrenzt sein. Junge Menschen beginnen mit Herannahen der Pubertät ihre Bindung an die Riten und Normen sozialen Verhaltens zu lockern, die ihnen durch die Familientradition überliefert sind. Gleichzeitig werden sie für neue Ideale empfänglich, die sie zu ihrer eigenen Sache machen können und für die sie vor allem kämpfen wollen. Diese Mauser oder Häutung traditioneller Ideen und Ideale ist eine kritische Phase in der Individualentwicklung des Menschen und bringt Gefahren mit sich. In dieser Entwicklungsphase ist der junge Mensch besonders anfällig für Indoktrinierung.

Dennoch ist diese gefährliche Phase in der Ontogenese des Menschen unentbehrlich, denn sie bietet eine der Möglichkeiten zu Veränderungen in der großen Erbschaft der kulturellen Tradition. Die Krise der Wertung von Idealen ist wie eine offene Tür, durch die neue Gedanken und Erkenntnisse Eintritt erhalten und in die Strukturen einer Kultur integriert werden können, welche ohne diesen kritischen Vorgang allzu starr wäre. Die kultur- und damit lebenserhaltende Funktion dieses Mechanismus hat jedoch eine Art Gleichgewichtszustand zwischen der Unveränderlichkeit alter Traditionen und der Anpassungsfähigkeit zur Voraussetzung, in dem sie nicht umhin kann, gewisse Teile der traditionellen Erbschaft über Bord zu werfen. Ganz wie in der biologischen Entwicklung der Arten bewirkt ein Übergewicht des Konservativen auch in der Entwicklung von Kulturen die Entstehung von »lebenden Fossilien«, ein Übermaß der Veränderlichkeit dagegen die Entstehung von Abnormitäten. (AM)

9. Die soziale Konstruktion des für wirklich Gehaltenen

Dem Menschen wird von der Tradition seiner Kultur vorgeschrieben, was er lernt und wie er lernt. Vor allem aber werden ihm scharfe Grenzen dessen gezogen, was er nicht lernen darf. Wir wissen aus dem Buche von Peter L. Berger und Thomas Luckmann, in wie hohem Grade unsere Erkenntnisfunktionen davon beeinflußt sind, was in der Kultur, der wir angehören, für »wahr« und für »wirklich« gilt. Zu dem »Weltbildapparat«, den wir angeborenermaßen mitbringen, kommt ein geistiger, kultureller Überbau, der uns, ganz ähnlich wie die Strukturen angeborener kognitiver Mechanismen, Arbeitshypothesen an die Hand gibt, die richtungsbestimmend für unseren weiteren, individuellen Wissenserwerb werden. Dieser Apparat enthält seine eigenen Strukturen. Wie alle Strukturen bedeuten auch diese eine Einschränkung von Freiheitsgraden. Die Information, auf deren Grundlage diese Arbeitshypothesen aufgebaut sind, stammt aber nicht aus dem im Genom verschlüsselten Hort, sondern aus der sehr viel jüngeren und anpassungsfähigeren Tradition unserer Kultur. Sie ist daher weniger erprobt und weniger verläßlich, wird aber modernen Anforderungen besser gerecht.

Die Strukturen, in denen all dieses, unseren kulturellen Weltbildapparat bestimmende Wesen enthalten ist, [sind] zwar ebenso materieller Natur wie alle anderen Wissensspeicher auch, aber viele von ihnen unterscheiden sich von allen vormenschlichen Strukturen gleicher Funktion dadurch, daß sie nicht aus lebendiger Materie bestehen. Vieles von dem, was eine Kultur an Gesamtwissen angehäuft hat und was den Weltbildapparat und mit ihm die Weltanschauung ihrer Träger bestimmt, ist geschrieben oder neuerdings auf Platten oder Tonbändern festgehalten.

Trotz derartiger »Gedächtnishilfen« der menschlichen Kultur wird dem Zentralnervensystem des Kulturträgers eine gewaltige Leistung im Speichern der zu kumulierenden Tradition abverlangt. Es kann kein Zweifel bestehen, daß das Größerwerden der Gehirnhemisphären bei unseren Vorfahren in dem Zeitpunkt eingesetzt hat, in dem die Fulguration des begrifflichen Denkens und der Wortsprache erworbene Eigenschaften vererbbar machte. Dies muß einen mit der Plötzlichkeit der Fulguration einsetzenden Selektionsdruck in der Richtung einer Vergrößerung der Hemisphären bewirkt haben. Diese Annahme habe ich Jacques Monod äußern hören, und zwar in einer Diskussion als eine Nebenbemerkung von größter Selbstverständlichkeit. Gelesen habe ich die Feststellung dieser naheliegenden Annahme noch nirgends, wohl aber viele weit hergeholte Erklärungen für das plötzliche Größerwerden des Großhirns zur Zeit der Menschwerdung. Die Menschwerdung ist die Fulguration der kumulierbaren Tradition, und das menschliche Großhirn ist ihr Organ.

Die gewaltige Menge von Information, die im kulturbedingten Weltbildapparat eines modernen Menschen steckt, ist ihrem Träger nur zum kleinsten Teil bewußt. Sie ist ihm zur »zweiten Natur« geworden, und er hält sie mit einer ähnlichen Naivität für wirklich und richtig, wie der naive Realist die Meldungen seiner Augenblicksinformation liefernden Wahrnehmungsorgane für die außersubjektive Realität hält. Wie wir schon zu Beginn der Prolegomena gehört haben, gründet sich die Leistung der Objektivierung, die ihrerseits die Basis aller weiteren und höheren Erkenntnisschritte bildet, auf die Kenntnis des eigenen, die äußere Realität abbildenden Apparates. Wenige sind sich klar darüber, zu welchem hohen Grade soziale und kulturelle Faktoren diesen Apparat und seine Funktion mitbestimmen und damit alles, was wir für wahr, richtig, gesichert und wirklich halten. Für den Forscher, der sich die Objektivierung des Wirklichen zum Ziel gesetzt hat, ist es Pflicht, diese kulturell bestimmten Leistungen und Leistungsbeschränkungen des menschlichen Erkennens ebenso zu kennen und ins Kalkül zu ziehen wie die apriorischen Funktionen unseres Weltbildapparates.

Dies ist so ziemlich die schwerste Aufgabe, die der nach objektiver Erkenntnis dieser Welt ringende Mensch an sich stellen kann. Erstens wird die zu fordernde Leistung des Objektivierens durch Wertempfindungen, die uns zur zweiten Natur geworden sind, behindert, zweitens aber ist die Kultur, das geistige Leben, das am höchsten integrierte lebende System, das es auf unserem Planeten gibt, und es fällt uns schwer, eine noch höhere Ebene zu gewinnen, von der aus wir sie betrachten könnten.

Dennoch obliegt es uns, dies zu tun. (RS)

10. Das Symbol der Gruppe

Gruppen, die größer sind als jene, die durch persönliche Bekanntschaft und Freundschaft zusammengehalten werden, verdanken ihre Kohärenz immer und ausschließlich Symbolen, die durch kulturelle Ritualisation hervorgebracht wurden und von allen Gruppenmitgliedern als etwas Wertvolles empfunden werden. Sie sind der Liebe, der Verehrung und vor allem der Verteidigung gegen alle Gefahren ebenso würdig wie die geliebtesten Mitmenschen. Wir haben im Kapitel über die kulturelle Invarianz bewahrenden Faktoren besprochen, welchen Vorgängen der Gefühlsübertragung die Symbole jene emotionellen Werte verdanken.

Die primitivste und wahrscheinlich auch in der menschlichen Kulturgeschichte als erste auftretende Reaktion auf die in Rede stehenden gruppenvereinigenden Symbole ist der Gruppenverteidigung der Schimpansen homolog. Wir heutigen Menschen treten zur Verteidigung der Symbole unsrer Kultur mit den gleichen angeborenen Bewegungsweisen der haaresträubenden, kinnvorschiebenden, verstandumnebelnden kollektiven Kampfreaktion an, mit der ein Schimpanse unter Einsatz seines Lebens seine Gruppe verteidigt. Ein ukrainisches Sprichwort sagt: »Wenn die Fahne fliegt, ist der Verstand in der Trompete.«

Wahrscheinlich waren die ersten von unseren Ahnen entwickelten Symbole, die für ein konkretes Ding standen, ja vielleicht die ersten Symbole überhaupt solche des kriegerischen Gruppenzusammenhaltes, wie Kriegsbemalungen oder Kriegsflaggen. Wie leicht die kollektive und militante Begeisterung zu einem Kulturen vernichtenden Letalfaktor werden kann, wissen wir alle. (RS)

213

IX. Von Verantwortung und Moral

1. Ecce Homo

Nehmen wir an, ein objektivierender Verhaltensforscher säße auf einem anderen Planeten, etwa dem Mars, und untersuche das soziale Verhalten des Menschen mit Hilfe eines Fernrohrs, dessen Vergrößerung zu gering sei, um Individuen wiederzuerkennen und in ihrem Einzelverhalten verfolgen zu können, das aber wohl gestatte, grobe Ereignisse, wie Völkerwanderungen, Schlachten usw. zu beobachten. Er würde nie auf den Gedanken kommen, daß das menschliche Verhalten von Vernunft oder gar von verantwortlicher Moral gesteuert sei.

Wenn wir annehmen, unser außer-irdischer Beobachter sei ein reines Verstandeswesen, das, selbst bar aller Instinkte, nichts davon wüßte, wie Instinkte im allgemeinen und Aggressionen im besonderen funktionieren und in welcher Weise ihre Funktion mißlingen kann, er würde in arger Verlegenheit sein, die menschliche Geschichte zu verstehen. Die sich immer wiederholenden Ereignisse der Geschichte können aus menschlichem Verstand und menschlicher Vernunft nicht erklärt werden. Es ist ein Gemeinplatz zu sagen, sie seien durch dasjenige verursacht, was man gemeinhin »menschliche Natur« nennt. Die vernünftige und unlogische menschliche Natur läßt zwei Nationen miteinander wetteifern und kämpfen, auch wenn keine wirtschaftlichen Gründe sie dazu zwingen, sie veranlaßt zwei politische Parteien oder Religionen trotz erstaunlicher Ähnlichkeit ihrer Heilsprogramme zu erbittertem Kampf, und sie treibt einen Alexander oder Napoleon, Millionen von Untertanen dem Versuch zu opfern, die ganze Welt unter seinem Zepter zu einen. Merkwürdigerweise lernen wir in der Schule, Menschen, die diese und ähnliche Absurditäten begangen haben, mit Respekt zu betrachten, ja als große Männer zu verehren. Wir sind dazu erzogen, uns der sogenannten politischen

Klugheit der für die Staatsführung Verantwortlichen zu unterwerfen, und wir sind an alle hier in Rede stehenden Phänomene so gewöhnt, daß die meisten von uns sich durchaus nicht klar darüber werden, wie ungemein dumm und menschheits-schädlich das historische Verhalten der Völker ist.

Hat man dies aber einmal erkannt, so kann man der Frage nicht ausweichen, wie es kommt, daß angeblich vernünftige Wesen sich so unvernünftig verhalten können. Ganz offenbar müssen überwältigend starke Faktoren am Werke sein, die imstande sind, der individuellen Vernunft des Menschen die Führung so völlig zu entreißen, und die außerdem völlig unfähig sind, aus Erfahrung zu lernen. Wie Hegel sagt, lehrt uns die Erfahrung der Geschichte, daß Menschen und Regierungen nie aus der Geschichte gelernt oder Folgerungen aus ihr gezogen haben.

Alle diese erstaunlichen Widersprüche finden eine zwanglose Erklärung und lassen sich lückenlos einordnen, sowie man sich zu der Erkenntnis durchgerungen hat, daß das soziale Verhalten des Menschen keineswegs ausschließlich von Verstand und kultureller Tradition diktiert wird, sondern immer noch allen jenen Gesetzlichkeiten gehorcht, die in allem phylogenetisch entstandenen instinktiven Verhalten obwalten, Gesetzlichkeiten, die wir aus dem Studium tierischen Verhaltens recht gut kennen.

Nehmen wir nun aber an, unser extraterrestrischer Beobachter sei ein erfahrener Ethologe, der alles gründlich weiß, was in den vorangehenden Kapiteln kurz dargestellt wurde – er müßte unvermeidbar den Schluß ziehen, die menschliche Sozietät sei sehr ähnlich beschaffen wie die der Ratten, die ebenfalls innerhalb der geschlossenen Sippe sozial und friedfertig, wahre Teufel aber gegen jeden Artgenossen sind, der nicht zur eigenen Partei gehört. Wüßte unser Beobachter vom Mars außerdem noch von der explosiven Bevölkerungszunahme, der ständig anwachsenden Furchtbarkeit der Waffen und von der Verteilung der Menscheit auf einige wenige politische Lager – er würde ihre Zukunft nicht rosiger beurteilen als diejenige einiger feindlicher Rattensoziätaten auf einem beinahe leergefressenen Schiff. Dabei wäre diese Prognose noch optimistisch, denn von den Ratten läßt sich voraussagen, daß nach dem großen Morden immerhin genug von ihnen übrig bleiben, um die Art zu erhalten, was vom Menschen nach Gebrauch der Wasserstoffbombe gar nicht so sicher ist.

Es liegt tiefe Wahrheit im Symbol der Früchte vom Baume der Erkenntnis. Erkenntnis, die dem begrifflichen Denken entsprang, vertrieb den Menschen aus dem Paradies, in dem er bedenkenlos seinen Instinkten folgen und tun und lassen konnte, wozu die Lust ihn ankam. Das dialogisch fragende Experimentieren mit der Umwelt, das aus dem begrifflichen Denken herauskommt, schenkte ihm seine ersten Werkzeuge, den Faustkeil und das Feuer. Er verwendete sie prompt dazu, seinen Bruder totzuschlagen und zu braten, wie die Funde in den Wohnstätten der Pekingmenschen beweisen: neben den ersten Spuren des Feuergebrauchs liegen zertrümmerte und deutlich angeröstete Menschenknochen. Das begriffliche Denken verschaffte dem Menschen die Herrschaft über seine außer-artliche Umwelt und gab damit der intraspezifischen Selektion die Zügel frei, von deren üblen Auswirkungen wir schon gehört haben und auf deren Schuldkonto wahrscheinlich auch der übertriebene Aggressionsdrang zu setzen ist, an dem wir heute noch leiden. Das begriffliche Denken verlieh dem Menschen mit der Wortsprache die Möglichkeit zur Weitergabe überindividuellen Wissens und zur Kulturentwicklung; diese aber bewirkte in seinen Lebensbedingungen so schnelle und umwälzende Änderungen, daß die Anpassungsfähigkeit seiner Instinkte an ihnen scheiterte.

Fast möchte man meinen, es müsse grundsätzlich jede Gabe, die dem Menschen von seinem Denken beschert wird, mit einem gefährlichen Übel bezahlt werden, das sie unausweichlich im Gefolge hat. Zu unserem Glück ist dem nicht so, denn dem begrifflichen Denken entspringt auch die vernunftgemäße Verantwortlichkeit des Menschen, auf der allein seine Hoffnung beruht, den ständig wachsenden Gefahren steuern zu können.   (SB)

2. Über Tugend und Neigung

»Gerne dien' ich dem Freund, doch leider tu ich's aus Neigung,
darum wurmt es mich oft, daß ich nicht tugendhaft bin!«

Wir dienen aber nicht nur unserem Freunde aus Neigung, wir
beurteilen auch seine Freundestaten nach dem Gesichtspunkt,
ob es die warme, natürliche Neigung war, die ihn zu diesem
Verhalten veranlaßte! Wenn wir bis in die letzte Konsequenz
getreue Kantianer wären, müßten wir ja das Umgekehrte tun,
wir müßten den Mann am höchsten schätzen, der uns von Natur
aus ganz und gar nicht leiden kann, aber durch verantwortliche
Selbstbefragung gegen die Neigung seines Herzens gezwungen
wird, sich anständig gegen uns zu benehmen. In Wirklichkeit
aber bringen wir solchen Wohltätern höchstens eine sehr kühle
Form der Achtung entgegen, lieben werden wir nur denjenigen, der sich deshalb freundschaftlich zu uns verhält, weil es
ihm Freude macht, und der bei seinem Tun gar nicht auf den
Gedanken verfällt, Dankenswertes vollbracht zu haben.

Wenn man die Handlungen eines bestimmten Menschen,
etwa die eigenen, zu beurteilen hat, wird man sie selbstverständlich um so höher bewerten, je weniger sie der einfachen
natürlichen Neigung entsprechen. Wenn man aber einen Menschen bewerten soll, etwa indem man ihn zum Freunde wählt,
so wird man ebenso selbstverständlich denjenigen bevorzugen,
dessen freundschaftliches Verhalten ganz und gar nicht ver-
nunftmäßigen Erwägungen – und seien diese noch so moralisch – entspringt, sondern ausschließlich dem warmen Gefühle
natürlicher Neigung. Es ist nicht nur kein Paradoxon, sondern
gesunder Menschenverstand, wenn wir in dieser Weise zwei
verschiedene Wert-Maßstäbe verwenden, je nachdem, ob wir
Taten eines Menschen oder ob wir Menschen beurteilen.

Wer schon aus natürlicher Neigung sozial handelt, beansprucht unter gewöhnlichen Umständen den Kompensations-
mechanismus seiner Verantwortlichkeit nur wenig und verfügt
in Zeiten der Not über gewaltige moralische Reserven. Wer
schon unter den Bedingungen des Alltagslebens die ganze zü-
gelnde Kraft moralischer Verantwortlichkeit aufwenden muß,
um den Forderungen der Kultursozietät gerecht zu werden,

bricht naturgemäß bei Mehrbeanspruchung viel eher zusammen. ... Es ist keineswegs die einmal und plötzlich an den Menschen herantretende übergroße Versuchung, vor der seine Moral am leichtesten versagt, es ist die kräfteverzehrende Wirkung langdauernder nervlicher Überbeanspruchung, welcher Art immer sie sei. Sorge, Not, Hunger, Furcht, Überarbeitung, Hoffnungslosigkeit usw. haben alle die gleiche Wirkung. Wer je Gelgenheit hatte, im Krieg oder in Gefangenschaft viele Menschen in Nöten dieser Art zu beobachten, der weiß, wie unvoraussagbar und plötzlich die moralische Dekompensation eintritt. Menschen, auf die man glaubte Häuser bauen zu können, brechen jählings zusammen, und andere, denen man gar nichts Besonderes zugetraut hätte, erweisen sich als Quellen schier unerschöpflicher Kraft und verhelfen durch ihr schlichtes Beispiel unzähligen anderen dazu, ihr moralisches Wollen aufrechtzuerhalten. Wer derlei erlebt hat, weiß aber auch, daß die Stärke des guten Willens und seine Ausdauer zwei unabhängige Variablen sind. Wenn man dies eingesehen hat, hat man gründlich gelernt, sich nicht über denjenigen erhaben zu fühlen, der etwas eher zusammenbricht als man selbst. (SB)

3. Über das Mitleid

Der große Zusammenklang der lebendigen Schöpfung enthält notwendigerweise eine große Anzahl von Dissonanzen, die wir zu »überhören« gewohnt sind, wir pflegen sie im psychoanalytischen Sinne zu verdrängen, d. h. aus unserem Bewußtsein wegzuretuschieren. Die ärgste dieser Dissonanzen ist die Notwendigkeit zu töten, die nicht nur für das spezialisierte Raubtier, sondern ebenso für den Menschen besteht. (Schon das Wort Raubtier enthält eine unerlaubte Analogie zu menschlichem Verhalten, es müßte heißen »Jagdtier«.) Gerade wegen meiner engen Freundschaft zu meinen Hunden erleide ich eine ernste Erschütterung, wenn sie wieder einmal eine Katze erlegt haben, so wünschenswert es im Interesse unserer reichen Singvogelpopulation auch sein mag, unseren Garten katzenfrei zu halten. Ich gestehe, daß ich nicht einmal in Film und Fernsehen zusehen kann, wie ein Raubtier seine Beute tötet. Darwin berichtet: Als er auf der Beagle-Reise zum erstenmal in den tropischen Urwald kam, sah er, wie eine spinnentötende Riesenwespe eine Vogelspinne angriff. Was tat der große Naturforscher? Zückte er Bleistift und Taschenuhr und beobachtete er minutiös den damals schon in groben Zügen bekannten Vorgang, in dem die Wespe die Spinne durch einen Stich in die Ganglienkette lähmt und sie dann für ihre Larve zum Fraße noch lebend in eine Nesthöhle verschleppt? Nein! Charles Darwin verjagte die Wespe, obwohl er gewiß neugierig war, den Vorgang genau zu sehen.

Mitleid mit der leidenden Kreatur ist eine eindeutig qualitativ bestimmte Emotion, die jedem empfindlichen Menschen trotz seiner Einsicht, daß Leid und Tod von Individuen in der großen Harmonie der lebendigen Schöpfung unvermeidbar sind, wirkliches Leiden bedeutet. Es nützt uns auch nichts, daß wir genau um die harmonischen Wechselwirkungen wissen, die zwischen einer beutegreifenden Tierart und ihren Beutetieren besteht. Es nützt uns nichts, wenn wir uns sagen, daß dem Beutetier als Art durchaus kein Gefallen erwiesen wäre, wenn ihre Jäger von der Bühne des Lebendigen verschwänden, wie manche sentimentalen Tierliebhaber das in ihrem Unverständnis der natürlichen Systeme wünschen. Wir wollen die Schmerzen, die uns aus dem Mitleid erwachsen, nicht verleugnen. Wir wollen eingestehen, daß wir oft für den Jäger und den Gejagten gleichermaßen Partei ergreifen. Ein Mauswiesel ist eines der bezauberndsten Lebewesen, die es gibt; seine Spielbewegungen sind von hinreißender Grazie, obwohl sie im Ernstfalle bei der Jagd und beim Töten gebraucht werden. Eine Gelbhalsmaus ist kaum weniger liebenswert als ein Mauswiesel, und wenn man sieht, wie die geschickten Instinktbewegungen, die uns eben noch am Spiel des Mauswiesels entzückten, nun im Ernstfall dazu angewendet werden, der großäugigen, sensiblen und ganz sicher sehr leidensfähigen Gelbhalsmaus den Garaus zu machen, so stehen wir zerrissenen Herzens vor dieser Dissonanz – ich gestehe wenigstens für meine Person, daß sie mich zutiefst erschüttert. Dabei wäre ich wahrscheinlich durchaus imstande, eine Gelbhalsmaus totzuschlagen, wenn ich ein halbverhungertes Mauswiesel zu verpflegen hätte.

In der großen Harmonie des Lebendigen spielt das Mitleid keine Rolle. Das Leiden ist unvergleichlich viel älter als das Mitleid; das Leiden ist nun einmal mit dem subjektiven Erleben der Kreatur, mit dem unvermeidlichen Sterben des Individuums in die Welt gekommen – viele Millionen Jahre vor dem Mitleid. Anzeichen für Mitleid gibt es schon bei Schimpansen. Jane Lawick-Goodall berichtet, daß eine Schimpansin tagelang bei ihrer sterbenden Mutter aushielt und ihr die Fliegen verjagte. Als die Mutter gestorben war, horchte sie an ihrer Brust und verließ danach die Leiche, wahrscheinlich, weil sie keinen Herzschlag mehr hörte. Mitleid mit Lebewesen, die nicht der eigenen Art angehören, gibt es sicherlich nur beim Menschen.

Mitgefühl ist ursprünglich ganz sicher nur dort vorhanden, wo ein Individuum mit dem anderen durch Liebe verbunden ist. Die Liebe zum Lebendigen ist eine wichtige, unerläßliche Emotion. Sie ist es nämlich, die dem allesbeherrschenden Menschen die Verantwortlichkeit für das Leben auf unserem Planeten aufbürdet. Der verantwortliche Mensch darf die Leiden anderer Kreaturen nicht »verdrängen«, am wenigsten das Leiden von Mitmenschen. Damit fällt ihm eine schwere Aufgabe zu.

Die Gefühlsqualität des Mitgefühls und Mitleidens und die damit einhergehende Bereitschaft, helfend in den Gang der Dinge einzugreifen, ist in der Stammesgeschichte des Menschen höchstwahrscheinlich auf dem Wege entstanden, daß sich die im Dienste menschlicher Brutpflege entstandenen Verhaltensnormen auf den Mitmenschen und weiter auf andere Lebewesen ausgedehnt haben. Eine geringe Abnahme der Selektivität der beteiligten Auslösemechanismen könnte genügen, um das herbeizuführen.

So wichtig es ist, im Menschen Mitgefühl für alle Lebewesen zu erwecken, die mit uns den Erdball bewohnen, so unabdingbar das Mitgefühl für die Liebe zum Lebendigen ist, so müssen wir doch eine scharfe Trennung zwischen unseren Gefühlen für Tiere und denen für unsere Mitmenschen ziehen. Wir können es zwar nicht ohne Zerrissenheit des Herzens ansehen, wenn eine Gepardenmutter ihren hinreißend süßen Kindern als

Beute ein noch lebendes, ebenso süßes Baby der Thompsongazelle bringt, damit die Gepardenkinder das Töten lernen; aber es steht nicht in unserer Macht, den Lauf der Natur zu verändern und zu verhindern, daß Geparden Thompsongazellen fressen oder Mauswiesel Gelbhalsmäuse.

Es liegt aber durchaus nicht im unabwendbaren Lauf der organischen Welt, daß der größte Teil der Menschheit darbt, während der kleinere Teil an Überernährung leidet, aber mehr als 70 Prozent der Energie verbraucht, die der ganzen Menschheit zur Verfügung steht.

Ein denkender und fühlender Mensch könnte die unvermeidbaren grausamen Dissonanzen der großen lebendigen Systeme nicht ertragen, wenn er nicht die Fähigkeit hätte, den Gedanken an sie beiseite zu schieben. Ich würde sehr wahrscheinlich Vegetarier werden, wenn ich gezwungen wäre, alles Lebendige, das mir zur Nahrung dient, selbst zu töten. Hier darf der Mensch »verdrängen« und muß es sogar. Wo es aber um vermeidbare Leiden, vor allem um Leiden von Mitmenschen geht, darf er es nicht. Das Verdrängen, das Wegschauen vom Leiden der Tiere kann dadurch gefährlich werden, daß es zur Gewohnheit wird. Man lernt im Laufe der Zeit allzu gut, »wegzuschauen« und damit das Mitfühlen unerlaubter Weise auch in Fällen auszuschalten, in denen man helfen könnte. Nach dem Gesagten muß klar sein, welch großes Verdienst ich den Tierschutzvereinen zubillige und wie hoch ich die Arbeit aller jener einschätze, die sich mit Wort und Tat gegen die sogenannte »Intensivhaltung« von Haustieren einsetzen. Dennoch habe ich den leisen Verdacht, daß das Mitleid mit Tieren bei vielen Menschen in umgekehrtem Verhältnis zu ihrer Menschenliebe steht. Es wäre nicht uninteressant zu erfahren, ob es viele Menschen gibt, die sich gleicherweise für Tierschutz und für Amnesty International einsetzen. Ich hoffe, ja.   (AM)

4. Instinktives Verhalten

Ein Kind fällt ins Wasser, ein Mann springt ihm nach, zieht es heraus, prüft die Maxime seines Handeln und findet, daß sie, zum Naturgesetz erhoben, etwa folgendermaßen lauten würde: Wenn ein erwachsener Mann von Homo sapiens L. ein Kind seiner Art in Lebensgefahr sieht, aus der er es zu erretten imstande ist, so tut er dies. Enthält diese Abstraktion vernunftmäßige Widersprüche? Ganz sicher nicht! So klopft sich der Retter innerlich auf die Schulter und ist stolz darauf, so vernunftmäßig und moralisch gehandelt zu haben. Hätte er das wirklich getan, so wäre das Kindchen längst tief versunken gewesen, bevor er ins Wasser gesprungen wäre. Dennoch hört der Mensch, sofern er unserem westlichen Kulturkreis angehört, nur recht ungern, daß er rein instinktmäßig gehandelt hat und daß jeder Pavian in analoger Lage zuverlässig dasselbe getan hätte.

Die alte chinesische Weisheit, daß zwar alles Tier im Menschen, nicht aber aller Mensch im Tiere steckt, besagt durchaus nicht, daß dieses »Tier im Menschen« etwas von vornherein Böses, Verächtliches und nach Möglichkeit Auszurottendes sei. Es gibt eine Reaktion des Menschen, die besser als jede andere geeignet ist, zu demonstrieren, wie völlig unentbehrlich eine eindeutig »tierische«, von den anthropoiden Ahnen ererbte Verhaltensweise sein kann, und zwar für Handlungen, die nicht nur für spezifisch menschlich und hochmoralisch gelten, sondern es tatsächlich sind. Diese Reaktion ist die sogenannte Begeisterung. ...

Sie wird dementsprechend mit geradezu reflexhafter Voraussagbarkeit durch solche Außensituationen ausgelöst, die kämpferischen Einsatz für soziale Belange erheischen, besonders für solche, die durch kulturelle Tradition geheiligt sind. Sie können konkret durch die Familie, die Nation, die Alma Mater oder den Sportverein repräsentiert sein oder durch abstrakte Begriffe wie die alte Burschenherrlichkeit, die Unbestechlichkeit künstlerischen Schaffens oder das Arbeitsethos induktiver Forschung. Ich nenne in einem Atem Dinge, die mir selbst als Werte erscheinen, und solche, die unbegreiflicherweise von anderen als solche empfunden werden, und zwar in der Absicht, den Mangel an Selektivität zu illustrieren, der die Begeisterung gelegentlich so gefährlich werden läßt.

Zu der Reiz-Situation, die Begeisterung optimal auslöst und die von Demagogen zielbewußt hergestellt wird, gehört erstens Bedrohung der oben erwähnten Werte. Der Feind oder die Feind-Attrappe kann fast beliebig gewählt werden und, ähnlich wie die bedrohten Werte, konkret oder abstrakt sein. »Die« Juden, Boches, Huns, Exploitatoren, Tyrannen usw. wirken genauso gut wie der Weltkapitalismus, Bolschewismus, Faschismus, Imperialismus und viele andere -ismen. Zweitens gehört zu der in Rede stehenden Reizsituation eine möglichst mitreißende Führer-Figur, deren bekanntlich auch die am schärfsten antifaschistischen Demagogen nicht entraten können, wie denn überhaupt die Gleichheit der Methoden, die von den verschiedensten politischen Richtungen angewandt werden, für die instinktive Natur der demagogisch ausnützbaren menschlichen Begeisterungsreaktion spricht. Drittens, und als beinahe wichtigstes Moment, gehört zu stärkster Auslösung der Begeisterung noch eine möglichst große Zahl von Mit-Hingerissenen.

Jeder einigermaßen gefühlsstarke Mann kennt das subjektive Erleben, das mit der in Rede stehenden Reaktion einhergeht. Es besteht in erster Linie in der als Begeisterung bekannten Gefühlsqualität; dabei läuft einem ein »heiliger« Schauer über den Rücken und, wie man bei genauer Beobachtung feststellt, auch über die Außenseite der Arme. Man fühlt sich aus allen Bindungen der alltäglichen Welt heraus- und emporgehoben, man ist bereit, alles liegen und stehen zu lassen, um dem Rufe der heiligen Pflicht zu gehorchen. Alle Hindernisse, die ihrer Erfüllung im Wege stehen, verlieren an Bedeutung und Wichtigkeit. ...

Diesem Erleben ist folgendes, objektiv beobachtbare Verhalten korreliert: der Tonus der gesamten quergestreiften Muskulatur erhöht sich, die Körperhaltung strafft sich, die Arme werden etwas seitlich angehoben und ein wenig nach innen rotiert, so daß die Ellbogen etwas nach außen zeigen. Der Kopf wird stolz angehoben, das Kinn vorgestreckt, und die Gesichtsmuskulatur bewirkt eine ganz bestimmte Mimik, die wir alle aus dem Film als das »Heldengesicht« kennen. Auf dem Rücken und entlang der Außenseite der Arme sträuben sich die Körperhaare; eben dies ist die objektive Seite des sprichwörtlich gewordenen »heiligen Schauers«.

An der Heiligkeit dieses Schauers sowie an der Geistigkeit der Begeisterung wird derjenige zweifeln, der je die entsprechende Verhaltensweise eines Schimpansenmannes gesehen hat, der mit beispiellosem Mute zur Verteidigung seiner Horde oder Familie sich einsetzt. Auch er schiebt das Kinn vor, strafft seinen Körper und hebt die Ellbogen ab, auch ihm sträuben sich die Haare, was eine gewaltige und sicher einschüchternd wirkende Vergrößerung der Körperkonturen bei Ansicht nach vorne bewirkt. Die Innenrotation der Arme zielt ganz offensichtlich darauf ab, ihre am längsten behaarte Seite nach außen zu kehren, um so zu diesem Effekt beizutragen. Die ganze Kombination von Körperstellung und Haaresträuben dient also genau wie bei der buckelmachenden Katze einem »Bluff«, nämlich der Aufgabe, das Tier größer und gefährlicher erscheinen zu lassen, als es tatsächlich ist. Unser »heiliger Schauer« aber ist nichts anderes als das Sträuben unseres nur mehr in Spuren vorhandenen Pelzes.

Was der Affe bei seiner sozialen Verteidigungsreaktion erlebt, wissen wir nicht, wohl aber, daß er ebenso selbstlos und heldenhaft sein Leben aufs Spiel setzt wie der begeisterte Mensch. An der echten stammesgeschichtlichen Homologie der schimpanslichen Hordenverteidigungsreaktion und der menschlichen Begeisterung ist nicht zu zweifeln, ja man kann sich recht gut vorstellen, wie eins aus dem anderen hervorgegangen ist. Auch bei uns sind ja die Werte, für deren Verteidigung wir uns begeistert einsetzen, primär sozialer Natur. Es scheint beinahe unausbleiblich, daß eine Reaktion, die ursprünglich der Verteidigung der individuell bekannten, konkreten Sozietäts-Mitglieder diente, mehr und mehr die überindividuellen, durch Tradition überlieferten Kulturwerte unter ihren Schutz nahm, die dauerhafter sind als Gruppen von Einzelmenschen.

Ich empfinde es nicht als ernüchternd, sondern als eine tiefernste Mahnung zur Selbstbesinnung, daß unser mutiges Eintreten für das, was uns das Höchste scheint, auf homologen Nervenbahnen verläuft wie die sozialen Verteidigungsreaktionen unserer anthropoiden Ahnen. Einen Menschen, der ihrer entbehrt, möchte ich nicht zum Freunde haben. Ein solcher aber, der sich von ihrer blinden Reflexhaftigkeit mitreißen läßt, ist eine Gefahr für die Menschheit, denn er ist ein leichtes Opfer für jene Demagogen, die den Menschen kampfauslösende Reizsituationen ebensogut vorzugaukeln verstehen wie wir Verhaltensphysiologen unseren Versuchstieren. Wenn mich beim Hören alter Lieder, oder gar von Marschmusik, ein heiliger Schauer überlaufen will, wehre ich der Verlockung, indem ich mir sage, daß auch die Schimpansen schon, wenn sie sich zum sozialen Angriff aufstacheln wollten, rhythmische Geräusche hervorbringen. Mitsingen heißt dem Teufel den kleinen Finger reichen. ...

Das ist der Januskopf des Menschen: Das Wesen, das allein imstande ist, sich begeistert dem Dienste des Höchsten zu weihen, bedarf dazu einer verhaltensphysiologischen Organisation, deren tierische Eigenschaften die Gefahr mit sich bringen, daß es seine Brüder totschlägt, und zwar in der Überzeugung, dies im Dienste eben dieses Höchsten tun zu müssen. Ecce Homo! (SB)

X. Die Evolutionäre Erkenntnistheorie

1. Erste Vorstellungen

Wenn man aber zugesteht, daß die von vornherein gegebenen Formen unseres Erlebens, unseres Weltbildes, durch die Strukturen des Organes, welches das Erleben vermittelt, durch die spezifische Struktur unserer »Weltbildkamera« in gerade dieser Weise gegeben sind, dann muß man Folgendes in Erwägung ziehen: Wie wir schon gesagt haben, war es eine jahrmilliardenlange Auseinandersetzung von wirklichen Dingen mit wirklichen Dingen, welche jedem Organ jedes heute lebenden Wesens eben diese und keine andere Form verliehen hat. Gewiß haben in dieser Auseinandersetzung auch die Organismen die anorganische Welt ein ganz klein wenig beeinflußt, ein ganz klein wenig verändert. Im allgemeinen aber hat die organische Materie, die als dünnes »Schimmelhäutchen« unseren Planeten überzieht, in dem harten Kampfe mit den mitleidlosen Gesetzen der anorganischen Natur, mit Gesetzen, die unmeßbar viel älter sind als die organische Schöpfung, die unabhängig vom Sein oder Nichtsein des Organischen gelten und die die organische Materie ebenso beherrschen, wie die anorganische, sich diesen Gesetzen anpassen müssen und sich nur in Formen entwickeln können, welche den einzelnen Organismus zu diesem harten Kampf ums Dasein fähig machen. Ein Meer hat Wellen geschlagen, wie es heute Wellen schlägt, Millionen Jahre, bevor Flossen durch sein Wasser pflügten. Eine Sonne hat gestrahlt, wie sie heute strahlt, Billionen Jahre, ehe Augen ihre Strahlen auffingen. Wenn Flossen entstanden sind, deren Form sie befähigt, das Wasser zu teilen, so ist diese Form von Eigenschaften bestimmt worden, die das Wasser immer gehabt hat und immer haben wird, mögen nun Flossen vorhanden sein, die sich mit diesen Eigenschaften auseinandersetzen, oder nicht. Wenn Augen entstanden sind, deren Bau sie befähigt, die Sonnenstrahlen auf ihrer Netzhaut zu vereinigen, so wurde dieser

Bau durch die Gesetze der Optik bstimmt, denen Lichtstrahlen immer unterworfen waren und immer unterworfen sein werden, mögen nun Augen vorhanden sein, die sie auffangen, oder nicht. Eine wirkliche, vielgestaltige, bunte Welt, eine Welt aus unzerstörbarer Materie und unzerstörbarer Energie, eine Welt von irgend etwas hinter unserer Anschauungsform des Raumes und irgend etwas hinter unserer Anschauungsform der Zeit, hat unmeßbare Zeit existiert, ehe ein organismisches Gehirn mit seinen eng begrenzten Fähigkeiten versucht hat, ein kraß vereinfachtes Bild dieser Welt zu entwerfen, ehe es imstande war, einen in den Gleichnissen, in »Chiffren« von Raum und Zeit, Substanz und Kausalität wiedergegebenen Bericht über diese Welt zu verstehen. Und wenn ein Gehirn entstanden ist, dessen Struktur es befähigt, dies zu leisten und eine modellmäßig vereinfachende Darstellung der äußeren Wirklichkeit und ihrer Gegebenheit zu liefern, dann ist es in einer Form entstanden, die von diesen Gegebenheiten der äußeren Welt bestimmt wurde. Jede einzelne unserer angeborenen Denk- und Anschauungsformen ist ein Rezeptor, der sich in Auseinandersetzung mit und Anpassung an eine bestimmte Gegebenheit der außersubjektiven Wirklichkeit so und nicht anders herausgebildet hat. Von der Realität dieser Wechselwirkung zwischen diesen inneren Rezeptoren und der Welt der Dinge überzeugt uns der Erfolg ihrer Leistung. Unsere Anschauungsformen des Raumes und der Zeit, die Kategorien der Kausalität und Substantialität sind ja alles andere als ein funktionsloser Luxus naturae! Wir leben ja von ihnen, genau wie der Fisch von der Leistung seiner Flossen und überhaupt jeder Organismus von der Leistung seiner Organe lebt. Gewiß können wir nur das als Erfahrungen erleben, wofür unsere Art derartige Rezeptoren ausgebildet hat. Wir vermögen nur das als Erfahrung zu lesen, was sich in der »Chiffre-Schrift« in den Symbolen von Raum, Zeit, Kausalität usw. schreiben läßt. Umgekehrt aber dürfen wir sagen: Die nackte Tatsache unserer Existenz beweist, daß wir für alle Gegebenheiten der ewigen, außersubjektiven Welt, die uns angehen, die unser Leben unmittelbar beeinflussen, adäquate Aufnahmeapparate besitzen. Hätten wir sie nicht, so gäbe es uns nicht. (RM)

2. Die erkenntnistheoretische Haltung des Naturforschers

Für den Naturforscher ist der Mensch ein Lebewesen, das seine Eigenschaften und Leistungen, einschließlich seiner hohen Fähigkeiten des Erkennens, der Evolution verdankt, jenem äonenlangen Werdegang, in dessen Verlauf sich alle Organismen mit den Gegebenheiten der Wirklichkeit auseinandergesetzt und – wie wir zu sagen pflegen – an sie angepaßt haben. Dieses stammesgeschichtliche Geschehen ist ein Vorgang der Erkenntnis, denn jede »Anpassung an« eine bestimmte Gegebenheit der äußeren Realität bedeutet, daß ein Maß von »Information über« sie in das organische System aufgenommen wurde.

Auch in der Entwicklung des Körperbaus, in der Morphogenese, entstehen Bilder der Außenwelt: Die Flossen- und Bewegungsform der Fische bildet die hydrodynamischen Eigenschaften des Wassers ab, die dieses unabhängig davon besitzt, ob Flossen in ihm rudern oder nicht. Das Auge ist, wie Goethe richtig erschaute, ein Abbild der Sonne und der physikalischen Eigenschaften, die dem Licht zukommen, unabhängig davon, ob Augen da sind, es zu sehen. Auch das Verhalten von Tier und Mensch ist, soweit es an die Umwelt angepaßt ist, ein Bild von ihr. Die Organisation der Sinnesorgane und des Zentralnervensystems setzt die Lebewesen in den Stand, Kunde von bestimmten, für sie relevanten Gegebenheiten der Außenwelt zu erlangen und in lebenserhaltender Weise auf sie zu antworten. Auch die primitive Ausweichreaktion des Pantoffeltierchens, Paramaecium, das, wenn es auf ein Hindernis gestoßen ist, erst ein Stückchen zurück und dann – in einer zufallsbestimmten anderen Richtung – wieder vorwärts schwimmt, »weiß« etwas im buchstäblichen Sinne »Objektives« über die Außenwelt. Objicere heißt entgegenwerfen: Das Objekt ist das, was unserer Vorwärtsbewegung entgegengeworfen wird, das Undurchdringliche, woran wir uns stoßen. Das Paramaecium »weiß« über das Objekt nur, daß es die Fortbewegung in der bisherigen Richtung nicht zuläßt. Diese »Erkenntnis« hält der Kritik stand, die wir vom Blickpunkt unseres weit komplexeren und an Einzelheiten reicheren Weltbildes zu üben imstande sind. Wir könnten dem Tierchen zwar oft Richtungen anraten, die günstiger wären als die von ihm auf gut Glück eingeschlagene, aber das, was es »weiß«, ist durchaus richtig: Geradeaus geht es tatsächlich nicht weiter!

Alles, was wir Menschen über die reale Welt wissen, in der wir leben, verdanken wir stammesgeschichtlich entstandenen, Relevantes vermeldenden Apparaten des Informationsgewinns, die zwar sehr viel komplexer, aber nach gleichen Prinzipien gebaut sind wie jene, welche die Fluchtreaktion des Pantoffeltierchens bewirken. Nichts, was Gegenstand der Naturwissenschaft sein kann, ist auf einem anderen Wege zu unserer Kenntnis gelangt als auf eben diesem.

Aus dieser Einsicht folgt, daß wir die menschlichen Fähigkeiten zum Erkennen der Wirklichkeit anders beurteilen, als es die Erkenntnistheoretiker bisher getan haben. Wir sind, was unsere Hoffnung betrifft, den Sinn und die letzten Werte dieser Welt zu verstehen, sehr bescheiden. An unserer Überzeugung dagegen, daß alles, was unser Erkenntnisapparat uns meldet, wirklichen Gegebenheiten der außersubjektiven Welt entspricht, halten wir unerschütterlich fest.

Diese erkenntnistheoretische Haltung entspringt dem Wissen, daß unser Erkenntnisapparat selbst ein Ding der realen Wirklichkeit ist, das in Auseinandersetzung mit und in Anpassung an ebenso wirkliche Dinge seine gegenwärtige Form erhalten hat. Auf dieses Wissen gründet sich unsere Überzeugung, daß allem, was unser Erkenntnisapparat uns über die äußere Wirklichkeit mitteilt, etwas Wirkliches entspricht. Die »Brillen« unserer Denk- und Anschauungsformen, wie Kausalität, Substantialität, Raum und Zeit, sind Funktionen einer neurosensorischen Organisation, die im Dienste der Arterhaltung entstanden ist. Durch diese Brillen sehen wir also nicht, wie die transzendentalen Idealisten annehmen, eine unvoraussagbare Verzerrung des An-Sich-Seienden, die in keiner noch so vagen Analogie, in keinem »Bildverhältnis«, zur Wirklichkeit steht, sondern ein wirkliches Bild derselben, allerdings eines, das in kraß utilitaristischer Weise vereinfacht ist: Wir haben nur für jene Seiten des An-sich-bestehenden ein »Organ« entwickelt, auf die in arterhaltend zweckmäßiger Weise

Bezug zu nehmen für unsere Art so lebenswichtig war, daß ein ausreichender Selektionsdruck die Ausbildung dieses speziellen Apparates der Erkenntnis bewirkte. Die Leistung unseres Erkenntnisapparates gleicht in dieser Hinsicht dem, was ein roher und primitiver Robben- oder Walfischfänger über das Wesen seiner Beute weiß, nämlich nur das, was für seine Interessen praktisch von Belang ist. Dieses wenige aber, was zu wissen uns die Organisation unserer Sinnesorgane und unseres Nervensystems gestattet, hat sich in äonenlanger Erprobung bewährt. Wir dürfen ihm vertrauen – so weit es reicht! Denn ganz selbstverständlich müssen wir annehmen, daß das An-sich-Bestehende noch sehr viel andere Seiten hat, die aber für uns, für die barbarischen Robbenfänger, die wir eigentlich sind, nicht lebenswichtig sind. Wir haben »kein Organ« für sie, weil unsere Artentwicklung nicht gezwungen war, Anpassungen an sie zu entwickeln. Für all die vielen »Wellenlängen«, auf die unser »Empfangsapparat« nicht abgestimmt ist, sind wir selbstverständlich taub, und wir wissen nicht, wir können nicht wissen, wie viele ihrer sind. Wir sind »beschränkt« im buchstäblichen wie im übertragenen Sinne dieses Wortes.

Ich bin Naturforscher und Arzt. Schon früh war ich mir darüber im klaren, daß der Naturwissenschaftler um der Objektivität willen die physiologischen und psychologischen Mechanismen kennen muß, die uns Menschen Erfahrungen vermitteln. Er muß sie aus denselben Gründen kennen, aus denen der Biologe sein Mikroskop und dessen optische Leistungen genau kennen muß: Um davor bewahrt zu bleiben, daß man für eine dem betrachteten Ding anhaftende Eigenschaft hält, was in Wirklichkeit nur auf den Leistungsbeschränkungen des Instruments beruht, indem man beispielsweise die schönen regenbogenfarbigen Ränder, mit denen ein nicht ganz achromatisches Objektiv alles damit Beobachtete umgibt, für einen den untersuchten Kleinlebewesen eigenen Schmuck hält. Goethe erlag bekanntlich einem analogen Irrtum, als er die Farbqualitäten nicht als Produkte unseres Wahrnehmungsapparates erkannte, sondern sie für physikalische, dem Licht anhaftende Eigenschaften hielt. (RS)

3. Erkenntnistheoretische Erwägungen

Wenn man überhaupt eine reale Außenwelt annimmt, muß man auch den einfachsten Formen der Raumorientierung und der Wahrnehmung zubilligen, daß die Art und Weise, in der sie uns per analogiam ein Wissen über die außersubjektive Wirklichkeit vermitteln, derjenigen, in der die höchsten Formen unserer Ratio dasselbe tun, grundsätzlich gleich und nur im Grade der erreichten Analogie verschieden ist. Damit soll erwiesen werden, daß sie ebenso legitime Wissensquellen sind. Der naive Realist blickt nur nach außen und ist sich nicht bewußt, ein Spiegel zu sein. Der Idealist blickt nur in den Spiegel und kann bei dieser Blickrichtung nicht sehen, daß dieser eine nicht spiegelnde Hinterseite hat. Wenn man als Physiologe tierisches und menschliches Verhalten untersucht, kann man nicht umhin, irgendeine Form der Isomorphie zwischen physiologischem Geschehen und Erleben anzunehmen, wobei es heuristisch gleichgültig ist, ob man sich zu der Lehre ihrer Identität oder ihres Parallelismus bekennt. In beiden Fällen ist die Folgerung unausweichlich, daß man als Naturforscher und somit als hypothetischer Realist den Mechanismen und Funktionen, die auf der physiologischen Seite unserem Erkennen parallelgehen, dieselbe Art von Realität und Erkennbarkeit zuschreiben muß wie den Dingen der äußeren Wirklichkeit, über die sie uns Meldung erstatten. Daraus aber ergibt sich die weitere, ebenso unausweichliche Folgerung, daß wir unser Wissen über die »Rückseite des Spiegels«, über den Apparat, der unser Weltbild aufnimmt und in unser Erleben projiziert, nicht fördern können, ohne gleichzeitig unser Wissen über die »gespiegelten« Gegebenheiten der außersubjektiven Wirklichkeit voranzutreiben, mit denen er in realer Wechselwirkung steht. Selbstverständlich ist dieser Satz umkehrbar. Erkenntnistheorie treiben heißt daher für den hypothetischen Realisten, den Weltbild-Apparat des Menschen in seiner Funktion und als organisches System untersuchen. Ich bin mir bewußt, daß herkömmlicherweise das Wort »Erkenntnistheorie« in der Philosophie eine wesentlich andere Bedeutung hat und daß Geisteswissenschaftler daran Anstoß nehmen können, wenn ich einfache Teilfunktionen des Weltbildapparates, wie die der Raumorientierung und der Wahrnehmung oder gar deren Analoga bei Tieren, kurzweg als Erkenntnisleistungen bezeichne. Ich tue das aber aus Überzeugung. Die vorliegende Abhandlung ist nur geschrieben, um zu zeigen, daß die Gestaltwahrnehmung eine grundsätzliche unentbehrliche Teilfunktion im Systemganzen der menschlichen Erkenntnisleistungen und somit selbst eine solche ist. Nur diesem Ziel dienen die folgenden erkenntnistheoretischen Erwägungen, die vielleicht besser erkenntnispraktische hießen.

Jeder Naturforscher würde, wie Max Planck sagt, einer unverzeihlichen Inkonsequenz schuldig, wollte er das, was er zu erforschen trachtet, nicht als real voraussetzen. Die von allen Naturforschern gemachte Annahme einer unabhängig vom erlebenden Objekt existierende Außenwelt wird von D. T. Campbell als Arbeitshypothese aufgefaßt, der deshalb die betreffende erkenntnistheoretische Einstellung hypothetischen Realismus nennt. In dieser Auffassung steckt etwas mehr, als in der Aussage Plancks ausgedrückt ist. Zum Begriff der Hypothese gehört nämlich als konstitutives Merkmal ihre Eigenschaft, durch Konfrontierung mit Tatsachen prüfbar zu sein. Gerade dies aber würde der Kantianer mit größter Energie leugnen. Er würde sagen, daß alle naturwissenschaftliche Erkenntnis sich nur auf die phänomenale Welt beziehen könne und daß der Glaube, die Erkenntnisfunktionen des Menschen an der Arbeit prüfen und dabei in Irrtümern ertappen zu können, an sich schon ein Bekenntnis zum naiven Realismus bedeute. Ich glaube, daß diese naheliegende Erwiderung nicht stichhaltig ist.

Ich behaupte vielmehr, daß die moderne Physik das angeblich Unmögliche bereits getan hat. Männer wie Planck und Einstein sehen ein Bild der außersubjektiven Realität, auf das die Bezeichnung »phänomenale Welt« fürwahr nicht mehr passen will. Man merkt in diesem Weltbild der modernen Physik nur mehr verzweifelt wenig von jenen Formen, die nach Ansicht des transzendentalen Idealismus durch die »Brillen« von Raum, Zeit, Kausalität, Substantialität und anderen »denknotwendigen« Kategorien schlechterdings aller menschlichen Erfahrung aufgezwungen wird. Wenn wir nicht lieber alle Gesetze der Logik und Mathematik über Bord werfen wollen, müssen wir widerwillig zur Kenntnis nehmen, daß die schöne und scheinbar so klar phänomenale Form, die unser anschaulicher, dreidimensionaler und unendlich euklidischer Raum den Dingen aufzwingt, nur ganz ungefähr und für unsere praktischen Belange ausreichend, sozusagen nur in einem »mittleren Meßbereich«, auf die hinter der Erscheinung »Raum« sich bergende Wirklichkeit paßt und daß diese nicht nur, zu unserer Enttäuschung, endlich, sondern noch dazu in einer nie vermuteten weiteren Dimension unregelmäßig und verwirrend gekrümmt ist. Wir müssen uns sagen lassen, daß die Aussage, zwei Dinge seien gleichzeitig geschehen, ebenfalls nur in den praktischen engen Belangen des Lebens sinnvoll ist, eines genauen physikalischen Sinns dagegen entbehrt. Wir müssen es glauben, daß die so zwingend und logisch unangreifbar scheinende Denkform der Kausalität ebenfalls nur grob und statistisch auf die Dinge paßt, daß Materie und Energie letzten Endes dasselbe sind.

Jeder der erwähnten Erkenntnisschritte der Physik bedeutet das Ablegen einer »Brille.« Nicht, daß der Mensch aller »Brillen« entraten könnte. Das, was die Physik an Neuem über die außersubjektive Realität zutage gebracht hat, verdankt sie selbstverständlich auch apriorischen Denkformen, aber solchen, die auf solche Tatsachenbereiche anwendbar sind, in denen die vorerwähnten versagen. Ihr »Ablegen« geschah in genau gleicher Weise und aus gleichen Gründen wie das Beiseitelassen einer vom Menschen geschaffenen Arbeitshypothese, die man verläßt, weil Phänomene bekannt werden, die sie nicht mehr einzuordnen vermag. Daß man sich dann mit einer anderen Arbeitshypothese weiterhelfen kann, bedeutet keineswegs, daß man diese für absolut wahr hält; genausowenig braucht die moderne Physik an die absolute Gültigkeit der Erkenntnisformen zu glauben, mittels deren sie den Anwendungsbereich anderer zu kritisieren lernte.

Den Biologen wundert es keineswegs, daß die Physik den Glauben an die absolute Gültigkeit apriorischer Denk- und Anschauungsformen verloren hat. Als Physiologe der Sinnesleistungen und der Wahrnehmung weiß er, wie »engstirnig« auf die praktischen Belange der Arterhaltung ausgerichtet die Organisation peripherer und zentraler rezeptorischer Apparate ist, wie willkürlich sie aus der Wirklichkeit gerade nur das und gerade nur so viel herausschneidet, wie für diese Belange wichtig ist, und welch »schiefes« Bild sie auf diese Weise von der Realität liefert. Ein Paradebeispiel für diesen Vorgang ist die Funktion der Farbwahrnehmung, die das Kontinuum der Wellenlängen völlig willkürlich in ein Diskontinuum von »Spektralfarben« einteilt, einzig und allein, um ihre Meldungen so zu schalten, daß die Farben sich paarweise aufheben, und um dabei eine extra zu diesem Zweck »erfundene« Farbe »Weiß« zu bilden, eine qualitativ einheitliche Erlebnisform, der in der Realität durchaus nichts Einfaches entspricht. Da die Mitte des Spektrums kein Gegenüber in Form wirklich existierender Wellenlängen hat, das zu ihrer kompensierenden Auslöschung verwendet werden könnte, wird die Komplementärfarbe »Purpur« ebenso erfunden wie das Weiß und schließt so die Farbenreihe zu einem Farbenring. Die arterhaltende Leistung dieses ganzen Apparates liegt ausschließlich darin, zufällige Verschiedenheiten in der Farbe der Beleuchtung zu kompensieren und so die den Gegenständen anhaftenden Reflexionseigenschaften als Konstante herauszuheben. Diese »objektivierende« Funktion zielt also ausschließlich auf das Sehding, nicht auf das Licht als solches. Es ist der Biene, um es einmal ganz grob zu sagen, völlig gleichgültig, welche Realität sich hinter der Erscheinung »Licht« birgt, was sie können muß, ist, eine Blüte an den ihr konstant anhaftenden Reflexionseigenschaften zu erkennen, unabhängig davon, ob sie von mehr bläulichem oder mehr rothaltigem Licht getroffen wird. Für die große arterhaltende Zweckmäßigkeit des eben skizzierten Mechanismus spricht seine Verbreitung: Wenn, wie sicher nachgewiesen, so verschiedene Wesen wie Mensch und Biene einen nach gleichen Prinzipien arbeitenden Mechanismus der Farbkonstanz haben, ist mit Sicherheit anzunehmen, daß er in der Stammesgeschichte beider unabhängig, aber sicher unter dem Selektionsdruck gleicher Funktionen entstanden sei.

Wichtigste Ergebnisse, die vom Erkenntnistheoretiker nicht ignoriert werden dürften, liefert die Wahnehmungsphysiologie in bezug auf den merkwürdigen Vorgang der Transformation, der sich zwischen der Aufnahme physikalischer Einwirkungen am peripheren Sinnesorgan und dem Erleben des Wahrnehmungsphänomens vollzieht. Die Kritik der Wahrnehmung als einer Erkenntnisleistung, die sich dabei ergibt, hat bedeutsame Ähnlichkeit mit jener anderen, die moderne Physiker an zentraleren Funktionen des Erkennens üben. Das Verhältnis zwischen »Außen« und »Innen« stellt sich dem Physiologen und dem Physiker merkwürdig ähnlich dar. Ein großer Geist wie Goethe konnte noch ernstlich glauben, daß die Farben objektiv unanzweifelbare Gegebenheiten und Gegenstand der Physik, keinesfalls aber der Physiologie seien. Heute beginnen die hypothetischen Realisten einzusehen, daß auch die Anschauungsformen und Kategorien Funktionen zentralnervöser Organisation seien, die zum An-Sich der Dinge in einem ebenso unvollständigen Analogieverhältnis stehen wie die Farbe »Rot« zu elektromagnetischen Wellen eines bestimmten Längenbereiches.

Am allerwenigsten aber vermag derjenige an eine absolute Gültigkeit apriorischer Denk- und Anschauungsformen zu glauben, der sich in vergleichender Forschung mit der Stammesgeschichte tierischer und menschlicher Verhaltensweisen und der sie bestimmenden physiologischen Mechanismen beschäftigt. Für ihn ist die Organisation der Sinnesorgane und des Nervensystems, deren Funktion uns Mitteilung über außersubjektive Wirklichkeiten macht, nicht anders als die aller anderen körperlichen Strukturen ganz selbstverständlich etwas, das im Verlaufe des Artenwandels in Auseinandersetzung mit und in Anpassung an diese unverrückbaren Gegebenheiten entstand. Sie sind denselben Methoden phylogenetisch vergleichender Forschung zugänglich, und diese ergibt recht eindeutig, wie völlig fließend der Übergang zwischen den Mechanismen der Raumorientierung und der Wahrnehmung einerseits und den apriorischen Denk- und Anschauungsformen andererseits ist. Trotz der gewaltigen Verschiedenheiten, die diese niedrigeren und höheren Erkenntnisleistungen in bezug auf ihre Komplikation und ihre Integrationsebene aufweisen, fügen sie sich bezeichnenderweise samt und sonders der Kantischen Definition des Apriorischen: Sie alle sind vor jeder individuellen Erfahrung gegeben und müssen es sein, damit Erfahrung überhaupt möglich werde.

Diese evolutionistische Anschauungsweise der »apriorischen« Denk- und Anschauungsformen des Menschen hat eine Meinung über die Erkennbarkeit der außersubjektiven Wirklichkeit zur Folge, die von derjenigen des transzendentalen Idealismus grundsätzlich abweicht. Solange man in den apriorischen Anschauungsformen und Kategorien absolut denknotwendige Gegebenheiten erblickt, die zu der Welt der Dinge in keinem wie immer gearteten Zusammenhang stehen, gleichzeitig aber die »Brille« darstellen, durch die allein wir die Dinge zu sehen bekommen, solange ist es nur folgerichtig, das Ding an sich nur im Singular zu nennen und als grundsätzlich unerkennbar zu bezeichnen. Völlige Beziehungslosigkeit zwischen apriorischem Schematismus und außersubjektiver Welt vorausgesetzt, wäre ja die phänomenale Welt in keiner Weise ein Bild der realen. Das Verhältnis zwischen beiden wäre, um ein Gleichnis zu gebrauchen, dasselbe, das zwischen Erleben und dahintersteckender Wirklichkeit etwa dann bestünde, wenn sich ein jeglicher Information über Toxikologie entbehrender Mensch mit irgendeinem exotischen Gift leicht vergiftete: Der Mensch erlebt etwas, aber das Erlebte steht in keinem Bildverhältnis, in keiner wie immer gearteten Analogie zu der Realität jener chemischen Verbindung. Dieses Verhältnis zwischen Erlebnis und dahinter sich verbergender Realität ändert sich jedoch grundlegend, sowie der Erlebnisempfänger Informationen über die betreffende Realität besitzt, etwa wenn, um bei unserem Gleichnis zu bleiben, der Vergiftete ein Pharmakologe ist, der sich aus der Selbstbeobachtung seiner Symptome sogleich »ein Bild davon machen kann«, welche Droge sie verursacht hat.

Die Organisation unserer Wahrnehmung, unserer Anschauungsformen und Kategorien, kurz unseres ganzen »Weltbild-Apparates«, enthält aber gar nicht so wenig Informationen über die realen Gegebenheiten, von denen sie uns in Form von

Phänomenen Kunde vermittelt. Es sind nicht die apriorischen Schematismen unserer Anschauung und unseres Denkens, die willkürlich und beziehungslos der außersubjektiven Realität die Form vorschreiben, in der sie in unserer phänomenalen Welt erscheint; stammesgeschichtlich gesehen war es umgekehrt die außersubjektive Realität, die den in äonenlangem Daseinskampf sich entwickelnden Weltbild-Apparat des Menschen gezwungen hat, ihren Gegebenheiten Rechnung zu tragen. Sowenig es die Fischflosse ist, die dem Wasser seine physikalischen Eigenschaften vorschreibt, sowenig das Auge die des Lichtes bestimmt, sowenig sind es unsere Anschauungs- und Denkformen, die Raum, Zeit und Kausalität »erfunden« haben. Gewiß bestimmt die Flosse in maßgebender Weise die Art, in der ein Fisch das Wasser erlebt, oder das Auge diejenige, in der das Licht sich in unserer phänomenalen Welt malt, und gewiß haben Wasser und Licht Eigenschaften, die durch jene Organe dem Erleben ihrer Träger nicht vermittelt werden. Gewiß sind die Dinge an sich nie restlos erkennbar. Aber ebenso gewiß haben die grundsätzlich unvollkommenen und groben Meldungen, die unsere Weltbild-Apparatur uns über die Außenwelt macht, ihre realen Entsprechungen in Eigenschaften, die den Dingen an sich zukommen.

Die für den naturwissenschaftlich Denkenden kaum zu bezweifelnde Tatsache, daß auch unsere Weltbild-Apparatur im Laufe der Evolution in Auseinandersetzung mit den mitleidslosen Gegebenheiten der wirklichen Außenwelt entstanden ist, hat interessante Konsequenzen für den Widerspruch, der zwischen Idealismus und Empirismus bezüglich der Apriorität unserer Denk- und Anschauungsformen besteht. Sie löst ihn zwar nicht gerade in ein Scheinproblem auf, läßt seine Entscheidung jedoch als eine Frage von recht geringer erkenntnistheoretischer Bedeutung erscheinen. Selbstverständlich wäre die These Nihil est in intellectu quod non ante fuerat in sensu blanker Unsinn, wenn man sie wörtlich nehmen und so auslegen wollte, als wäre das gesamte Zentralnervensystem beim jungen, erfahrungslosen Organismus eine völlig strukturlose Masse, die der Sinneserfahrung bedarf, um überhaupt erst einmal irgendwelche Strukturen zu erwerben. Auf der anderen

Seite aber ist der phylogenetische Vorgang, der zum Entstehen arterhaltend sinnvoller Strukturen führt, einem Lernen des Individuums in so vielen Punkten analog, daß es uns nicht besonders zu wundern braucht, wenn die Endergebnisse beider oft zum Verwechseln ähnlich sind.

Wir kennen nur zwei Arten, in denen ein Organismus Informationen über die ihn umgebende Welt erlangen kann. Erstens die eben skizzierte genetisch-phylogenetische Auseinandersetzung des Stammes mit seiner Umwelt und zweitens das Lernen des Individuums durch Versuch und Irrtum. Selbstverständlich aber ist alles Lernen stets die Funktion eines ungeheuer komplizierten Apparates, der, bis in die kleinsten Einzelheiten »durchkonstruiert«, im Verlauf der Stammesgeschichte und in Auseinandersetzung der Art mit ihrer Umwelt entstanden ist. . . .

Alles tierische und menschliche Verhalten, das sich in arterhaltend sinnvoller Weise mit bestimmten Einzelheiten der umgebenden Welt auseinandersetzt, verdankt diese Anpassung einer der beiden genannten Informationsquellen, meist aber beiden. Für den Verhaltensphysiologen muß es eines der wichtigsten Anliegen sein, die Angepaßtheit einzelner Verhaltenselemente auf eine oder die andere dieser Quellen zurückzuführen, für den Erkenntnistheoretiker jedoch ist es beinahe gleichgültig, welchem der beiden Anpassungsvorgänge eine bestimmte Struktur oder Funktion unseres Wahrnehmens, Denkens oder Erkennens ihre Existenz und ihre spezielle Form verdankt. Im überindividuellen, stammesgeschichtlichen Sinne sind die Formen unserer Anschauung und unseres Denkens genauso a posteriori entstanden wie die unserer Organe, und zwar auf dem Wege einer Empirie, die zwar nicht vom Individuum, wohl aber von der Folge der Generationen ausgewertet werden konnte.

»Notwendig« sind gewisse Anschauungs- und Denkformen höchstens insofern, als manche Naturgesetze so allgegenwärtig sind, daß jeder höhere Organismus die Fähigkeit mit auf die Welt bringen muß, sich mit ihnen auseinanderzusetzen. Nahezu jedes höhere Tier hat in der Organisation seines Körpers und seines Verhaltens erbgebundene Strukturen, die solchen unentrinnbaren Tatsachen Rechnung tragen, wie etwa der, daß zwei feste Körper nicht den gleichen Platz im Raum einnehmen können, daß das Licht sich annähernd geradlinig fortpflanzt oder daß die Wirkung stets zeitlich nach ihrer Ursache eintritt.

Von solchen zentralnervösen Organisationen, die in Anpassung an allgemeinste und allgegenwärtige Naturgesetze entstanden sind, leiten fast stufenlose Übergänge über zu solchen, die im Zusammenhang mit ganz speziellen Erfordernissen der menschlichen Umwelt und besonders der menschlichen Sozietät entstanden sind. Wenn wir beim Erblicken eines bestimmten Gesichtsausdruckes an einem Mitmenschen dessen Erleben unmittelbar »intuitiv« mitvollziehen und wenn wir, nachts aus dem Fenster des Eisenbahnwagens blickend, die Verschiebung einiger weniger Lichtpunkte gegeneinander richtig als parallaktisch interpretieren und aus ihr in unmittelbarer Anschaulichkeit nicht nur die räumliche Verteilung der Lichter, sondern auch die Eigenbewegung unseres Zuges entnehmen, so beruhen beide Leistungen sicher auf sehr verschiedenen physiologischen Vorgängen; die erste, wie z. B. die Reaktion von Spitz' lächelnden Säuglingen, auf einem angeborenen Auslösemechanismus, die zweite auf einem jener höchst komplizierten Verrechnungsvorgänge, die für unsere Raum-Gestaltwahrnehmung so kennzeichnend und bewußtem Rechnen so ähnlich sind, daß Helmholtz sie für unbewußte Schlußfolgerungen halten konnte. Beide Vorgänge aber sind Leistungen neuraler Organstrukturen, die im Laufe der Evolution unserer Art in Auseinandersetzung mit und in Anpassung an Gegebenheiten unserer Umwelt entstanden sind. Der Unterschied zwischen beiden besteht, was die Funktion anlangt, vor allem darin, daß der erste sich mit einer sehr speziellen, spezifisch menschlichen Umweltsituation auseinandersetzt, der zweite aber mit einer höchst allgemeinen, die nicht nur für die Art Homo sapiens, sondern für die allermeisten optisch sich orientierenden Organismen biologisch relevant ist.

Der Leistungsunterschied zwischen den beiden als Beispiel gewählten Mechanismen unserer Erkenntnis liegt also nicht darin, daß der eine etwas Wahreres und Richtigeres vermeldet als der andere, sondern in der verschiedenen Weite des Anwendungsbereichs, innerhalb dessen jeder von ihnen sinnvoll funktioniert. Ein neuraler Verrechnungsapparat, der es zustande bringt, alle überhaupt vorkommenden parallaktischen Verschiebungen aller möglichen Sehdinge zu einer korrekten Meldung über ihre Lage im Raum und dazu noch über die Eigenbewegung des sehenden Auges auszuwerten, muß notwendigerweise in einer großen Zahl von einzelnen Hinsichten wirkliche Analogien zu den Gegebenheiten der außersubjektiven Wirklichkeit besitzen, die er in unserer phänomenalen Welt widerspiegelt. Das erlebte Phänomen ist in einem anderen, gewissermaßen »abstrakteren« Sinne ein Bild der außersubjektiven Realität als etwa unser Erleben einer einzigen Gefühlsqualität beim Anblick der Ausdrucksbewegung eines Mitmenschen, wie ein angeborener Auslösemechanismus es uns vermittelt. (A II)

4. Der Hypothetische Realismus

Die Organisation der Sinnesorgane und der Nerven, die es Lebewesen möglich macht, sich in der Welt zurechtzufinden, ist stammesgeschichtlich in Auseinandersetzung mit und in Anpassung an jene reale Gegebenheit entstanden, die sie uns als phänomenalen Raum anschaulich erleben läßt. Sie ist also zwar für das Individuum insofern »apriorisch«, als sie vor jeder Erfahrung da ist und da sein muß, damit Erfahrung möglich werde. Ihre Funktion ist aber historisch bedingt und nicht denknotwendig, es kann auch andere Lösungen geben: Das Paramaecium z. B. kommt mit einer sozusagen eindimensionalen »Raumanschauung« aus. Wie viele Dimensionen der »Raum an sich« hat, können wir nicht wissen.

Die physiologische Forschung hat gezeigt, welche naturwissenschaftlich erforschbaren Mechanismen für die anschauliche Wahrnehmung des dreidimensionalen »euklidischen« Raumes maßgebend sind. Erich v. Holst hat aufs genaueste die Leistung der Sinnesorgane und des Nervensystems untersucht, die aus den von den Netzhäuten gelieferten Sinnesdaten sowie aus den Meldungen, die über Richtungs- und Scharfeinstellung beider Augen geliefert werden, Größe und Entfernung gesehener Gegenstände errechnet und uns so die Wahrnehmung der Tiefe des Sehraumes vermittelt. In ähnlicher Weise entwerfen uns die Meldungen der Tastkörperchen und der sogenannten »Tiefensensibilität«, die uns über die jeweilige räumliche Stellung unseres Körpers und seiner Glieder informieren, auf einem anderen Sinnesgebiet ein anschauliches Bild des Raumes. Das Labyrinth in unserem Innenohr, mit seinem Utriculus und seinen, in drei aufeinander senkrechten Ebenen angeordneten Bogengängen, vermeldet uns, wo oben ist und in welcher Richtung wir Drehbeschleunigungen unterworfen werden. Es erscheint mir als eine abstruse Annahme, daß alle diese, so offensichtlich im Dienste arterhaltender Leistungen und die Anpassung an reale Gegebenheiten entstandenen Organe und ihre Leistungen nichts mit unserer apriorischen Anschauungsform des Raumes zu tun hätten. Es erscheint mir vielmehr als selbstverständlich, daß sie der Anschauungsform des dreidimensionalen »euklidischen« Raumes zugrunde liegen, ja, daß sie in gewissem Sinne diese Anschauungsform *sind*. Wir wissen von den Mathematikern, daß andere, mehrdimensionale Arten von Raum denkmöglich sind, und von den Relativitätstheoretikern und Physikern, daß es mindestens vier Dimensionen des Raumes nachweislich gibt. Anschaulich erleben können wir aber nur jene einfachere Version, die unsere arteigene Organisation der Sinnesorgane und des Nervensystems »in Erfahrung bringt«.

Was ich hier an den Beziehungen exemplifiziert habe, die zwischen dem physiologischen Apparat der Raumwahrnehmung und dem phänomenalen Raum des Menschen bestehen, gilt, mutatis mutandis, auch für das Verhältnis zwischen allen uns angeborenen Formen möglicher Erfahrung und den durch sie erlebbar gemachten Gegebenheiten der außersubjektiven Realität. Für die Anschauungsform der Zeit z. B. gilt ähnliches wie für die des Raumes; auch hier kennt der Physiologe Mechanismen, die als »innere Uhren« den Lauf der Zeit bestimmen, den wir phänomenal erleben.

Von besonderem Interesse für den nach Objektivität strebenden Forscher sind jene Leistungen unserer Wahrnehmung, die uns das Erlebnis jener Qualitäten vermitteln, die gewissen Umweltgegebenheiten konstant anhaften. Wenn wir einen bestimmten Gegenstand, etwa ein Blatt Papier, in den verschiedensten Beleuchtungen in derselben Farbe »weiß« sehen, wobei die von ihm reflektierten Wellenlängen je nach Farbe des einfallenden Lichtes recht verschieden sein können, so beruht dies auf der Funktion eines sehr komplizierten physiologischen Apparates, der aus Beleuchtungsfarbe und reflektierter Farbe eine dem Objekt konstant anhaftende Eigenschaft errechnet, die wir schlicht als die Farbe des Gegenstandes bezeichnen.

Andere neurale Mechanismen ermöglichen es uns, die räumliche Form eines Gegenstandes bei Betrachtung von verschiedenen Seiten her als dieselbe wahrzunehmen, obwohl das auf unserer Netzhaut entworfene Bild sehr verschiedene Formen annimmt. Wieder andere Mechanismen setzen uns in den Stand, die Größe eines Objektes aus verschiedenen Entfernungen als gleich zu empfinden, obwohl die Ausdehnung des Netzhautbildes in jedem Fall eine andere ist usw. usf. All die physiologischen Leistungen, auf denen diese sog. Konstanzphänomene beruhen, sind erkenntnistheoretisch deshalb von so großem Interesse, weil sie der schon besprochenen Leistung der bewußten, verstandesmäßigen Objektivierung streng analog sind. Wie der Mensch in meinem Beispiel die Temperatur der wahrnehmenden Hand in Rechnung stellt und so die »subjektive« Wahrnehmung »fieberheiß« auf ein »objektiveres« Maß reduziert, so sieht auch die »konstantmachende« Wahrnehmung der Gegenstandsfarbe von der augenblicklichen Beleuchtungsfarbe ab, um eine dem Objekt eigene Reflexionseigenschaft zu ermitteln. Diese in unserer Wahrnehmung sich abspielenden und unserer Selbstbeobachtung völlig unzugänglichen Vorgänge gleichen der bewußten Abstraktion und Objektivation auch darin, daß sie es uns ganz wie diese möglich machen, bestimmte Gegebenheiten unserer Umwelt als »Dinge« oder Objekte wiederzuerkennen. Die Anpassung mehrerer physiologischer Mechanismen an diese Leistung trägt dazu bei, uns in unserer Überzeugung von der Realität der Außenwelt zu bestärken. (RS)

5. Das Credo des Naturforschers

Alles, was in diesem Buche steht, ist eine Konsequenz aus den Anschauungen der evolutionären Erkenntnistheorie und der einerseits bescheidenen und andererseits doch selbstsicheren Meinung, die sie uns über uns selbst vermittelt. Sie gewöhnt uns gründlich jene tragische Selbstüberschätzung ab, die wir von der altgriechischen Kultur geerbt haben; sie lehrt uns, den Menschen nicht als Widerpart und Gegenspieler der übrigen Natur zu sehen, wie der platonische Idealismus – besser gesagt, Ideismus – und schließlich auch der transzendentale Idealismus Immanuel Kants annehmen. Diese Erkenntnistheorie lehrt uns aber vor allem auch, alle kognitiven Leistungen des Menschen für Funktionen realer physiologischer Organisationen zu halten, die in unserem Erleben dieselbe wirkliche Außenwelt abbilden, wie die quantifizierende Ratio es tut. Diese Einschätzung des Subjektiven ist aber, wie schärfstens betont werden muß, das Ergebnis rationalen Denkens.

Wer an einen Gott glaubt – und sei es an den eifersüchtigen, mit den Eigenschaften eines jähzornigen Stammeshäuptlings ausgestatteten Gott Abrahams –, weiß immerhin mehr über das Wesen des Kosmos als jeder ontologische Reduktionist. Auch der naivste Monotheist, der sich den lieben Gott als Vaterfigur vorstellt, ist gegen Wertblindheit gefeit. Selbst wenn er glaubt, daß sein Allmächtiger und Allwissender letzten Endes alles zum Guten hinausführen werde, kann er die satanischen Fehlentwicklungen der heutigen Zeit nicht übersehen. Schlimmstenfalls wird er an der Allmacht Gottes zweifelnd werden, weil er die Existenz des Bösen allüberall vor Augen geführt bekommt. Der Wahrheitsgehalt des Monotheismus wird den Gläubigen in seinem praktischen Tun auf dem rechten Weg halten; die kategorischen Befehle, die er von seinem Gott empfängt, erweisen sich identisch mit jenen, denen wir zu gehorchen trachten.

Was ich indessen dem esoterischen Denken übelnehme, ist die wahrhaft frevelhafte Überheblichkeit des von ihm entworfenen Menschenbildes. Die Vorstellung, der Mensch sei das von Anfang an festgelegte Ziel aller Entwicklung, scheint mir das Paradigma jenes verblendeten Hochmuts, der vor dem Fall kommt. Wenn ich glauben müßte, daß ein allmächtiger Gott den heutigen Menschen, wie er durch den Durchschnitt unserer Spezies repräsentiert wird, absichtlich so geschaffen habe, wie er ist, würde ich fürwahr an Gott verzweifeln. Wenn dieses, in seinem kollektiven Tun oft nicht nur so böse, sondern auch so dumme Wesen das Ebenbild Gottes sein soll, muß ich sagen: »Welch trauriger Gott!« Zum Glück weiß ich aber, daß wir nach dem geologischen Zeitmaß »eben noch« anthropoide Affen gewesen sind; ich weiß außerdem von den Gefahren, die durch die schnelle Entwicklung des menschlichen Geistes für die menschliche Seele heraufbeschworen wurden; und ich weiß, zum dritten, daß viele dieser Gefahren ganz eindeutig aus Krankheiten entspringen, die wenigstens im Prinzip heilbar sind. Es ist grundsätzlich unvoraussagbar, ob Homo sapiens zugrunde gehen oder überleben wird; wir sind aber verpflichtet, für das Überleben zu kämpfen. (AM)

7. Was würde Kant zu alledem sagen?

Was würde Kant zu alledem sagen? Würde er unsere völlig natürliche Deutung der für ihn außernatürlichen Gegebenheiten der menschlichen Vernunft als jene Profanierung des Heiligsten empfinden, die sie in den Augen der meisten Neukantianer ist? Oder würde er sich angesichts des Entwicklungsgedankens, der ihm manchmal so nahe zu liegen schien, mit unserer Auffassung befreundet haben, daß die organische Natur kein amoralisches, von Gott verlassenes Etwas, sondern in allem ihrem schöpferischen Entwicklungsgeschehen grundsätzlich ebenso »heilig« ist wie in den höchsten Leistungen dieses Geschehens, in Vernunft und Moral des Menschen? Wir sind geneigt, dies zu glauben, denn wir glauben, daß die Naturforschung nie eine Gottheit zerschlagen kann, sondern immer nur die tönernen Füße eines von Menschen gemachten Götzen. Demjenigen gegenüber, der uns vorwirft, es an der nötigen Ehrfurcht vor der Größe unseres Philosophen fehlen zu lassen, berufen wir uns auf Kant selbst: »Wenn man einen gegründeten, obzwar nicht ausgeführten Gedanken anfängt, den uns ein anderer hinterlassen, so kann man wohl hoffen, es bei fortgesetztem Nachdenken weiter zu bringen, als der scharfsinnige Mann kam, dem man den Funken des Lichtes zu verdanken hatte.« Die Entdeckung des Apriorischen ist jener Funke, den wir Kant verdanken, und sicherlich ist es unsererseits keine Überheblichkeit, an Hand neuer Tatsachen eine Kritik an der Auslegung des Entdeckten zu üben, wie wir es bezüglich der Herkunft der Anschauungsformen und Kategorien an Kant taten. Diese Kritik setzt den Wert der Entdeckung ebensowenig herab wie den des Entdeckers. Wer dennoch nach dem verkehrten Grundsatz »Omnia naturalia sunt turpia« in unserem Versuch, die Vernunft des Menschen von natürlicher Seite her zu sehen, eine Entweihung von Heiligem sieht, dem gegenüber berufen wir uns wiederum auf Kant selbst: Die göttliche Anordnung »muß zwar, wenn von der Natur im Ganzen die Rede ist, unvermeidlich unsere Nachfrage beschließen; aber bei jeder Epoche der Natur, da keine derselben in einer Sinnenwelt als die schlechthin erste angegeben werden kann, sind wir darum von der Verbindlichkeit nicht befreit, unter den Welturschen zu suchen, soweit es uns nur möglich ist, und ihre Kette nach uns bekannten Gesetzen, solange sie aneinanderhängt, zu verfolgen.«   (WN)

Nachweis der Texte

AM   Der Abbau des Menschlichen, München 1983 (Piper Verlag)

A II   Über tierisches und menschliches Verhalten. Gesammelte Abhandlungen, München 1965 (Piper Verlag)

HBI   Hier bin ich – wo bist du? Ethologie der Graugans. München 1988 (Piper Verlag)

JG   Das Jahr der Graugans, München 1979 (Piper Verlag)

RM   Das Russische Manuskript (aus dem Nachlaß). Erscheint unter dem Titel »Die Naturwissenschaft vom Menschen« 1992 im Piper Verlag. Hier zitiert aus dem Manuskript.

RS   Die Rückseite des Spiegels. Versuch einer Naturgeschichte menschlichen Erkennens. München 1973 (Piper Verlag)

SB   Das sogenannte Böse. Zur Naturgeschichte der Aggression. Zitiert nach der Ausgabe des Piper Verlages, München 1984. Zuerst erschienen im Verlag Borotha-Schoeler, Wien 1963. Das Copyright liegt seit 1983 beim Deutschen Taschenbuch Verlag, München, mit dessen freundlicher Genehmigung der Abdruck erfolgt.

VVF   Er redet mit dem Vieh, den Vögeln und den Fischen. Wien 1949. Zitiert nach der Ausgabe im Deutschen Taschenbuchverlag, München 1991. Zuerst erschienen im Verlag Borotha-Schoeler, Wien 1949. Das Copyright liegt seit 1983 beim Deutschen Taschenbuch Verlag, München, mit dessen freundlicher Genehmigung der Abdruck erfolgt.

WN   Das Wirkungsgefüge der Natur und das Schicksal des Menschen. Gesammelte Arbeiten, München 1978 (Piper Verlag)

4. Der Hypothetische Realismus: RS S. 20–23
5. Das Credo des Naturforschers: AM S. 282–286, 272–273
6. Was würde Kant zu alledem sagen?: WN S. 108

Bei den Arbeiten aus den Sammelbänden handelt es sich um Auszüge aus folgenden Titeln:

VI.1. »Die Vorstellung einer zweckgerichteten Weltordnung (1976)

VIII.5. »Ganzheit und Teil in der tierischen und menschlichen Gemeinschaft« (1950)

X.3. »Gestaltwahrnehmung als Quelle wissenschaftlicher Erkenntnis« (1959)

X.7. »Kants Lehre vom Apriorischen im Lichte gegenwärtiger Biologie« (1941)

Konrad Lorenz

Der Abbau des Menschlichen
294 Seiten. Serie Piper 498

Die acht Todsünden der zivilisierten Menschheit
112 Seiten. Serie Piper 50

Er redete mit dem Vieh, den Vögeln und den Fischen
Tiergeschichten. 215 Seiten mit 104 Zeichnungen von Konrad Lorenz
und Annie Eisenmenger. Geb.

Hier bin ich – wo bist du?
Ethologie der Graugans. 320 Seiten mit 140 teils farbigen Abb. Leinen

Das Jahr der Graugans
200 Seiten mit 147 Farbfotos von Sybille und Klaus Kalas. Geb.

Die Rückseite des Spiegels
Versuch einer Naturgeschichte menschlichen Erkennens

Der Abbau des Menschlichen
Zusammen 537 Seiten. Geb.

So kam der Mensch auf den Hund
187 Seiten mit 110 Zeichnungen des Verfassers. Geb.

Das sogenannte Böse
Zur Naturgeschichte der Aggression. 317 Seiten. Geb.

PIPER

Konrad Lorenz

Das Wirkungsgefüge der Natur und das Schicksal des Menschen
Gesammelte Arbeiten
Herausgegeben und eingeleitet von Irenäus Eibl-Eibesfeldt.
368 Seiten mit 23 Abb. Serie Piper 309

Oskar Heinroth / Konrad Lorenz
Wozu aber hat das Vieh diesen Schnabel?
Briefe aus der frühen Verhaltensforschung 1930–1940
Herausgegeben von Otto Koenig.
334 Seiten. Serie Piper 975

Konrad Lorenz / Franz Kreuzer
Leben ist Lernen
Von Immanuel Kant zu Konrad Lorenz
Ein Gespräch über das Lebenswerk des Nobelpreisträgers.
103 Seiten mit 1 Abb. Serie Piper 223.

Karl R. Popper / Konrad Lorenz
Die Zukunft ist offen
Das Altenberger Gespräch
Mit den Texten des Wiener Popper-Symposiums. Hrsg. von Franz Kreuzer
143 Seiten. Serie Piper 340

Franz M. Wuketits
Konrad Lorenz
Leben und Werk eines großen Naturforschers
288 Seiten mit 13 farbigen Abbildungen
auf Tafeln und 32 Abbildungen im Text. Leinen

PIPER